U0077900

金融機器學習與資料科學藍圖

從建構交易策略到使用 Python 的機器人投資顧問

Machine Learning and Data Science Blueprints for Finance

From Building Trading Strategies to Robo-Advisors Using Python

Hariom Tatsat, Sahil Puri,
& Brad Lookabaugh 著

張耀鴻 譯

© 2022 GOTOP Information, Inc. Authorized Chinese Complex translation of the English edition of Machine Learning and Data Science Blueprints for Finance ISBN 9781492073055 © 2021 Hariom Tatsat, Sahil Puri and Brad Lookabaugh. This translation is published and sold by permission of O'Reilly Media, Inc., which owns or controls all rights to publish and sell the same.

目錄

第三部分　非監督式學習

第四部分　強化學習與自然語言處理

前言

機器學習（Machine Learning, ML）在金融領域的價值日益彰顯，已成為金融市場運行的關鍵。分析師、投資組合經理、交易員和首席投資長都應該熟悉 ML 技術。對於致力於改進財務分析、簡化流程和提高安全性的銀行和其他金融機構來說，ML 正在成為首選的技術。在機構中使用 ML 是一個不斷增長的趨勢，其改進各種系統的潛力可以從交易策略、定價和風險管理中觀察到。

儘管機器學習正在金融服務業的各個垂直領域取得重大進展，但機器學習演算法的概念和實作之間還是存在著一些差距。在這些領域，網路上提供了大量的資料，但真正組織起來的資料卻很少。此外，大多數文獻僅限於交易演算法。本書正好填補了這一空白，並提供了一個為金融市場訂做的機器學習工具箱，讓讀者得以成為機器學習革命的一部分。本書並不局限於投資或交易策略，而是側重於利用 ML 驅動演算法的藝術和技巧，而這才是金融界的應用中最重要的關鍵。

在金融領域實作機器學習模型比一般人所想像的要容易得多。還有一種誤解是，建立機器學習模型需要大數據。本書中的案例幾乎涵蓋了機器學習的所有領域，主要就是要消除這樣的誤解。本書不僅將涵蓋 ML 交易策略相關的理論和案例，還將深入研究其他「需要知道」的關鍵概念，例如投資組合管理、衍生性商品定價、詐欺偵測、企業信用評等、機器人投資顧問的發展，以及聊天機器人的發展。它將解決實務上所面臨的問題，並且以程式碼和範例來說明符合科學原理的解決方案。

本書在 GitHub 上的 Python 函式庫（*https://github.com/tatsath/fin-ml*）非常有用，可以作為業者從事實際專案的出發點。本書中的例子和案例展示了可以輕鬆應用於廣泛資料集的技術。這些具有前瞻性的案例，例如將強化學習應用於交易、建立機器人投資顧問、及利用機器學習工具來定價，能啟發讀者跳脫傳統思考的框架，並激勵他們製作出最好用的模型和資料。

這本書是給誰的

本書的格式和所涵蓋的主題適合從事避險基金、投資和零售銀行以及金融科技工作的專業人士。他們可能擁有資料科學家、資料工程師、計量研究人員、機器學習架構師或軟體工程師等頭銜。此外，本書對從事法務和風險管理等支援性業務的專業人士也將有所幫助。

無論是避險基金的計量交易員在尋找使用強化學習進行加密貨幣交易的方法，還是投資銀行的計量交易員在尋找基於機器學習的技術來提高定價模型的校準速度，這本書都可增加其附加價值。書中所提到的理論、概念和程式碼函式庫在模型開發生命週期的每一個步驟都非常有用，從概念的產生到模型的實現。讀者可以使用共享的程式碼函式庫並自己測試建議的解決方案，從而獲得實際的讀者體驗。讀者應該具備統計學、機器學習和 Python 的基本知識。

本書章節安排

本書提供了一個全面性介紹如何利用機器學習和資料科學來設計金融界不同領域的模型，大致分為四個部分。

第一部分：框架

第一部分概述了金融界中的機器學習以及機器學習實作的構成要素。這些章節可以作為案例研究的基礎，涵蓋了本書其餘部分所介紹的不同機器學習類型。

第一部分的章節如下：

第 1 章，金融領域的機器學習：大格局

　　本章概述了機器學習在金融界的應用，並簡要介紹了幾種機器學習類型。

第 *2* 章，用 *Python* 建立機器學習模型

本章介紹基於 Python 的機器學習生態系統，以及在 Python 框架中開發機器學習模型的步驟。

第 *3* 章，人工類神經網路

鑑於人工類神經網路（Artificial Neural Network, ANN）是用於所有類型機器學習的主要演算法，本章將詳細介紹 ANN，然後用 Python 函式庫實作 ANN 模型的細節。

第二部分：監督式學習

第二部分介紹了基本的監督式學習演算法，並舉例說明了具體的應用和案例研究。

第二部分的章節如下：

第 *4* 章，監督式學習：模型和概念

本章介紹監督式學習技術（分類和迴歸）。考慮到分類和迴歸之間有許多模型是並通的，這些模型的細節將與其他概念（例如分類和迴歸的模型選擇和評估度量）一起呈現。

第 *5* 章，監督式學習：迴歸（包括時間序列模型）

基於監督式學習的迴歸模型是金融領域最常用的機器學習模型。本章涵蓋了從基本線性迴歸到深度學習的模型。本章涵蓋的案例研究包括股票價格預測模型、衍生性商品定價模型和投資組合管理模型。

第 *6* 章，監督式學習：分類

分類是監督式學習的一個子類型，其目標是根據過去的觀察結果預測新實例的分類標籤。本節討論幾個基於分類技術的案例研究，例如 logistic 迴歸、支援向量機和隨機森林。

第三部分：非監督式學習

第三部分介紹了非監督式學習的基本演算法，並提供了應用和案例分析。

第三部分的章節如下：

第 7 章，非監督式學習：降維

本章描述了在保留大多數有用和可區別資訊的同時，又能減少資料集特徵數量的必備技術。文中還討論了透過主成份分析進行降維的標準方法，並涵蓋了投資組合管理、交易策略和建構收益率曲線的案例研究。

第 8 章，非監督式學習：分群

本章涵蓋了與分群和識別具有一定相似度的物件群集相關的演算法和技術，本章也會介紹在交易策略和投資組合管理中利用分群的案例研究。

第四部分：強化學習與自然語言處理

第四部分介紹了強化學習和自然語言處理技術。

第四部分的章節如下：

第 9 章，強化學習

本章介紹了強化學習的概念和案例研究，這些概念和案例研究在金融業有很大的應用潛力。強化學習的主要理念「最大化回報」與金融領域的核心動機完美契合。本章將介紹與交易策略、投資組合最佳化和衍生性商品避險相關的案例研究。

第 10 章，自然語言處理

本章描述了自然語言處理中的技術，並討論了將文本資料轉換為跨金融領域的有意義表示法的必要步驟，本章還將涵蓋情緒分析、聊天機器人和文件解譯相關的案例研究。

本書編排慣例

本書使用了以下排版慣例：

斜體字（*Italic*）

　　表示新的術語、URL、電子郵件地址、檔案名稱和副檔名。中文以楷體表示。

定寬字（Constant width）

　　用於表示程式碼，以及段落中所引用的程式元素，例如變數或函式名稱、資料庫、資料型別、環境變數、指令敘述，和關鍵字。

此圖表示提示或建議。

 此圖表示一般性的說明。

 此圖指出警告或者要提高警覺。

 此圖表示藍圖。

使用範例程式

本書中的所有程式碼（案例研究和主範本）都可以在 GitHub 目錄中找到，網址為 *https://github.com/tatsath/fin-ml*。這些程式碼託管在雲端平台上，因此每個案例研究都可以透過在本機電腦上按一下 *https://mybinder.org/v2/gh/tatsath/fin-ml/master* 來執行而無需安裝任何套件。

本書旨在協助你完成工作。一般來說，你可以在自己的程式或文件中使用本書的程式碼而不需要聯繫出版社取得許可，除非你更動了程式的重要部分。例如，使用這本書的程式段落來編寫程式不需要取得許可。但是將 O'Reilly 書籍的範例製成光碟來銷售或發布，就必須取得我們的授權。引用這本書的內容與範例程式碼來回答問題不需要取得許可。但是在產品的文件中大量使用本書的範例程式，則需要我們的授權。

我們會非常感激你在引用它們時標明出處（但不強制要求）。出處一般包含書名、作者、出版社和 ISBN。例如：「*Machine Learning and Data Science Blueprints for Finance* by Hariom Tatsat, Sahil Puri, and Brad Lookabaugh (O'Reilly, 2021), 978-1-492-07305-5」。

如果你覺得自己使用範例程式的程度超出上述的允許範圍，歡迎隨時與我們聯繫：*permissions@oreilly.com*。

Python 函式庫

這本書使用 Python 3.7 版，建議安裝 Conda 套件管理器，以便建立 Conda 環境來安裝所需的函式庫。安裝說明可以在 GitHub repo 的 README 檔案中找到（*https://github.com/tatsath/fin-ml*）。

致謝

我們要感謝所有幫助完成這本書的人。特別感謝 Jeff Bleiel 提供誠實、有見地的回饋，並指導我們完成整個過程。我們非常感謝 Juan Manuel Contreras、Chakri Cherukuri 和 Gregory Bronner，他們從繁忙的生活中抽出時間詳細地審閱了我們的書，本書得益於他們寶貴的回饋和建議。非常感謝 O'Reilly 出色的員工，特別是 Michelle Smith，感謝他們對本專案的信任，並幫助我們確定本書的範圍。

來自 Hariom 的特別感謝

我要感謝我的妻子普拉奇和我的父母對我的愛與支持。特別感謝我的父親在我所有追求理想的過程中鼓勵我，並一直給我靈感。

來自 Sahil 的特別感謝

感謝我的家人，他們一直鼓勵和支持我的一切努力。

來自 Brad 的特別感謝

感謝我的妻子梅根，她給了我無盡的愛與支持。

## 第一部分

框架

## 第一章

金融領域的機器學習：大格局

機器學習有望撼動金融業的一大塊領域

—《經濟學人》（2017）

金融領域出現了新一輪的機器學習和資料科學浪潮，相關的應用將在未來幾十年內改變整個行業。

目前，大多數金融業的公司，包括對沖基金、投資和零售銀行以及金融科技公司，都在大量採用和投資機器學習。今後，金融機構將需要越來越多的機器學習和資料科學專家。

由於大量資料的可用性和更廉價的計算能力，機器學習在金融領域最近變得更加突出。資料科學和機器學習的應用在金融業的各個領域都呈現指數級的增長。

機器學習在金融領域的成功取決於構建高績效的基礎架構、使用正確的工具箱和應用正確的演算法。本書將示範並應用這些與金融機器學習相關建構元件的概念。

本章將介紹機器學習當今和未來在金融領域的應用，包括對不同類型機器學習的簡要概述。本章和接下來的兩章將作為本書其餘部分的案例研究基礎。

當今和未來機器學習在金融領域的應用

我們來看看一些大有可為的機器學習在金融領域的應用。本書中的案例研究涵蓋了這裡提到的所有應用。

演算法交易

演算法交易（*Algorithmic trading*）（簡稱 *algo trading*）是使用演算法自主進行交易。演算法交易（更為精確的描述，應該稱為「自動交易系統」）的起源可以追溯到 1970 年代，涉及了使用自動預先寫好的程式交易指令來做出極其快速、客觀的交易決策。

機器學習將把演算法交易推向一個新的境界，不僅可以採用並即時調整更先進的策略，而且基於機器學習的技術還能提供更多的途徑來獲得對市場動向的特殊洞見。大多數對沖基金和金融機構（基於各種原因）並不會公開揭露他們基於機器學習的交易方法，但機器學習在即時校準交易決策中發揮著越來越重要的作用。

投資組合管理和機器人投資顧問

資產和財富管理公司正在探索潛在的人工智慧（artificial intelligence, AI）解決方案，並利用大量歷史資料，以改進其投資決策。

其中一個例子是使用演算法來根據使用者的目標和風險承受能力，量身訂做金融投資組合。此外，他們還為個別投資人和客戶提供自動化的財務指導和服務。

使用者輸入他們的財務目標（例如，65 歲退休，儲蓄 25 萬美元）、年齡、收入和目前金融資產。然後，機器人投資顧問（**資產配置者**（*allocator*））會將投資分散到不同的資產類別和金融工具上，以達成使用者的目標。

然後，系統再根據使用者目標的變化和市場的即時變化進行調校，以找到最適合使用者原始目標的產品。機器人投資顧問讓消費者不需要人類顧問就能輕鬆地進行投資，因此受到廣大消費者的青睞。

詐欺偵測

詐欺是金融機構面臨的一個巨大問題，也是在金融領域利用機器學習的首要原因之一。

由於計算能力高、互聯網使用頻繁以及線上儲存的公司資料量不斷增加，目前存在著巨大的資料安全風險。以前的金融詐欺偵測系統在很大程度上仰賴於複雜而健全的規則集，而現代詐欺偵測則不僅依循風險因素清單，而是主動學習並調校新的潛在（或真實）安全威脅。

機器學習系統可以掃描大量的資料集，偵測不尋常的活動，並立即標記它們，因此非常適合打擊詐欺性金融交易。考慮到安全性被破壞的方式多得不可估量，未來真正的機器學習系統將是絕對必要的。

貸款 / 信用卡 / 保險核定

核定可以說是金融領域機器學習的完美工作，事實上，業內人士非常擔心，機器將取代現存大量的核定職位。

尤其是對於大公司（大銀行和保險業上市公司）而言，機器學習演算法可以在數以百萬計的消費者資料和金融貸款或保險結果的例子上進行訓練，例如一個人是否拖欠貸款或抵押貸款。

潛在的財務趨勢可以透過演算法進行評估，並持續分析，以偵測未來可能影響貸款和核定風險的趨勢。演算法可以執行自動任務，例如比對資料記錄、識別異常以及計算申請人是否符合信貸或保險產品的資格。

自動化和聊天機器人

自動化顯然非常適合金融業。它減少了重複的、低價值的任務給員工帶來的壓力。自動化處理日常流程，可釋放團隊去完成高價值的工作，這樣做可以節省大量的時間和成本。

在自動化組合中加入機器學習和人工智慧，為員工提供了另一個層次的支援。藉由存取相關資料，機器學習和人工智慧可以提供深入的資料分析，以支援財務團隊做出艱難的決策。在某些情況下，它甚至可以為員工推薦最佳的行動方案以供批准和實施。

金融領域的人工智慧和自動化還可以學會識別錯誤，減少發現錯誤和解決錯誤之間浪費的時間。這意味著人工團隊成員比較不會延遲提供報告，並且能夠以更少的錯誤完成工作。

AI 聊天機器人可以用來支援金融和銀行客戶。隨著即時聊天軟體在銀行業和金融業的普及，聊天機器人自然也隨之進化。

風險管理

機器學習技術正在改變我們處理風險管理的方式。透過機器學習驅動的解決方案的發展、瞭解和控制風險在各個方面都發生了革命性的變化。例如，從決定銀行應向客戶提供多少貸款，到提高合法性和降低模型風險。

資產價格預測

資產價格預測被認為是金融學中討論最頻繁、最複雜的領域。透過預測資產價格，可以瞭解推動市場的因素，並推測資產的表現。傳統上，資產價格預測是透過分析過去的財務報告和市場表現來決定某一特定證券或資產類別的部位。然而，隨著金融資料量的急劇增加，基於 ML 的技術可以用來輔助傳統的分析方法和股票選擇策略。

衍生性商品定價

最近機器學習的成功，以及快速的創新步伐，指出了在未來幾年，應用在衍生性商品定價的 ML 技術應該會被廣泛地使用。布萊克 - 休斯模型（Black-Scholes model）、波動率微笑曲線和 Excel 試算表模型的世界應該隨著更先進的方法變得容易獲得而式微。

傳統的衍生性商品定價模型是建立在幾個不切實際的假設之上，以重現標的物輸入資料（履約價、到期時間、選擇權類型）與市場上觀察到的衍生性商品價格之間的經驗關係。機器學習方法不依賴於多個假設，而是只試圖估計輸入資料與價格之間的函數，並最小化模型結果和目標結果之間的差異。

使用最先進的 ML 工具以更快的時間完成部署，只是加快機器學習在衍生性商品定價中的應用的優點之一。

情緒分析

情緒分析涉及到對大量非結構化資料（如視訊、文字記錄、照片、音訊檔、社交媒體推文、文章和商業文件）的仔細閱讀，以確定市場情緒。情緒分析對當今工作場所的所有企業都至關重要，是金融領域機器學習的一個極好的例子。

情緒分析在金融領域最常見的用途是分析金融新聞，尤其是預測市場的行為和可能的趨勢。股市的走勢是對無數與人類有關的因素作出反應的，人們希望機器學習能夠透過發現新的趨勢和信號來複製和增強人類對金融活動的直覺。

然而，機器學習的許多未來應用將在瞭解社交媒體、新聞趨勢以及其他與預測客戶對市場發展的情緒相關的資料來源方面，而不僅僅局限於預測股票價格和交易。

交易結算

交易結算是指在金融資產交易後，將證券轉入買方帳戶，並將現金轉入賣方帳戶的過程。

儘管大多數交易是自動結算的，而且很少或根本沒有與人的互動，但還是有大約 30% 的交易需要人工結算。

機器學習的應用不僅可以識別交易失敗的原因，還可以分析交易被拒絕的原因，提供解決方案，預測未來哪些交易可能會失敗。人類通常需要 5 到 10 分鐘才能完成的事情，機器學習可以在幾秒鐘內完成。

洗錢防治

聯合國的一份報告估計，全球每年的洗錢金額占全球 GDP 的 2%-5%。機器學習技術可以更廣泛地分析客戶網路中內部、公開存在和交易資料，試圖發現洗錢跡象。

機器學習、深度學習、人工智慧和資料科學

對大多數人來說，機器學習（*machine learning*）、深度學習（*deep learning*）、人工智慧（*aritficial intelligence*）、和資料科學（*data science*）這些術語很令人困惑。事實上，很多人把這些名詞互換使用。

圖 1-1 顯示了人工智慧、機器學習、深度學習和資料科學之間的關係。機器學習是人工智慧的一個子集，它由一些技術所組成，這些技術使得電腦能夠識別資料中的樣式並交付人工智慧應用程式。同時，深度學習是機器學習的一個子集，它能夠讓電腦解決更複雜的問題。

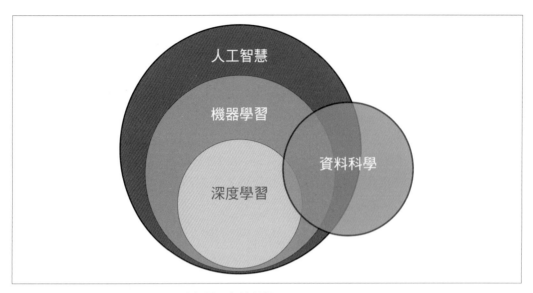

圖 1-1　人工智慧、機器學習、深度學習和資料科學

資料科學並不完全是機器學習的子集，但它用機器學習、深度學習和人工智慧來分析資料並得出可採取行動的結論。它將機器學習、深度學習和人工智慧與大數據資料分析和雲端計算等其他學科相結合。

以下是有關人工智慧、機器學習、深度學習和資料科學細節的摘要：

人工智慧

人工智慧是研究如何讓電腦（及其系統）成功完成通常需要人類智慧的複雜任務的領域。這些任務包括但不限於視覺感知、語音辨識、決策和語言之間的翻譯。人工智慧通常被定義為一門科學，它使得電腦能夠完成人類需要用智慧才能夠完成的任務。

機器學習

機器學習是人工智慧的一種應用，它為人工智慧系統提供了從環境中自動學習，並應用這些經驗教訓做出更好決策的能力。

機器學習使用多種演算法來反覆運算學習、描述和改進資料、發現樣式，然後針對這些樣式執行一些動作。

深度學習

　　深度學習是機器學習的子集，它涉及到與人工類神經網路相關演算法的研究，這些人工類神經網路包含許多相互堆疊的區塊（或層）。深度學習模型的設計靈感來自於人腦的生物神經網路，並力求用一種類似於人類得出結論的邏輯結構來分析資料。

資料科學

　　資料科學是一個跨學科的領域，類似於資料探勘，利用科學方法、過程和系統從各種形式（無論是結構化還是非結構化）的資料中擷取知識或洞見。資料科學不同於 ML 和 AI，因為其目標是透過使用不同的科學工具和技術來洞察和瞭解資料。然而，ML 和資料科學有幾個共同的工具和技術，其中一些會在本書中示範。

機器學習的類型

本節將概述本書在各種金融應用案例研究中使用的所有機器學習類型。如圖 1-2 所示，機器學習的三種類型是監督式學習、非監督式學習、以及強化學習。

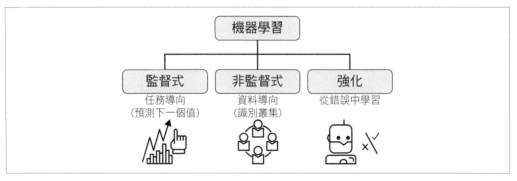

圖 1-2　機器學習類型

監督式

監督式學習（*Supervised learning*）的主要目標是從標記的資料中訓練一個模型，讓我們能夠對看不見的或未來的資料進行預測。在這裡的**監督式**一詞是指期望輸出訊號（標籤）已知的一組樣本。監督式學習演算法又可再分為兩種類型：分類和迴歸。

分類

分類是監督式學習的子類型之一，其目標是根據過去的觀察預測新個例的分類標籤。

迴歸

迴歸（Regression）是監督式學習的另一個子類型，主要是用來預測連續的結果。在迴歸中，我們被賦予了許多預測（解釋）變數和一個連續回應變數（結果或目標），並試圖要找出這些變數之間的關係，讓我們能夠預測結果。

迴歸與分類的例子如圖 1-3 所示。左邊的圖表顯示了一個迴歸的例子。連續回應變數為報酬，觀察值與相對應的預測結果則分別繪製於 y 軸和 x 軸。右圖是分類的一個例子，所得出的結果是一個分類標籤，判斷市場是牛市還是熊市。

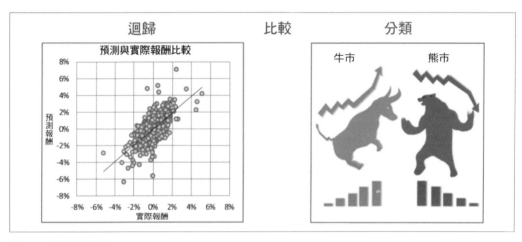

圖 1-3　迴歸與分類

非監督式

非監督式學習是機器學習的一種，用來從沒有標記回應的輸入資料集進行推理。非監督式學習有兩種類型：降維和分群。

降維

降維（*Dimensionality reduction*）是在減少資料集裡面的特徵或變數個數的同時，也能保留資訊和整體模型績效的過程。降維是處理具有大量維度的資料集的一種常見而強大的方法。

圖 1-4 說明了這個概念，其中資料的維度從二維（X_1 和 X_2）轉換為一維（Z_1）。Z_1 可傳遞嵌入在 X_1 和 X_2 中的類似資訊，並且減少了資料的維度。

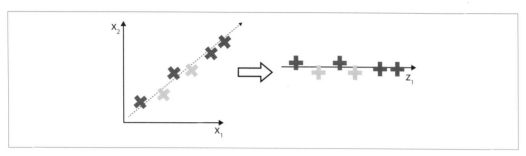

圖 1-4　降維

分群

分群（*Clustering*）是非監督式學習技術的一個子類別，讓我們能夠發現資料中隱藏的結構。分群的目的是在資料中找到一個自然的分組，使得同一個群集的項目比不同群集的項目更為相似。

圖 1-5 顯示了一個分群的例子，我們可以看到整個資料透過叢集演算法被分成兩個不同的群集。

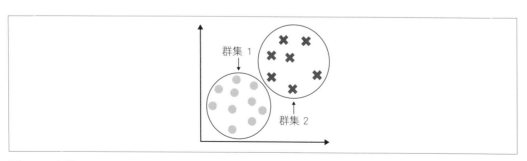

圖 1-5　分群

強化學習

從經驗中學習，以及相關的獎懲，是**強化式學習**（*reinforcement learning, RL*）背後的核心概念。RL 是關於在特定情況下採取適當的行動，以獲得最大限度地回報。這個稱為**代理**（*agent*）的學習系統可以觀察環境，選擇和執行行動，並獲得回報（或以負回報形式的懲罰），如圖 1-6 所示。

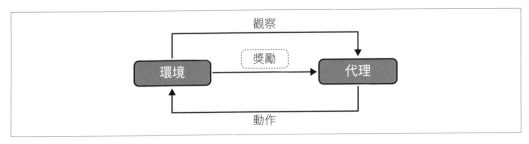

圖 1-6　強化學習

強化學習與監督式學習的不同之處在於：在監督式學習中，訓練資料具有答案的關鍵值，因此訓練模型時可以得到正確的答案。在強化學習中，並沒有明確的答案，而是由學習系統（agent）來決定執行給定的任務所要做的事情，並根據獎勵來學習這是否是正確的動作，因此 RL 演算法是透過經驗來決定答案的關鍵值。

強化學習的步驟如下：

1. 首先，代理透過執行動作與環境互動。

2. 然後，代理根據其執行的動作獲得獎勵。

3. 基於獎勵，代理接收到觀察值並瞭解到這個動作是好還是壞。如果動作是好的，也就是說，如果代理收到了一個正的獎勵，那麼代理將更願意執行該動作。如果所得到的獎勵是負的，代理將嘗試執行另一個動作以獲得正的獎勵。這基本上是一個嘗試錯誤的學習過程。

自然語言處理

自然語言處理（Natural language processing, NLP）是人工智慧的一個分支，NLP 要處理的問題是讓機器瞭解人類所使用的自然語言的結構和意義，其中使用了多種機器學習和深度學習技術。

NLP 在金融領域有很多應用，例如情緒分析、聊天機器人和文件處理。許多資訊，例如賣方報告、季後盈利匯報、報紙標題等，是透過文字訊息溝通，讓 NLP 在金融領域變得相當有用。

鑑於基於機器學習的自然語言處理演算法在金融領域的廣泛應用，本書（第 10 章）有一個單獨的章節專門介紹自然語言處理和相關案例研究。

本章摘要

機器學習正在金融服務業的所有垂直領域取得重大進展。本章涵蓋了機器學習在金融領域的不同應用，從演算法交易到機器人投資顧問。這些應用將在本書後面的案例研究中介紹。

下一步

就機器學習所使用的平台而言，Python 生態系統正在不斷地成長，而且是機器學習最主要的程式語言之一。在下一章中，我們將學習模型開發步驟，從資料準備到基於 Python 的框架中的模型部署。

## 第二章

用 Python 建立
機器學習模型

就機器學習所使用的平台而言，有許多演算法和程式語言。然而，Python 生態系統是機器學習中最主要和發展最快的程式語言之一。

考慮到 Python 的普及率和高採用率，我們將把 Python 當作貫穿全書的主要程式語言。本章提供了基於 Python 的機器學習框架的概觀。首先，我們將回顧用於機器學習的 Python 套件的細節，接著再談 Python 框架中的模型建立步驟。

在本章中介紹的 Python 模型建立的步驟當作本書其餘部分的案例研究的基礎。在建立任何基於機器學習的金融模型時，也可以利用 Python 框架。

為什麼要使用 Python？

Python 流行的原因如下：

- 高階語法（與 C、Java 和 C++ 的低階語言相比）。建立應用程式時可以撰寫更少的程式碼，因此讓 Python 對初學者和高級程式師都具有吸引力。

- 高效率的建立生命週期。

- 大量由社群管理的開放原始碼函式庫。

- 可攜性強。

Python 的簡單性吸引了許多建立人員為機器學習建立了新的函式庫，使得 Python 被廣泛的採用。

Python 機器學習套件

機器學習所使用的主要 Python 套件如圖 2-1 所示。

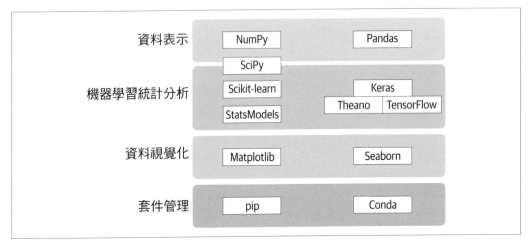

圖 2-1　Python 套件

以下先簡單介紹一下每個套件：

NumPy（*https://numpy.org*）

　　提供大型多維陣列以及大量數學函數的集合。

Pandas（*https://pandas.pydata.org*）

　　用於資料處理和分析的函式庫。在其他特性中，它提供了處理表格的資料結構和操弄表格的工具。

Matplotlib（*https://matplotlib.org*）

　　允許建立二維圖表和繪圖的函式庫。

SciPy（*https://www.scipy.org*）

NumPy、Pandas 和 Matplotlib 的組合通常被稱為 SciPy。SciPy 是用於數學、科學和工程的 Python 函式庫生態系統。

Scikit-learn（*https://scikit-learn.org*）（或 *sklearn*）

提供多種演算法和公用程式的機器學習函式庫。

StatsModels（*https://www.statsmodels.org*）

一個 Python 模組，提供許多不同統計模型的估計，以及進行統計測試和統計資料探索的類別和函數。

TensorFlow（*https://www.tensorflow.org*）和 *Theano*（*http://deeplearning.net/software/theano*）

便於使用類神經網路的資料流程式設計函式庫。

Keras（*https://keras.io*）

一個人工類神經網路函式庫，可以當作簡化的 TensorFlow/Theano 套件的介面。

Seaborn（*https://seaborn.pydata.org*）

基於 Matplotlib 的資料視覺化函式庫，提供了一個高階介面來繪製有吸引力和資訊豐富的統計圖形。

pip（*https://pypi.org/project/pip*）和 *Conda*（*https://docs.conda.io/en/latest*）

這兩個都是 Python 套件管理器。pip 可協助 Python 套件的安裝、升級和卸載，而 Conda 則可用來處理 Python 套件以及 Python 套件之外的函式庫依賴關係。

Python 和套件安裝

Python 可透過多種不同的方式安裝，但是強烈建議您透過 Anaconda（*https://www.anaconda.com*）來安裝。Anaconda 包含了 Python、SciPy 和 Scikit-learn。

安裝 Anaconda 後，可打開「命令提示字元」視窗並輸入以下指令，以便在本機啟動 Jupyter 伺服器：

```
$jupyter notebook
```

本書中所有程式碼範例都使用 Python 3，並在 Jupyter Notebook 中說明。有一些 Python 套件，尤其是 Scikit-learn 和 Keras 在案例研究中會被廣泛使用。

Python 生態系統中的模型建立步驟

徹底瞭解解決機器學習問題的步驟是非常重要的。除非從開始到結束的步驟都被很好地定義，否則就很難賦予機器學習應用的生命力。

圖 2-2 提供了一個簡單的機器學習專案七個步驟的範本，可用來啟動 Python 中的任何機器學習模型。前幾個步驟包括探索性資料分析和資料準備，這是典型以資料科學為基礎的步驟，旨在從資料中擷取出有意義資訊和洞見，後面幾個步驟則是模型評估、微調和模型確立。

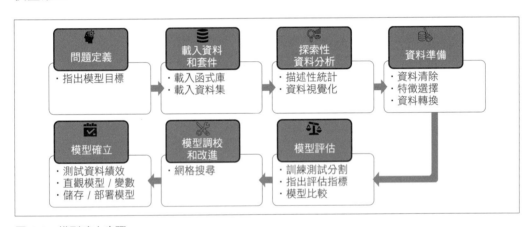

圖 2-2　模型建立步驟

本書中的所有案例研究基本上都是依照這個標準的七步驟模型建立流程。不過也有少數案例研究中的一些步驟會被跳過、重新命名、或根據步驟的適用性和直覺性重新排列順序。

模型建立藍圖

以下將介紹每個模型建立步驟的細節，以及支援這些步驟的 Python 程式碼。

1、問題定義

任何專案的第一步都是要定義問題。強大的演算法可以用來解決問題，但如果解決了錯誤的問題，結果將毫無意義。

要定義問題應使用以下框架：

1. 非正式和正式地描述問題，列出假設和類似的問題。

2. 列出解決問題的動機、解決方案提供的好處、以及如何使用解決方案。

3. 描述如何用領域知識來解決問題。

2、載入資料和套件

第二步提供了開始解決問題所需的一切，包括載入模型建立所需的函式庫、套件和個別函式。

2.1、載入函式庫。 載入函式庫的範例程式碼如下：

```
# Load libraries
import pandas as pd
from matplotlib import pyplot
```

特定功能的函式庫和模組的細節將在個別案例研究中進一步定義。

2.2、載入資料。 載入資料前，應檢查並刪除以下項目：

* 欄位標題

* 註解或特殊字元

* 分隔符號

載入資料的方法有很多種。一些最常見的方法如下：

```
Load CSV files with Pandas
    from pandas import read_csv
    filename = 'xyz.csv'
    data = read_csv(filename, names=names)

Load file from URL
    from pandas import read_csv
    url = 'https://goo.gl/vhm1eU'
```

```
    names = ['age', 'class']
    data = read_csv(url, names=names)
```

Load file using pandas_datareader
```
    import pandas_datareader.data as web

    ccy_tickers = ['DEXJPUS', 'DEXUSUK']
    idx_tickers = ['SP500', 'DJIA', 'VIXCLS']

    stk_data = web.DataReader(stk_tickers, 'yahoo')
    ccy_data = web.DataReader(ccy_tickers, 'fred')
    idx_data = web.DataReader(idx_tickers, 'fred')
```

3、探索性資料分析

在這個步驟中,我們要查看資料集。

3.1、敘述性統計。 瞭解資料集是建立模型的最重要步驟之一,瞭解資料的步驟包括:

1. 檢視原始資料。

2. 檢視資料集的維度。

3. 檢視屬性的資料型別。

4. 總結資料集中變數的分佈、敘述性統計和相互關係。

以下用 Python 程式碼來示範這些步驟:

Viewing the data
```
    set_option('display.width', 100)
    dataset.head(1)
```

Output

	Age	Sex	Job	Housing	SavingAccounts	CheckingAccount	CreditAmount	Duration	Purpose	Risk
0	67	male	2	own	NaN	little	1169	6	radio/TV	good

Reviewing the dimensions of the dataset
```
    dataset.shape
```

Output
```
    (284807, 31)
```

結果顯示了資料集的維度，共有 284,807 列和 31 行。

Reviewing the data types of the attributes in the data

```
# types
set_option('display.max_rows', 500)
dataset.dtypes
```

Summarizing the data using descriptive statistics

```
# describe data
set_option('precision', 3)
dataset.describe()
```

Output

	Age	Job	CreditAmount	Duration
count	1000.000	1000.000	1000.000	1000.000
mean	35.546	1.904	3271.258	20.903
std	11.375	0.654	2822.737	12.059
min	19.000	0.000	250.000	4.000
25%	27.000	2.000	1365.500	12.000
50%	33.000	2.000	2319.500	18.000
75%	42.000	2.000	3972.250	24.000
max	75.000	3.000	18424.000	72.000

3.2、資料視覺化。 　瞭解更多資料最快的方法是將其視覺化，視覺化涉及了獨立地瞭解資料集的每個屬性。

以下為一些繪圖的類型：

單一變數繪圖

長條圖和密度圖

多變數繪圖

相關矩陣圖和散點圖

單一變數繪圖類型的 Python 程式碼如下所示：

Univariate plot: histogram

```
from matplotlib import pyplot
dataset.hist(sharex=False, sharey=False, xlabelsize=1, ylabelsize=1,\
```

```
    figsize=(10,4))
    pyplot.show()
```

Univariate plot: density plot
```
    from matplotlib import pyplot
    dataset.plot(kind='density', subplots=True, layout=(3,3), sharex=False,\
    legend=True, fontsize=1, figsize=(10,4))
    pyplot.show()
```

輸出範例如圖 2-3 所示。

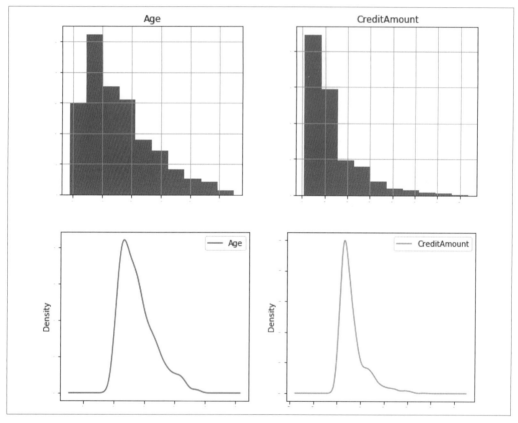

圖 2-3　長條圖（上）和密度圖（下）

多變數繪圖類型的 Python 程式碼如下所示：

Multivariate plot: correlation matrix plot

```
from matplotlib import pyplot
import seaborn as sns
correlation = dataset.corr()
pyplot.figure(figsize=(5,5))
pyplot.title('Correlation Matrix')
sns.heatmap(correlation, vmax=1, square=True,annot=True,cmap='cubehelix')
```

Multivariate plot: scatterplot matrix

```
from pandas.plotting import scatter_matrix
scatter_matrix(dataset)
```

輸出範例如圖 2-4 所示。

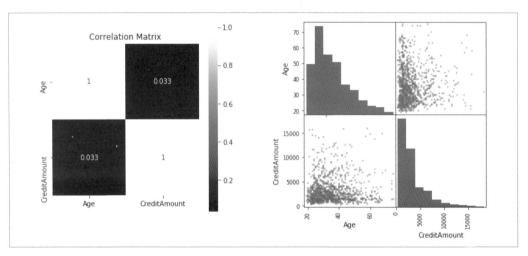

圖 2-4　相關圖（左）和散點圖（右）

4、資料準備

資料準備是一個前置處理步驟，其中來自一個或多個來源的資料在使用前被清理和轉換以提高其品質。

4.1、資料清理。　在機器學習建模中，不正確的資料可能代價高昂，資料清理包括檢查以下各項：

有效性

資料型別、範圍等。

準確性

資料接近真實值的程度。

完整性

所有必需資料的已知程度。

均勻性

使用同一度量單位指定資料的程度。

執行資料清理的不同選項包括：

刪除資料中的 *NA* 值

```
dataset.dropna(axis=0)
```

把 0 填入 *NA*

```
dataset.fillna(0)
```

把行的平均值填入 *NAs*

```
dataset['col'] = dataset['col'].fillna(dataset['col'].mean())
```

4.2、特徵選擇。　用於訓練機器學習模型的資料特徵對績效有很大的影響。不相關或部分相關的特徵會對模型績效產生負面影響。特徵選擇[1] 是自動選擇資料中對預測變數或輸出貢獻最大的特徵的過程。

在對資料建模之前執行特徵選擇的好處是：

減少過度擬合[2]

冗餘資料越少，模型根據雜訊做出決策的機會就越少。

提高績效

較少的誤導性資料可改進建模的績效。

減少訓練時間和記憶體佔用

較少的資料可以加快訓練的速度並且佔用較少的記憶體。

1　特徵選擇與監督式學習模型更為相關，在第 5 章和第 6 章的個別案例研究中將會詳細說明。

2　過度擬合將於第 4 章詳細討論。

以下範例說明了如何用 sklearn 中的 SelectKBest 函式選擇最好的兩個特徵（*https://oreil.ly/JDo-F*）。SelectKBest 函式利用底層函式對特徵進行評分，然後刪除 *k* 個最高評分以外的所有特徵：

```
from sklearn.feature_selection import SelectKBest
from sklearn.feature_selection import chi2
bestfeatures = SelectKBest( k=5)
fit = bestfeatures.fit(X,Y)
dfscores = pd.DataFrame(fit.scores_)
dfcolumns = pd.DataFrame(X.columns)
featureScores = pd.concat([dfcolumns,dfscores],axis=1)
print(featureScores.nlargest(2,'Score'))  #print 2 best features
```

Output

```
          Specs      Score
2       Variable1  58262.490
3       Variable2    321.031
```

當特徵不相關時，應該刪除它們。以下範例程式碼說明了如何刪除不相關的特徵：

```
#dropping the old features
dataset.drop(['Feature1','Feature2','Feature3'],axis=1,inplace=True)
```

4.3、資料轉換。 許多機器學習演算法對於資料都有做一些假設，因此應進行資料準備，以便用最佳的形式來提供機器學習演算法所需的資料，這可以透過資料轉換來實現。

不同的資料轉換方法如下：

重新縮放（*Rescaling*）

當資料涵蓋了不同尺度的屬性時，把所有屬性**重新縮放**成相同的尺度可讓許多機器學習演算法受益。屬性通常會重新縮放成從 0 到 1 之間的範圍，這對於機器學習演算法核心中所使用的最佳化演算法非常有用，也有助於加速演算法中的計算：

```
from sklearn.preprocessing import MinMaxScaler
scaler = MinMaxScaler(feature_range=(0, 1))
rescaledX = pd.DataFrame(scaler.fit_transform(X))
```

標準化（*Standardization*）

標準化是一種有用的技術，可將屬性轉換為標準常態分佈（平均值為零，標準差為1）（*https://oreil.ly/4a70f*），最適用於假設輸入變數為常態分佈的情況：

```
from sklearn.preprocessing import StandardScaler
scaler = StandardScaler().fit(X)
StandardisedX = pd.DataFrame(scaler.fit_transform(X))
```

正規化（*Normalization*）

正規化是指重新調校每個觀察值（列）的大小，使其長度為 1（稱為單位範數或向量）。當使用加權輸入值的演算法時，這個前置處理的方法可用於不同比例屬性的稀疏資料集：

```
from sklearn.preprocessing import Normalizer
scaler = Normalizer().fit(X)
NormalizedX = pd.DataFrame(scaler.fit_transform(X))
```

5、模型評估

一旦我們估計了演算法的績效，我們就可以在整個訓練資料集上重新訓練最後的演算法，使其準備好用於操作。最好的方法是在新的資料集上評估演算法的績效。不同的機器學習技術需要不同的評價指標。除了模型績效外，在選擇模型時還需考慮一些其他因素，例如簡單性、可解釋性和訓練時間。有關這些因素的細節詳見第 4 章。

5.1、訓練和測試分割。 評估機器學習演算法績效最簡單方法是使用不同的訓練和測試資料集。我們可以把原始資料集分成兩部分：第一部分訓練演算法，第二部分進行預測，並根據預期結果評估預測結果。分割的大小可能取決於資料集的大小和特異性，不過通常是用 80% 的資料進行訓練，剩餘的 20% 用於測試。訓練資料集和測試資料集的差異會導致準確度估計值的顯著差異。使用 sklearn 中的 **train_test_split** 函式，可以很輕易地將資料分為訓練集和測試集：

```
# split out validation dataset for the end
validation_size = 0.2
seed = 7
X_train, X_validation, Y_train, Y_validation =\
train_test_split(X, Y, test_size=validation_size, random_state=seed)
```

5.2、確定評估指標。 選擇用來評估機器學習演算法的指標是非常重要的。評估指標的重點之一是區分模型結果的能力。本書的幾個章節詳細介紹了用於不同類型 ML 模型的不同類型的評估指標。

5.3、比較模型和演算法。 選擇機器學習模型或演算法既是一門藝術，也是一門科學。沒有一種解決方案或方法適合所有人。除了模型績效之外，還有幾個因素會影響選擇機器學習演算法的決策。

我們用一個簡單的例子來瞭解模型比較的過程。我們定義了兩個變數 X 和 Y，並嘗試建立一個模型來用 X 預測 Y。第一步是把資料分割為訓練集和測試集，如前一節所述：

```python
import numpy as np
import matplotlib.pyplot as plt
from sklearn.model_selection import train_test_split
validation_size = 0.2
seed = 7
X = 2 - 3 * np.random.normal(0, 1, 20)
Y = X - 2 * (X ** 2) + 0.5 * (X ** 3) + np.exp(-X)+np.random.normal(-3, 3, 20)
# transforming the data to include another axis
X = X[:, np.newaxis]
Y = Y[:, np.newaxis]
X_train, X_test, Y_train, Y_test = train_test_split(X, Y,\
test_size=validation_size, random_state=seed)
```

我們不知道哪些演算法能很好地解決這個問題。現在讓我們設計我們的測試。我們將使用兩個模型來擬合 X 和 Y：第一個是線性迴歸，第二個是多項式迴歸。我們將利用均方根誤差（*Root Mean Squared Error, RMSE*）來評估演算法，這是模型績效的衡量指標之一。RMSE 將告訴我們所有預測的錯誤大致上是多少（最完美的情況是零）：

```python
from sklearn.linear_model import LinearRegression
from sklearn.metrics import mean_squared_error, r2_score
from sklearn.preprocessing import PolynomialFeatures

model = LinearRegression()
model.fit(X_train, Y_train)
Y_pred = model.predict(X_train)

rmse_lin = np.sqrt(mean_squared_error(Y_train,Y_pred))
r2_lin = r2_score(Y_train,Y_pred)
print("RMSE for Linear Regression:", rmse_lin)

polynomial_features= PolynomialFeatures(degree=2)
x_poly = polynomial_features.fit_transform(X_train)

model = LinearRegression()
model.fit(x_poly, Y_train)
Y_poly_pred = model.predict(x_poly)

rmse = np.sqrt(mean_squared_error(Y_train,Y_poly_pred))
r2 = r2_score(Y_train,Y_poly_pred)
print("RMSE for Polynomial Regression:", rmse)
```

Output

```
RMSE for Linear Regression: 6.772942423315028
RMSE for Polynomial Regression: 6.420495127266883
```

我們可以看出，多項式迴歸的均方根誤差比線性迴歸稍微好一點[3]。既然前者具有較好的擬合度，因此本步驟中的模型以多項式迴歸為首選。

6、模型調校

尋找模型超參數的最佳組合可以看作是一個搜尋問題[4]。這種搜尋的運用通常稱為**模型調校**（*model tuning*），而且是建立模型的最重要步驟之一，可透過**網格搜尋**（*grid search*）等技術來找出模型的最佳參數。在網格搜尋中，您可以建立包含所有可能超參數組合的網格，並且用窮舉法把每一種組合都拿來訓練模型。除了網格搜尋，還有其他幾種模型調校技術，包括隨機搜尋、貝葉斯最佳化（*https://oreil.ly/ZGVPM*）和超帶演算法（hyperband）等。

在本書所介紹的案例研究中，我們主要著重在用於模型調校的網格搜尋。

延續上一個範例，以多項式當作最佳模型：下一步，對模型執行網格搜尋，並且用不同次方數（degree）重新調校多項式迴歸。比較了所有模型的 RMSE 結果如下：

```
Deg= [1,2,3,6,10]
results=[]
names=[]
for deg in Deg:
    polynomial_features= PolynomialFeatures(degree=deg)
    x_poly = polynomial_features.fit_transform(X_train)

    model = LinearRegression()
    model.fit(x_poly, Y_train)
    Y_poly_pred = model.predict(x_poly)

    rmse = np.sqrt(mean_squared_error(Y_train,Y_poly_pred))
    r2 = r2_score(Y_train,Y_poly_pred)
    results.append(rmse)
    names.append(deg)
plt.plot(names, results,'o')
plt.suptitle('Algorithm Comparison')
```

3　應該要注意的是，在這種情況下，RMSE 的差異很小，可能不會隨著訓練／測試資料分割的不同而複製。

4　超參數是模型的外部特徵，可以視為模型的設定，而不是根據模型參數等資料所估計出來的結果。

Output

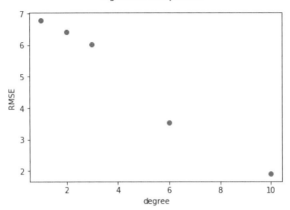

Algorithm Comparison

隨著次方數的增加，RMSE 變小，其中次方數為 10 的模型 RMSE 最小。但是，次方數低於 10 的模型表現非常好，測試集將用來決定最佳模型。

雖然每個演算法的通用輸入參數集提供了一個分析的起點，但是它可能沒有針對特定資料集和業務上問題的最佳配置。

7、模型確立

在這裡，我們進行選擇模型的最後步驟。首先，用訓練好的模型對測試資料集進行預測。然後我們試著去瞭解模型的直覺，並將其保存以供進一步使用。

7.1、測試集的績效。 在測試集上進一步評估在訓練步驟中所選擇的模型。測試集讓我們能夠以一種沒有偏見的方式比較不同的模型，方法是在訓練時完全都沒有用到的資料基礎上進行比較。上一步建立的模型的測試結果如下：

```
Deg= [1,2,3,6,8,10]
for deg in Deg:
    polynomial_features= PolynomialFeatures(degree=deg)
    x_poly = polynomial_features.fit_transform(X_train)
    model = LinearRegression()
    model.fit(x_poly, Y_train)
    x_poly_test = polynomial_features.fit_transform(X_test)
    Y_poly_pred_test = model.predict(x_poly_test)
    rmse = np.sqrt(mean_squared_error(Y_test,Y_poly_pred_test))
    r2 = r2_score(Y_test,Y_poly_pred_test)
    results_test.append(rmse)
```

```
        names_test.append(deg)
    plt.plot(names_test, results_test,'o')
    plt.suptitle('Algorithm Comparison')
```

Output

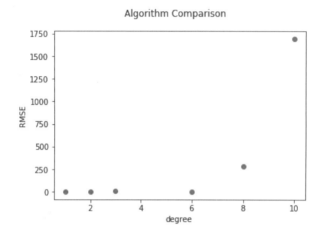

在訓練集中,我們看到 RMSE 隨著多項式模型次方數的增加而減小,而 10 次多項式的
RMSE 最低。然而,如前面 10 次多項式的輸出所示,儘管訓練集的結果最好,但測試
集中的結果卻很差。對於 8 次多項式,測試集的 RMSE 相對較高,而 6 次多項式在測試
集中表現出最好的結果(儘管與測試集中的其他低次多項式相比差異很小),在訓練集
中也顯示出很好的結果。出於這些原因,這是首選的模型。

除了模型績效之外,在選擇模型時還需要考慮一些其他因素,例如簡單性、可解釋性和
訓練時間。這些因素將在接下來的章節中介紹。

7.2、模型 / 變數直覺。 　這一步涉及到對於解決問題所採取方式的整體看法,包括模型
的局限性,因為它與預期結果、使用的變數和選定的模型參數有關。有關不同類型機器
學習的模型和變數直覺的細節將在後面的章節和案例研究中介紹。

7.3、保存 / 部署。 　在找到一個精確的機器學習模型後,必須將其保存和載入,以確保
將來可以使用。

Pickle 是用 Python 保存和載入經過訓練的模型的套件之一,pickle 可以將經過訓練的
機器學習模型以*序列化*(*serialized*)檔案的格式保存。稍後,可以將此檔案*反序列化*
(*de-serialized*)載入到模型中以供使用。以下的範例程式碼示範了如何將模型保存到檔
並載入它,以便對新資料進行預測:

```
# Save Model Using Pickle
from pickle import dump
from pickle import load
# save the model to disk
filename = 'finalized_model.sav'
dump(model, open(filename, 'wb'))
# load the model from disk
loaded_model = load(filename)
```

 近年來，AutoML 等框架（*https://oreil.ly/ChjFb*）是為了在機器學習模型建立過程中儘量將上述步驟自動化而建構的。這樣的框架允許模型建立人員建構具有高規模、高效率和生產力的 ML 模型，我們鼓勵讀者自行研究這樣的框架。

本章摘要

鑒於 Python 的流行性、採用率和靈活性，Python 通常是機器學習開發時的首選語言。有許多可用的 Python 套件可以執行許多任務，包括資料清理、視覺化和模型建立，其中一些關鍵套件是 Scikit-learn 和 Keras。本章所提到的七個模型建立步驟可以在建立任何基於機器學習的金融模型時加以利用。

下一步

下一章將介紹機器學習的關鍵演算法人工類神經網路。人工類神經網路是金融領域機器學習的另一個建構單元，廣泛應用於各種機器學習和深度學習演算法。

## 第三章

人工類神經網路

機器學習中有許多不同種類的模型，其中有一種傑出的機器學習模型為人工類神經網路（artificial neural networks, ANNs）。鑑於人工類神經網路在所有機器學習類型中都有應用，本章將介紹人工類神經網路的基礎知識。

人工類神經網路是一種計算系統，以一組被稱為人工神經元的連接單元或節點為基礎，對生物大腦中的神經元進行鬆散式的建模。每一個連接，就像生物大腦中的突觸一樣，都能將信號從一個人工神經元傳遞到另一個人工神經元。接收到信號的人工神經元可以對其進行處理，然後向與之相連的其他人工神經元發送信號。

*深度學習*涉及了複雜類神經網路相關演算法的研究。其複雜性歸因於要詳細描述資訊如何在整個模型中流動的樣式。深度學習能夠將世界表示為一個巢狀階層的概念，每個概念都與一個更簡單的概念相關。深度學習技術廣泛應用於強化學習和自然語言處理，我們將在第 9 章和第 10 章中介紹。

我們將回顧人工類神經網路領域中所使用的詳細術語和流程[1]，並涵蓋以下主題：

- ANN 架構：神經元和層

- 訓練 ANN：前向傳遞、倒傳遞和梯度下降

- ANN 的超參數：層數、節點數、激活函數、損失函數、學習率等

- 在 Python 中定義和訓練一個基於深度類神經網路的模型

- 提高人工類神經網路和深度學習模型的訓練速度

人工類神經網路：架構、訓練和超參數

類神經網路套件含多層排列的神經元。ANN 透過訓練階段，比較模型的輸出和期望的輸出，來學習識別資料中的樣式。我們來看一下人工類神經網路的組成元件。

架構

ANN 架構包括神經元、層和權重。

神經元

ANN 的建構單元為神經元（又稱為人工神經元、節點或感知器）。神經元有一個或多個輸入和一個輸出，可用來計算複雜的邏輯命題。這些神經元中的激活函數在輸入和輸出之間產生複雜的非線性函數映射[2]。

如圖 3-1 所示，一個神經元接收一組輸入 $(x_1, x_2...x_n)$，應用學習參數產生一個加權總和 (z)，然後將該總和傳給一個激活函數 (f)，該函數會計算輸出 $f(z)$。

---

1 我們鼓勵讀者參考亞倫·庫爾維爾（Aaron Courville）、伊恩·古德費羅（Ian Goodfellow）和奧舒亞·本吉奧（Yoshua Bengio）（麻省理工出版社）所著的《*Deep Learning*》一書，以瞭解更多關於 ANN 和深度學習的細節。

2 激活函數將在本章後面詳細描述。

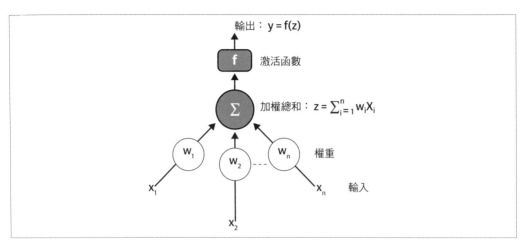

圖 3-1　一個人工神經元

層

單一神經元的輸出 *f(z)*（如圖 3-1 所示）將無法模擬複雜的任務。所以，為了處理更複雜的結構，我們需要有多層這樣的神經元。當我們水平和垂直地堆積神經元時，我們所能得到的函數類型就會變得越來越複雜。圖 3-2 顯示了具有輸入層、輸出層和隱藏層的 ANN 結構。

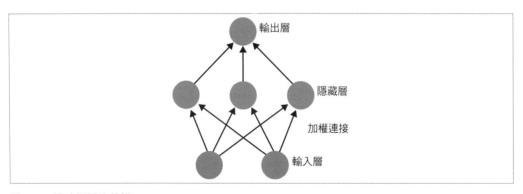

圖 3-2　類神經網路結構

輸入層。 輸入層從資料集取得輸入，是網路公開的部分。類神經網路通常是描述一個輸入層，其中每個神經元對應資料集的一個輸入值（或行），而輸入層中的神經元只是把輸入值傳給下一層。

隱藏層。 輸入層之後的層稱為隱藏層，因為它們不直接暴露於輸入。最簡單的網路結構是在隱藏層中有一個直接把值輸出的神經元。

多層類神經網路由於其隱含層的存在，能夠解決更複雜的機器學習相關任務。隨著計算能力和高效率函式庫的增加，可以建構多層類神經網路。具有許多隱藏層（多於三層）的 ANN 被稱為**深度類神經網路**（*deep neural network*），多個隱藏層讓深度類神經網路得以在所謂的特徵階層（feature hierarchy）中學習資料的特徵，因為簡單的特徵從一層重新組合到下一層，形成更複雜的特徵。具有許多層的 ANN 透過更多的數學運算來傳遞輸入資料（特徵），因此訓練計算量更為龐大。

輸出層。 最後一層稱為輸出層；負責輸出與解決問題所需的格式相對應的值或值向量。

神經元權重

神經元權重表示單元之間連接的強度，並衡量輸入對輸出的影響。如果神經元 1 到神經元 2 的權重較大，則神經元 1 對神經元 2 的影響較大。接近零的權重表示改變這個輸入不會影響輸出，而負權重則表示增加這個輸入會減少輸出。

訓練

訓練類神經網路基本上是指校準 ANN 中的所有權重。這種最佳化是以反覆運算的方式進行的，包括前向傳遞和倒傳遞步驟。

前向傳遞

前向傳遞是將輸入值餵給類神經網路並獲得輸出（稱為**預測值**（*predicted value*））的過程，當我們將輸入值餵給類神經網路的第一層時，並不需要任何操作。第二層從第一層取得值，並在將該值傳遞給下一層之前應用乘法、加法和激活操作。任何後續層會重複相同的過程，直到接收到來自最後一層的輸出值。

倒傳遞

在前向傳遞之後，我們會從 ANN 得到一個預測值。假設前向傳遞網路的期望輸出是 Y，而預測值是 Y'，預測輸出和期望輸出之間的差（$Y-Y'$）被轉換成損失（或成本）函數 $J(w)$，其中表示 ANN 中的權重 [3]。我們的目標是最佳化訓練集上的損失函數（也就是讓損失越小越好）。

我們所採用的最佳化方法是**梯度下降法**（*gradient descent*），梯度下降法的目標是找到相對於目前點的權重 w 的梯度 $J(w)$，並朝負梯度方向邁出一小步，直到得出最小值，如圖 3-3 所示。

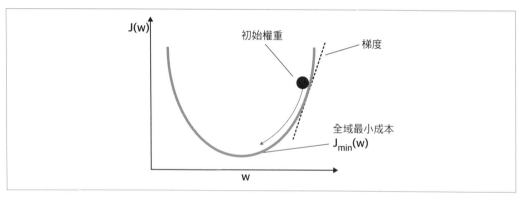

圖 3-3　梯度下降法

如前文所述，在 ANN 中，函數 $J(w)$ 本質上是由多層所組成的。因此，如果第一層以函數 $p()$ 表示，第二層為 $q()$，第三層為 $r()$，那麼整個函數為 $J(w)=r(q(p()))$，其中 w 是由三層中所有的權重組成。我們想要找出相對於 w 的每個分量的梯度 $J(w)$。

跳過數學細節，以上基本上意味著第一層中元件 w 的梯度將取決於第二層和第三層中的梯度。同樣地，第二層中的梯度將取決於第三層中的梯度。因此，我們從最後一層開始計算反方向的導數，並且用倒傳遞計算前一層的梯度。

大體上，在倒傳遞的過程中，模型誤差（預測輸出和期望輸出之間的差異）會透過網路一層一層地傳遞回來，並且根據它們對錯誤的貢獻度來更新權重。

3　下一節將討論許多可用的損失函數，我們問題的性質決定了我們對損失函數的選擇。

幾乎所有的 ANN 都使用了梯度下降和倒傳遞，而倒傳遞是尋找梯度最乾淨和最有效的方法之一。

超參數

超參數（*Hyperparameters*）是在訓練之前就設定好的變數，在訓練過程中無法學習。ANN 有大量的超參數，這會讓它們非常靈活。然而，這種靈活性使得模型調校過程變得困難。瞭解超參數及其背後的直覺有助於瞭解每個超參數的合理值，從而限制搜尋空間。我們從隱藏層和節點的數量開始。

隱藏層和節點數

每層隱藏的層或節點越多，表示 ANN 中的參數越多，這讓模型能夠適應更複雜的函數。為了得到一個具有良好一般化能力的訓練網路，我們需要選擇一個最佳的隱藏層的層數，以及每個隱藏層中的節點數。太少的節點和層數將導致系統的高誤差，因為預測因素可能太複雜，無法以少量節點來捕捉到。過多的節點和層數會過度擬合訓練資料，以致不能很好地一般化。

沒有硬性的規則來決定層數和節點的數量。

隱藏層的數量主要取決於任務的複雜性。非常複雜的任務，如大型影像分類或語音辨識，通常需要幾十層的網路和大量的訓練資料。對於大多數問題，我們可以從一個或兩個隱藏層開始，然後逐漸增加隱藏層的數量，直到開始過度擬合訓練集。

隱藏節點的數量應該與輸入和輸出節點的數量、可用的訓練資料量、以及所建模函數的複雜性有關。根據經驗，每層中隱藏節點的數量應該介於輸入層和輸出層的大小之間，理想情況下是平均值。隱藏節點的數量不應超過輸入節點數量的兩倍，以避免過度擬合。

學習率

在訓練 ANN 時，我們使用了許多前向傳遞和倒傳遞的反覆運算來最佳化權重。在每次反覆運算中，我們計算損失函數對每個權重的導數，並從該權重中減去它。學習速率決定我們更新權重（參數）值的速度。這個學習率應該足夠高，以便在合理的時間內收斂。但它應該足夠低，以便找到損失函數的最小值。

激活函數

激活函數（如圖 3-1 所示）是指在 ANN 中為了獲得所需的輸出，求取輸入的加權總和所使用的函數。激活函數允許網路以更複雜的方式將輸入組合，並且在可建模的關係與可產生的輸出方面提供了更豐富的功能。激活函數決定了哪些神經元將被激活，也就是說，什麼資訊可被傳遞到下一層。

如果沒有激活函數，ANN 將失去大部分的表徵學習（representation learning）能力。激活函數有好幾種，其中最常用的方法如下：

線性（恆等）函數（*Linear (identity) function*）

由一條直線（即 $f(x) = mx + c$ 的方程式表示，其中激活與輸入成正比。如果有很多層，並且每一層本質上皆為線性，那麼最後一層的激活函數與第一層的線性函數相同。線性函數的範圍是從 –*inf* 到 +*inf*。

Sigmoid 函數

這是一個投影出來為 S 形的函數（如圖 3-4 所示），以數學式 $f(x) = 1 / (1 + e^{-x})$ 表示，範圍從 0 到 1。大的正輸入會產生大的正輸出；大的負輸入會產生大的負輸出。Sigmoid 函數又稱為邏輯斯（logistic）激活函數。

Tanh 函數

類似於 sigmoid 激活函數，數學方程式為 $Tanh(x) = 2Sigmoid(2x) – 1$，其中 *Sigmoid* 表示上面所討論的 `sigmoid` 函式。此函數的輸出範圍為 –1 到 1，零軸兩側的質量（mass）相等，如圖 3-4 所示。

ReLU 函數

ReLU 的全名為校正線性單位（Rectified Linear Unit），以 $f(x) = max(x, 0)$ 表示。因此，如果輸入是正數，則函數傳回本身的數值，如果輸入是負數，則函數傳回零。由於其簡單性，ReLU 為最常用的激活函數。

圖 3-4 概括了本節所討論的激活函數。

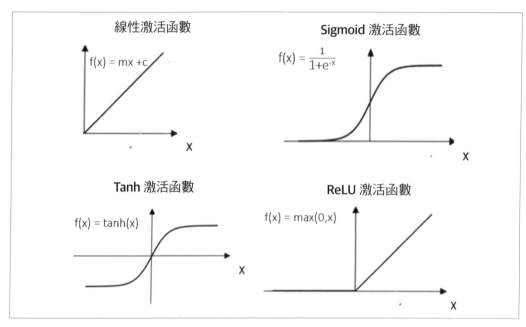

圖 3-4　激活函數

激活函數的選擇並沒有硬性的規定，其決策完全依問題的屬性和所要建模的關係而定。
我們可以嘗試不同的激活函數，並選擇一個有助於提供更快的收斂和更有效的訓練過
程。輸出層中激活函數的選擇完全受建模問題類型的限制 [4]。

成本函數

成本函數（又稱為損失函數）是衡量 ANN 績效的一個指標，衡量 ANN 與經驗值資料的
擬合程度。兩種最常見的成本函數是：

均方誤差（*Mean squared error, MSE*）

這個成本函數主要用於迴歸問題，其輸出是一個連續值 MSE 是預測值和實際觀測值
之間平方差的平均值，將於第 4 章進一步說明。

交叉熵（*Cross-entropy*）（**或對數損失**（*log loss*））

該成本函數主要用於分類問題，其中輸出是介於 0 和 1 之間的機率值。交叉熵損失
會隨著預測機率與實際標籤的偏離而增加，一個完美模型的交叉熵為零。

4　透過改變輸出層的激活函數得出迴歸或分類輸出將在第 4 章中進一步說明。

最佳化器

最佳化器更新權重參數以最小化損失函數[5]。成本函數充當地形地勢的嚮導，告訴最佳化器是否朝著正確的方向移動以達到全域最小值。一些常見的最佳化器如下：

動量（*Momentum*）

除目前的步驟外，**動量最佳化器**還將查看以前的漸變。如果之前的更新和當前的更新將權重移向同一方向（獲得動量），則需要更大的步伐。如果梯度的方向相反，它將採取較小的步伐。有一個聰明的方法可以想像這一點，想像一個球從山谷上滾下來，當它接近谷底時，將會獲得動量。

AdaGrad（自我調整梯度演算法）（*Adaptive Gradient Algorithm*）

AdaGrad 會讓學習速率隨著參數而調整，對與頻繁出現的特徵相關的參數進行較小的更新，而對與不頻繁出現的特徵相關的參數則進行較大的更新。

RMSProp

RMSProp 的全名是均方根傳遞（Root Mean Square Propagation）。在 RMSProp 中，學習速率會自動調整，並且為每個參數選擇不同的學習速率。

自我調整矩估計（*Adaptive Moment Estimation, Adam*）

Adam 結合 AdaGrad 和 RMSProp 演算法的最佳特性，提供了一種最佳化演算法，是最流行的梯度下降最佳化演算法之一。

輪（epoch）

當完整的訓練資料集通過網路並更新權重一次稱為一輪，根據資料大小和計算能力的限制，網路可以訓練幾十、幾百、或幾千輪。

批次大小（Batch size）

批次大小是一次前向 / 倒傳遞中的訓練集資料量。批次大小為 32 表示在更新模型權重之前，將使用訓練資料集中的 32 個樣本來估計誤差梯度。批次處理大小越大，所需的記憶體空間就越多。

5　有關最佳化的進一步細節，請參閱 *https://oreil.ly/FSt-8*。

用 Python 建立人工類神經網路模型

我們在第 2 章討論了用 Python 建立模型的完整步驟，本節將深入探討在 Python 中建構以 ANN 為基礎的模型所涉及的步驟。

第一步是先看看 Keras，這是專門為 ANN 和深度學習而打造的 Python 套件。

安裝 Keras 和機器學習套件

有幾個 Python 函式庫可以輕鬆快速地建構 ANN 和深度學習模型，而無需深入瞭解底層演算法的細節。Keras 是最為友善的套件之一，它可以實現與 ANNs 相關的高績效數值計算。使用 Keras，可以在短短幾行程式碼中定義和實作複雜的深度學習模型。在本書的幾個案例研究中，主要將使用 Keras 套件來實作深度學習模型。

Keras（*https://keras.io*）只是更複雜的數值計算引擎（例如 TensorFlow（*https://www.tensorflow.org*）和 Theano（*https://oreil.ly/-XFJP*））的包裝器，若要安裝 Keras，必須先安裝 TensorFlow 或 Theano。

本節介紹在 Keras 中定義和編譯以 ANN 為基礎的模型的步驟，並著重於以下步驟[6]。

匯入套件

在開始建構 ANN 模型之前，必須從 Keras 套件中匯入兩個模組：Sequential 和 Dense：

```
from Keras.models import Sequential
from Keras.layers import Dense
import numpy as np
```

載入資料

這個例子利用 NumPy 的 random 模組快速生成一些資料和標籤，供我們在下一步建構的 ANN 使用。具體來說，首先建構一個大小為（*1000,10*）的陣列。接著建立一個由 0 和 1 所組成，大小為（*1000,1*）的標籤陣列：

```
data = np.random.random((1000,10))
Y = np.random.randint(2,size= (1000,1))
model = Sequential()
```

---

6 後面幾章的案例研究中將會用到本節所示範的，與使用 Keras 實作深度學習模型相關的步驟和 Python 程式碼。

模型建構：定義類神經網路架構

一個快速入門的方法是使用 Keras Sequential 循序模型，這是一個層的線性堆疊。先建立一個 Sequential 模型，然後一次增加一層，直到網路拓撲完全確立為止。首先要確保輸入層的輸入個數正確，我們可以在建立第一個層時就指定好。然後選擇一個密集的或完全連接的層來指出我們正在使用引數 input_dim 處理一個輸入層。

我們用 add() 函式在模型中增加一層，並指定每層的節點數。最後，增加另一個密集層作為輸出層。

圖 3-5 所示模型的架構如下：

- 該模型期望每個資料列有 10 個變數（引數為 input_dim=10）。
- 第一個隱藏層有 32 個節點，所使用的激活函數為 relu。
- 第二個隱藏層也有 32 個節點，也是使用 relu 激活函數。
- 輸出層有一個節點，使用 sigmoid 激活函數。

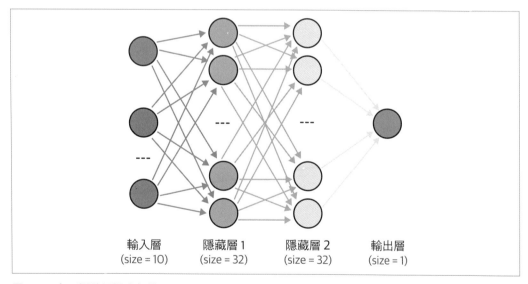

圖 3-5 人工類神經網路架構

圖 3-5 中網路的 Python 程式碼如下：

```python
model = Sequential()
model.add(Dense(32, input_dim=10, activation= 'relu' ))
model.add(Dense(32, activation= 'relu' ))
model.add(Dense(1, activation= 'sigmoid'))
```

編譯模型

建立模型後，可以借助 compile() 函式，利用 Theano 或 TensorFlow 套件中的高績效數值函式庫來編譯模型。編譯時，指定訓練網路時所需的附加屬性非常重要。訓練一個網路的目的是要找到一組最佳的權重來預測手上的問題。因此，我們必須指定用來評估一組權重的損失函數、用來搜尋網路不同權重的最佳化器、以及在訓練期間要收集和報告的任何可選的評估指標。

以下的例子用到了 cross-entropy 損失函數，在 Keras 中定義為 binary_crossentropy。我們還將使用 adam 最佳化器，這是預設選項。最後，因為這是一個分類問題，我們將收集並報告分類精確度作為評估指標[7]。Python 程式碼如下：

```python
model.compile(loss= 'binary_crossentropy' , optimizer= 'adam' , \
  metrics=[ 'accuracy' ])
```

擬合模型

定義並編譯了模型之後，我們就可以呼叫 fit() 函式用載入的資料來訓練或擬合模型。

訓練過程中可指定 nb_epoch 引數，對資料集執行固定次數的反覆運算（epoch）。我們還可以用 batch_size 引數設定在網路中執行權重更新之前評估的個例數。本例將執行少量的 epoch（10），並使用相對較小的批次大小（32），而這些數字可以透過嘗試錯誤來選取，Python 程式碼如下：

```python
model.fit(data, Y, nb_epoch=10, batch_size=32)
```

評估模型

用整個資料集訓練了類神經網路之後，就可以就同一個資料集評估網路的表現，這能讓我們瞭解資料集的建模情況（例如，訓練的精確度），但無法洞察演算法在新資料上的表現。為此，我們將資料分為訓練資料集和測試資料集。在訓練資料集上利用

7　第 4 章將詳細討論分類模型的評估指標。

evaluate() 函式來評估這個模型，這將為每一對輸入和輸出產生一個預測並收集分數，包括平均損失和準確性等任何設置的指標，其 Python 程式碼如下：

```
scores = model.evaluate(X_test, Y_test)
print("%s: %.2f%%" % (model.metrics_names[1], scores[1]*100))
```

加快 ANN 模型的執行速度：GPU 和雲端服務

對於 ANN（尤其是多層深度類神經網路）的訓練，需要大量的計算能力。可用的中央處理單元（Central Processing Units, CPUs）負責處理和執行本機的指令。由於 CPU 的核心數量有限，並是以循序的方式運作，因此無法對訓練深度學習模型所需的大量矩陣進行快速矩陣計算。因此，在 CPU 上對深度學習模型的訓練可能會非常慢。

以下替代方案對於通常需要大量 CPU 時間才能執行的 ANN 非常有用：

- 執行 Jupyter Notebook 並使用本機上的 GPU。

- 利用 Kaggle Kernels 或 Google Colaboratory 上的 Jupyter Notebook 來執行。

- 使用亞馬遜網頁服務（Amazon Web Services, AWS）。

GPU

一個 GPU 由數百個核心所組成，能同時處理數千個執行緒，使用 GPU 可以加速 ANN 和深度學習模型的執行。

GPU 特別擅長處理複雜的矩陣運算。GPU 的核心是高度專門化的，它們透過把要處理的工作從 CPU 卸載到 GPU 子系統中的核心，大大加快了深度學習訓練的過程。

所有與機器學習相關的 Python 套件，包括 Tensorflow、Theano 和 Keras，都可以設定為要使用 GPU。

Kaggle 和 Google Colab 等雲端服務

如果您有一台支援 GPU 的電腦，您可以在本機執行 ANN。如果沒有 GPU 的話，我們建議您使用雲端服務，例如 Kaggle Kernels、Google Colab 或 AWS：

Kaggle

Google 旗下一個受歡迎的資料科學網站，提供 Jupyter 服務，又稱為 Kaggle Kernels（*https://www.kaggle.com*）。Kaggle Kernels 可以免費使用，並預先安裝了最常用的套裝軟體。您可以將核心連接到 Kaggle 上託管的任何資料集，或者在執行時上傳一個新的資料集。

Google Colaboratory

由 Google 所提供的免費 Jupyter Notebook 環境，您可以免費使用 GPU。Google Colaboratory（*https://oreil.ly/keqHk*）的功能與 Kaggle 相同。

亞馬遜網頁服務（*AWS*）

AWS Deep Learning（*https://oreil.ly/gU840*）提供了一個基礎架構，可以在雲端上加速任何規模的深度學習。您可以快速啟動預先裝好流行深度學習框架和介面的 AWS 伺服器個例，以訓練複雜的、客製化的 AI 模型、試驗新演算法或學習新的技能和技術。這些 web 伺服器可以比 Kaggle Kernels 執行更長的時間。因此，對於大型專案，使用 AWS 可能是值得的。

本章摘要

ANN 包括一系列用於所有類型機器學習的演算法。這些模型的靈感來自於生物的神經網路，其中套件含神經元和構成動物大腦的神經元層，多層類神經網路被稱為深度類神經網路。訓練這些類神經網路需要幾個步驟，包括前向傳遞和倒傳遞。像 Keras 這樣的 Python 套件可以在幾行程式碼中訓練這些 ANN。這些深度類神經網路的訓練需要更多的計算能力，單靠 CPU 可能還不夠。替代方案包括使用 GPU 或雲端服務，例如 Kaggle Kernels、Google Colaboratory 或 Amazon Web Services 來訓練深度類神經網路。

下一步

下一步，我們將詳細介紹監督式學習的概念，然後利用本章所介紹的概念進行案例研究。

## 第二部分

監督式學習

## 第四章

監督式學習：模型和概念

監督式學習是機器學習的一個領域，在這裡所選擇的演算法嘗試用一組包含標籤的訓練資料當作輸入來擬合目標。根據大量資料，該演算法將學習一條規則，用來預測新觀測值的標籤。換句話說，監督式學習演算法根據所提供的歷史資料，去找出具有最佳預測能力的關聯。

監督式學習演算法有兩種：迴歸演算法和分類演算法。基於迴歸的監督式學習法嘗試根據輸入變數預測輸出。基於分類的監督式學習法則想要辨識出一組資料是屬於哪個類別。分類演算法是基於機率的，這意味著所得到的結果是演算法找到資料集所屬機率最大類別。相反地，迴歸演算法所估計的是有無限多組解（可能結果的連續集合）的問題的結果。

在金融領域，監督式學習模型是最常用的機器學習模型之一。許多廣泛應用於演算法交易的演算法都依賴於監督式學習模型，因為它們可以有效地訓練，對有雜訊的金融資料具有較強的魯棒性，並且與金融理論有很強的聯繫。

基於迴歸的演算法已經被學術界和工業界的研究人員用來開發大量的資產定價模型。這些模型用來預測不同時期的報酬，並指出推動資產報酬的重要因素。在投資組合管理和衍生性商品定價中，還有許多其他基於迴歸的監督式學習案例。

另一方面，基於分類的演算法已經應用在金融相關的許多領域，這些領域需要預測回應是屬於什麼類別。其中包括欺詐偵測、違約預測、信用評等、資產價格變動的方向性預測以及買進 / 賣出的建議。在投資組合管理和演算法交易中，還有許多其他基於分類的監督式學習案例。

第 5 章和第 6 章介紹了基於迴歸和基於分類的監督式機器學習的許多案例。

Python 及其函式庫提供了用短短幾行程式碼就能實作出這些監督式學習模型的方法和途徑。第 2 章已經介紹了其中一些函式庫。有了像 Scikit-learn 和 Keras 這樣容易使用的機器學習函式庫，在給定的預測建模資料集上擬合不同的機器學習模型就會很簡單。

本章將對監督式學習模型做一個高階的概述。讀者若想對這個主題有全面性的瞭解，可參考 Aurelian Geron（O'Reilly）的《*Scikit-Learn、Keras 和 TensorFlow 機器學習實務*》第 2 版。

本章包括以下主題：

- 監督式學習模型的基本概念（包括迴歸和分類）。

- 如何用 Python 實作不同的監督式學習模型。

- 如何利用網格搜尋對模型進行最佳化，並找出模型的最佳參數。

- 過度擬合與低度擬合，偏差與變異數。

- 幾種監督式學習模型的優缺點。

- 如何使用集成模型、ANN 和深度學習模型進行迴歸和分類。

- 如何根據幾個因素來選擇模型，包括模型績效。

- 分類和迴歸模型的評估指標。

- 如何進行交叉驗證。

監督式學習模型：概述

分類預測建模問題不同於迴歸預測建模問題，因為分類的任務是預測離散類型的標籤，而迴歸的任務則是預測連續的數量。然而，這兩個模型都有一個共同的概念，就是利用已知變數進行預測，而且這兩個模型之間有很大的重疊。因此，分類模型和迴歸模型在本章中一起介紹。圖 4-1 總結了分類和迴歸常用的模型清單。

有些模型只需稍加修改就可以用於分類和迴歸，例如 *K*- 近鄰、決策樹、集成袋裝 / 增強法和人工類神經網路（包括深度類神經網路）等，如圖 4-1 所示。然而有些模型，例如線性迴歸和邏輯斯迴歸，就不能（或不容易）用於這兩種類型的問題。

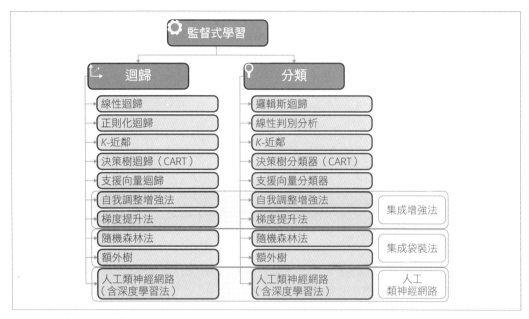

圖 4-1　迴歸和分類模型

本節包含有關以下模型的細節：

- 模型理論。

- 用 Scikit-learn 或 Keras 實作。

- 網格搜尋不同的模型。

- 模型的利弊。

在金融領域中，有一個關鍵的重點是從以前觀察到的資料當中擷取訊號的模型，以便預測同一時間序列的未來值。這一系列的時間序列模型預測連續輸出，並且跟監督式迴歸模型更為一致。時間序列模型將在監督式迴歸章節（第 5 章）中分別介紹。

線性迴歸（普通最小二次方法）

線性迴歸（*Linear regression*）（普通最小二次方法（Ordinary Least Squares）迴歸或 OLS 迴歸）可能是統計學和機器學習中最著名和研究最透徹的演算法之一。線性迴歸是一種線性模型，例如，假設輸入變數 (x) 和單一輸出變數 (y) 之間存在著線性關係的模型。線性迴歸的目標是訓練一個線性模型，以預測一個新給定的、以前看不到的、誤差盡可能小的模型。

我們的模型將是一個給定 $x_1, x_2...x_i$，預測 y 的函數：

$$y = \beta_0 + \beta_1 x_1 + ... + \beta_i x_i$$

其中，β_0 稱為截距，而 $\beta_1...\beta_i$ 是迴歸係數。

用 Python 實作

```
from sklearn.linear_model import LinearRegression
model = LinearRegression()
model.fit(X, Y)
```

在下一節中，我們將介紹線性迴歸模型的訓練和模型的網格搜尋。然而，總體概念和相關方法適用於所有其他監督式學習模型。

訓練模型

正如我們在第 3 章所提到的，訓練模型基本上是透過最小化成本（損失）函數來取得模型參數。訓練線性迴歸模型的兩個步驟是：

定義成本函數（或損失函數）

衡量模型的預測有多不準確。如等式 4-1 所定義，殘差平方和（*Sum of squared residuals, RSS*）測量實際值和預測值之間差值的平方和，這是線性迴歸的成本函數。

公式 *4-1*　殘差平方和

$$RSS = \sum_{i=1}^{n} \left(y_i - \beta_0 - \sum_{j=1}^{n} \beta_j x_{ij} \right)^2$$

在這個等式中，β_0 是截距；β_j 表示係數；$\beta_1, .., \beta_j$ 是迴歸係數；x_{ij} 表示第 j 個變數的第 i 個觀察值。

找到使損失最小化的參數

例如，讓我們的模型盡可能精確。從圖形上看，在 2 維平面上會產生一條最佳擬合線，如圖 4-2 所示。在更高的維度，我們會有更高維度的超平面。在數學上，我們觀察每個實際資料點 (y) 和模型預測值 (ŷ) 之間的差異。將這些差異取平方,以避免負數並懲罰較大的差異,然後把它們加起來,再取平均數。這是衡量我們的資料有多符合擬合線的方法。

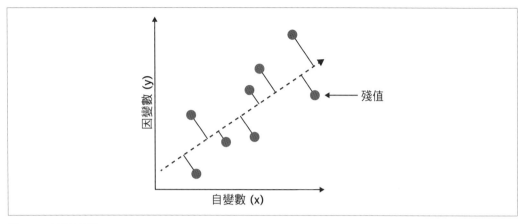

圖 4-2　線性迴歸

網格搜尋

網格搜尋的整體概念是建立一個包含所有可能的超參數組合的網格,並利用每個超參數組合訓練模型。超參數是模型的外部特徵,可以視為模型的設定,而不基於模型參數等資料進行估計。這些超參數在網格搜尋期間進行調整,以獲得更好的模型績效。

由於網格搜尋是以窮舉的方式進行搜尋,可以保證在網格中找到最佳參數,但缺點是網格的大小隨著更多參數或更多考慮值的增加呈指數增長。

在 sklearn 套件的 model_selection 模組中的 GridSearchCV 類別有助於系統性地評估我們要測試的超參數值的所有組合。

第一步是建立模型物件。然後定義一個字典,其中的「鍵」是超參數名稱,而「值」則列出要測試的參數設定值。對於線性迴歸,超參數是 fit_intercept,這是一個布林變數,用來決定是否要計算此模型的**截距**(*intercept*)。如果設為 False,則計算中將不使用截距:

```
model = LinearRegression()
param_grid = {'fit_intercept': [True, False]}
}
```

第二步是產生 GridSearchCV 物件的個例，並提供估計物件和參數網格，以及評分方法和交叉驗證的選項給初始化方法。交叉驗證是用來評估機器學習模型的重新取樣過程，評分參數則是模型的評估指標 [1]。

設定完畢之後，就可以擬合 GridSearchCV：

```
grid = GridSearchCV(estimator=model, param_grid=param_grid, scoring= 'r2', \
    cv=kfold)
grid_result = grid.fit(X, Y)
```

優點和缺點

就優點而言，線性迴歸易於理解和解釋。然而，當目標變數（predicted variable）和預測變項（predictor variable）之間存在非線性關係時，可能就不大適合。線性迴歸很容易**過度擬合**（*overfitting*）（將在下一節中討論），而且當特徵很多時，可能無法很好地處理不相關的特徵。線性迴歸還要求資料必須遵循某些假設（*https://oreil.ly/tNDnc*），例如不存在多重共線性。如果不符合假設，那麼所得到的結果就不可採信。

正則化迴歸

當一個線性迴歸模型包含許多引數時，它們的係數將很難決定，而且該模型將傾向於非常容易擬合訓練資料（用於建立模型的資料），但很難擬合測試資料（用於測試模型有多好的資料），這就叫做過度擬合或高變異數。

規範正則化（*Regularization*）是一種控制過度擬合的常用技術，做法是在誤差或損失函數中增加一個懲罰（*penalty*）項，以阻止係數達到較大值。簡單來說，正則化是一種懲罰機制，把模型參數加以收縮（使其接近於零），以建立具有更高預測精確度和解釋能力的模型。正則化迴歸跟線性迴歸比較起來有兩個優點：

預測精確度

該模型對於測試資料的處理效果較好，說明該模型會試著從訓練資料中進行一般化。參數過多的模型可能會嘗試擬合特定於訓練資料的雜訊。透過將某些係數縮小或設為零，可以在擬合複雜模型的能力（較高的偏差）與更具一般化的模型（較低的變異數）之間取得權衡。

1　交叉驗證將在本章後面詳細介紹。

解讀

　　大量的預測因子可能會使得對於結果的大格局的解讀或溝通複雜化。最好犧牲掉一些細節,將模型限制在影響最大的較小參數子集。

調整線性迴歸模型的常用方法如下:

L1 正則化或套索迴歸

　　套索迴歸(*Lasso regression*)如等式 4-1 所述,透過在線性迴歸的成本函數(RSS)中增加係數絕對值之和的因數來進行 *L1 正則化*(*L1 regularization*)。套索正則化公式可以表示為:

$$CostFunction = RSS + \lambda * \sum_{j=1}^{p} |\beta_j|$$

　　L1 正則化可能導致零係數(即,對於輸出的評估,某些特徵被完全忽略)。λ 的值越大,將有越多的特徵縮減為零。這可以完全消除一些特徵,並為我們提供一個預測子集,進而降低模型的複雜度。因此,套索迴歸不僅有助於減少過度擬合,而且有助於特徵選擇。預測值不向零收縮表示它們是重要的,因此 L1 正則化允許特徵選擇(稀疏選擇)。正則化參數 (λ) 可以控制,而 lambda 值為零會產生基本線性迴歸公式。

　　Lasso 迴歸模型可以用 Python 的 sklearn 套件的 Lasso 類別來建構,如以下的程式碼片段所示:

```
from sklearn.linear_model import Lasso
model = Lasso()
model.fit(X, Y)
```

L2 正則化或嶺迴歸

　　嶺迴歸(*Ridge regression*)透過在線性迴歸的成本函數(RSS)中增加係數平方和的因數來進行 *L2 正則化*(*L2 regularization*),如等式 4-1 所述。嶺正則化公式可以表示為:

$$CostFunction = RSS + \lambda * \sum_{j=1}^{p} \beta_j^2$$

　　嶺迴歸對係數加以限制。懲罰項 (λ) 會對係數進行正則化,使得如果係數取較大值,則最佳化函數將受到懲罰。因此嶺迴歸縮小了係數,有助於降低模型的複雜度。縮小係數會導致較低的變異數和較低的誤差值。因此,嶺迴歸也降低了模型的複雜度,但並沒有減少變數的個數;它只是縮小了它們的影響。當 λ 接近於零時,成本函數會變得類似於線性迴歸成本函數。因此，限制越低（λ 越低），模型就越類似於線性迴歸模型。

嶺迴歸模型可以用 sklearn 套件的 Ridge 類別來建構，如以下程式碼片段所示：

```
from sklearn.linear_model import Ridge
model = Ridge()
model.fit(X, Y)
```

彈性網

彈性網（*Elastic nets*）在模型中增加正則化的項，為 LI 正則化和 L2 正則化的組合，如下所示：

$$CostFunction = RSS + \lambda * ((1 - \alpha) / 2 * \Sigma_{j=1}^{p} \beta_j^2 + \alpha * \Sigma_{j=1}^{p} |\beta_j|)$$

除了設定和選擇 λ 值之外，彈性網還允許我們調整 alpha 參數，其中 $\alpha = 0$ 對應於 ridge，而 $\alpha = 1$ 則對應於 lasso。因此，我們可以在 *0* 和 *1* 之間選擇一個 α 值來最佳化彈性網。這將有效地縮小某些係數，並將某些係數設為稀疏選擇。

彈性網迴歸模型可以用 sklearn 套件的 ElasticNet 類別來建構，如以下程式碼片段所示：

```
from sklearn.linear_model import ElasticNet
model = ElasticNet()
model.fit(X, Y)
```

對於所有的正則化迴歸，λ 是 Python 中網格搜尋期間要調校的關鍵參數。在彈性網中，α 可以是一個額外的參數來調校。

邏輯斯迴歸

邏輯斯迴歸（*Logistic regression*）是應用最廣泛的分類演算法之一。logistic 迴歸模型想要對給定一個線性函數的輸出類別的機率進行建模，同時確保所有的機率值保持在 0 和 1 之間，而且輸出機率總和為 1。

如果我們在幾個例子中訓練一個線性迴歸模型，其中 $Y = 0$ 或 *1*，我們可能最後會預測到一些小於零或大於一的機率，這是沒有意義的。因此我們用 logistic 迴歸模型（或 *logit* 模型）來取而代之，這是對線性迴歸的一種修改，透過應用 sigmoid 函式來確保會輸出一個在 *0* 和 *1* 之間的機率 [2]。

2　請參閱第 3 章的激活函數章節以瞭解有關 sigmoid 函式的細節。

Logistic 迴歸模型如公式 4-2 所示。與線性迴歸類似，輸入值 (x) 用權重或係數值進行線性組合，以預測輸出值 (y)。公式 4-2 將輸出轉換為二進位值（0 或 1）以得到模型預測的機率。

公式 4-2　*Logistic 迴歸公式*

$$y = \frac{\exp\left(\beta_0 + \beta_1 x_1 + ... + \beta_i x_1\right)}{1 + \exp\left(\beta_0 + \beta_1 x_1 + ... + \beta_i x_1\right)}$$

其中 y 是預測輸出，β_0 是偏差或截距，β_1 是單一輸入值 x 的係數。輸入資料中的每一行都有一個必須從訓練資料中學習的相關係數 β（常數的實數值）。

在 logistic 迴歸中，成本函數基本上是要衡量當真實答案為 0 時，我們的預測卻是 1 的頻率有多少，反之亦然。訓練 logistic 迴歸係數是透過使用最大概似估計（maximum likelihood estimation, MLE）等技術來預測對於預設類別接近 1 而對於其他類別接近 0 的值[3]。

logistic 迴歸模型可以用 sklearn 套件的 `LogisticRegression` 類別來建構，如以下程式碼片段所示：

```
from sklearn.linear_model import LogisticRegression
model = LogisticRegression()
model.fit(X, Y)
```

超參數

正則化（*Regularization*）（在 *sklearn* 中為 `penalty`）

與線性迴歸類似，logistic 迴歸可以正則化，正則化可以是 *L1*、*L2*、 或 *elasticnet*，這些值在 *sklearn* 函式庫中為 *[l1，l2，elasticnet]*。

正則化強度（在 *sklearn* 中為 `C`）

此參數控制正則化的強度，好的懲罰參數值可以是 *[100,10,1.0,0.1,0.01]*。

3　MLE（*https://oreil.ly/y9atF*）是一種估計機率分佈參數的方法，以便在假定的統計模型下，觀測到的資料是最可靠的。

優點和缺點

就其優點而言，logistic 迴歸模型易於實作、容易解讀，並且在線性可分隔類別上有很好的表現。該模型的輸出是一個機率，它提供了更多的洞察力，可以用來排名。該模型具有少量的超參數。儘管可能存在過度擬合的風險，但這可以透過 *L1/L2* 正則化來解決，跟我們解決線性迴歸模型過度擬合的方法類似。

就缺點而言，當模型具有大量特徵時，可能會過度擬合。Logistic 迴歸只能學習線性函數，不太適用於特徵與目標變數之間的關係很複雜的情況。此外，它可能無法將不相關的特徵處理得很好，尤其是在特徵的相關性很強的情況下。

支援向量機

支援向量機（*Support vector machine,* SVM）演算法的目標是最大化邊距（如圖 4-3 中陰影區域所示），其定義為分離超平面（或決策邊界）與最接近該超平面的訓練樣本之間的距離，即所謂的支援向量。邊距計算為從直線到最近點的垂直距離，如圖 4-3 所示。因此，支援向量機要計算的是一個最大邊距的邊界，進而讓所有資料點得以均勻拆分。

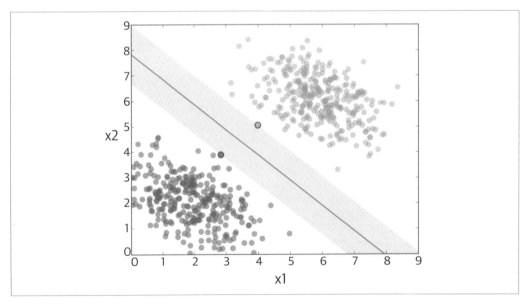

圖 4-3　支援向量機

在實務上，資料是雜亂無章的，不能用超平面完全分開。必須放寬最大化分隔類別的線的邊距限制。此變更允許訓練資料中的某些點違反分隔線，引入了一組額外的係數，在每個維度上提供了邊距度擺盪的空間。另外也引入了一個調校參數（簡稱為 C），它定義了所有維度上允許的擺動幅度。C 值越大，越允許違反超平面。

在某些情況下，不可能找到超平面或線性決策邊界，因此改為使用核函數（kernel）。核函數只是輸入資料的一種變換，讓 SVM 演算法能夠更容易地處理資料。利用核函數可將原始資料投影到更高的維度上，以便更好地對資料進行分類。

SVM 可用於分類和迴歸。我們可透過將原始最佳化問題轉化為對偶問題來實現這一點。對於迴歸，訣竅是將目標逆轉。SVM 迴歸不是嘗試在限制邊界衝突的同時擬合兩個類別之間可能的最大邊距，而是嘗試在限制邊界衝突的同時儘可能擬合邊距上的個例（圖 4-3 中的陰影區域），邊距的寬度由超參數控制。

SVM 迴歸和分類模型可以使用 Python 的 sklearn 套件建構，如以下程式碼片段所示：

Regression

```
from sklearn.svm import SVR
model = SVR()
model.fit(X, Y)
```

Classification

```
from sklearn.svm import SVC
model = SVC()
model.fit(X, Y)
```

超參數

在 sklearn 中所實作的 SVM 存在以下關鍵參數，可以在執行網格搜尋時進行調整：

核函數（*Kernels*）（在 *sklearn* 中稱為 kernel）

Kernel 的選擇控制著輸入變數的投影方式。有許多 kernel 可供選擇，但線性（*linear*）和徑向基函數（*Radial basis function, RBF*）（*https://oreil.ly/XpBOi*）最為常見。

懲罰（*Penalty*）（在 *sklearn* 中稱為 C）

懲罰參數告訴 SVM 最佳化你想避免錯誤分類每一個訓練例子的程度。對於懲罰參數值較大的情況，最佳化將選擇一個邊距較小的超平面。好的值可能是介於 10 到 1000 之間的對數刻度。

優點和缺點

在優點方面，SVM 對過度擬合具有很強的魯棒性，尤其是在高維空間中，SVM 能很好地處理非線性關係，有許多核函數可供選擇。此外，資料沒有分佈的要求。

就缺點而言，SVM 的訓練效率很低，執行和調校需要大量記憶體。對於大型資料集，它的績效不好。它需要資料的特徵縮放。另外還有許多超參數，它們的含義往往不是很直觀。

K 近鄰

K 近鄰（*K-nearest neighbors, KNN*）被認為是「懶惰的學習者」，因為模型中不需要學習。對於一個新的資料點，透過在整個訓練集中搜尋 K 個最相似的個例（近鄰）並總結這些個例的輸出變數來進行預測。

為了決定訓練資料集中的 K 個個例中哪一個與新的輸入最相似，使用了距離量測。最常用的距離量測是計算歐幾里德距離（*Euclidean distance*），為所有輸入屬性 i 中的點 a 和點 b 之間的平變異數之和的平方根，以 $d(a, b) = \sqrt{\sum_{i=1}^{n} (a_i - b_i)^2}$ 表示。如果輸入變數類型相似，則歐幾里德距離是一個很好的距離量測。

另一個距離量測是曼哈頓距離（*Manhattan distance*），點 a 和點 b 之間的距離，以 $d(a, b) = \sum_{i=1}^{n} |a_i - b_i|$ 表示。如果輸入變數的類型不相似，則可以使用曼哈頓距離。

KNN 的步驟可以總結如下：

1. 選擇數字 K 和距離指標。

2. 找到要分類的樣本的 K 個近鄰。

3. 以多數票決方式指派類別標籤。

KNN 迴歸和分類模型可以用 Python 的 sklearn 套件建構，如以下程式碼所示：

Classification

```
from sklearn.neighbors import KNeighborsClassifier
model = KNeighborsClassifier()
model.fit(X, Y)
```

Regression

```
from sklearn.neighbors import KNeighborsRegressor
model = KNeighborsRegressor()
model.fit(X, Y)
```

超參數

以下關鍵參數存在於 sklearn 的 KNN 實作中，並且可以在執行網格搜尋時進行調整：

鄰居數（在 *sklearn* 中稱為 n_neighbors）

KNN 最重要的超參數是鄰居數（n_neighbors），理想的值介於 1 到 20 之間。

距離量測（在 *sklearn* 中稱為 metric）

為了選擇鄰域的組成，測試不同的距離量測方式也許會有新的發現。好的量測值通常以歐幾里德和曼哈頓距離表示。

優點和缺點

就優點而言，KNN 不涉及訓練，因此沒有學習階段。由於演算法在進行預測之前不需要訓練，因此可以無縫地增加新資料，而不會影響演算法的準確性。KNN 直觀易懂，能自然地處理多類別的分類問題，並能學習複雜的決策邊界。當訓練資料較大時，KNN 會很有效率，它對雜訊資料也具有很強的魯棒性，不需要對異常值進行過濾。

就缺點而言，要選擇對的距離量測並不明顯，在許多情況下很難證明。KNN 在高維資料集上表現不佳，由於必須重新計算到所有鄰居的距離，因此預測新的個例既昂貴又緩慢。KNN 對資料集裡面的雜訊非常敏感，需要手動輸入缺少的值並刪除異常值。此外，在將 KNN 演算法應用於任何資料集之前，還需要進行特徵縮放（正則化和正規正則化）；否則，KNN 可能會產生出錯誤的預測。

線性區別分析

線性區別分析（*Linear discriminant analysis, LDA*）演算法的目標是將資料投影到一個低維空間，使得類別的可分別性最大，而類別內的變異數最小[4]。

---

4 投影資料的方法類似於第 7 章討論的 PCA 演算法。

在 LDA 模型的訓練過程中，計算每個類別的統計特性（即均值和共變異數矩陣）。統計特性的估計基於以下資料假設：

- 資料為常態分佈（*https://oreil.ly/cuc7p*），這樣每個變數在繪製時的形狀都像鐘形曲線。

- 每個屬性的變異數相同，每個變數的值在平均值附近的平均變化量相同。

為了做出預測，LDA 估計一組新的輸入屬於每一類的機率，並輸出機率最高的類別。

用 Python 和超參數實作

LDA 分類模型可以用 Python 的 sklearn 套件建構，如以下程式碼片段所示：

```
from sklearn.discriminant_analysis import LinearDiscriminantAnalysis
model = LinearDiscriminantAnalysis()
model.fit(X, Y)
```

LDA 模型的關鍵超參數是用於降維的元件個數（number of components），在 sklearn 中以 n_components 表示。

優點和缺點

從優點來看，LDA 是一個相對簡單的模型，實現速度快，易於實現。在缺點方面，它需要特徵縮放和涉及複雜的矩陣運算。

分類迴歸樹

用最通俗的說法，透過樹建構演算法進行分析的目的是要決定一組 *if-then* 邏輯（拆分）條件，以允許對案例進行準確的預測或分類。如果我們關心可解讀性，**分類迴歸樹**（*Classification and regression tree, CART*）（或**決策樹分類器**（*decision tree classifier*）是很適合的模型。我們可以將此模型視為分解資料，並在提出一系列問題的基礎上做出決策。該演算法是隨機森林和梯度提升方法等集成方法的基礎。

表示法

這個模型可以用**二元樹**（*binary tree*）（或**決策樹**（*decision tree*））表示，其中每個節點是一個帶有拆分點的輸入變數 *x*，每個葉子包含一個預測用的輸出變數 *y*。

圖 4-4 顯示了一個簡單分類樹的例子，該分類樹根據身高（以公分為單位）和體重（以公斤為單位）兩個輸入來預測一個人是男性還是女性。

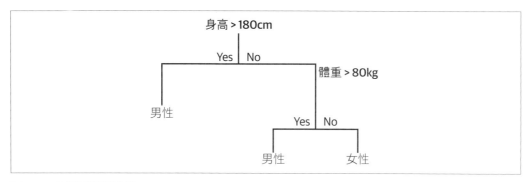

圖 4-4　分類迴歸樹範例

學習 CART 模型

建立二元樹實際上是一個拆分輸入空間的過程，可用**遞迴二元拆分**（*recursive binary splitting*）的**貪婪方式**（*greedy approach*）來拆分空間。這是一個數值程序，其中所有的值被排列起來，並嘗試不同的拆分點，再用成本（損失）函數進行測試，選擇具有最佳（最低）成本的分割。所有輸入變數和所有可能的分割點都以貪婪的方式進行評估和選擇（例如，每次都選擇最佳拆分點）。

對於迴歸預測建模問題，選擇拆分點時最小化的成本函數是矩形內所有訓練樣本的**誤差平方和**：

$$\sum_{i=1}^{n} (y_i - prediction_i)^2$$

其中 y_i 是訓練樣本的輸出，而矩形所預測的輸出則是預測的結果。對於分類，可使用**基尼成本函數**（*Gini cost function*）；它指出了葉節點的純度（即指派給每個節點的訓練資料的混合程度），並定義為：

$$G = \sum_{i=1}^{n} p_k \star (1 - p_k)$$

其中，G 是所有類別的基尼成本，p_k 是感興趣的矩形中類別 k 的訓練個例數。具有相同類型的所有類別（完美類別純度）的節點 $G = 0$，而將二元分類問題拆分為 *50-50* 的類別（最差純度）的節點 $G = 0.5$。

停止準則

上一節描述的遞迴二進位拆分過程需要知道何時停止拆分，因為它會用訓練資料沿著樹一直向下運行。最常見的停止程序是對每個葉節點指派最小的訓練個例數。如果計數小於某個最小值，則不接受分割，並將該節點作為最終葉節點。

修剪樹木

停止準則非常重要，因為它會強烈地影響樹的績效。在學習完之後可以利用修剪樹來進一步提升績效。決策樹的複雜度定義為樹中分支的數目。樹是越簡單越好，因為它們執行速度更快、易於理解、在處理和儲存過程中消耗更少的記憶體，並且比較不可能過度擬合資料。最快速、最簡單的修剪方法是走訪樹中的每個葉節點，並且用測試集評估刪除它的效果。只有當這樣做會導致整個測試集的總成本函數下降時，葉節點才會被刪除。當無法進行進一步改進時，可以停止刪除節點。

用 Python 實作

CART 迴歸和分類模型可以用 Python 的 sklearn 套件建構，如以下程式碼片段所示：

Classification

```
from sklearn.tree import DecisionTreeClassifier
model = DecisionTreeClassifier()
model.fit(X, Y)
```

Regression

```
from sklearn.tree import DecisionTreeRegressor
model = DecisionTreeRegressor ()
model.fit(X, Y)
```

超參數

CART 有許多超參數。然而，關鍵的超參數是樹模型的最大深度，它是用來降維的元件數量，在 sklearn 套件中以 max_depth 表示。好的值範圍可以是 *2* 到 *30*，具體取決於資料中特徵的數量。

優點和缺點

就優點而言，CART 易於解釋，並且可以適應學習複雜的關係。它只需要很少的資料準備，資料通常不需要縮放。由於決策節點的建構方式，特徵重要性是內建的。它在大型資料集上表現良好，適用於迴歸和分類問題。

就缺點而言，CART 除非使用了修剪，否則很容易過度擬合。它可能是非常不穩健的，這表示訓練資料集中的微小變化可能會導致所學習的假設函數中存在相當大的差異。CART 的績效通常比以下要討論的集成模型差。

集成模型

集成模型（*Ensemble model*）的目標是將不同的分類器組合成一個中繼分類器（meta-classifier），中繼分類器會比個別的分類器具有更好的一般化績效。例如，假設我們收集了 10 位專家的預測，集成方法將使我們能夠戰略性地結合他們的預測，得出比專家個人預測更準確、更魯棒的預測。

最流行的兩種集成方法是袋裝法（bagging）和助推法（boosting）。*Bagging*（或引導匯總（*bootstrap aggregation*））是以並行方式訓練多個單獨模型的集成技術，每個模型由資料隨機抽樣的子集來訓練。而 *boosting* 則是以循序方式訓練多個單獨模型的集成技術，也就是透過從訓練資料先建構一個模型，然後再建立第二個模型來完成，該模型會嘗試糾正上一個模型的錯誤。依此類推，模型持續被加入，直到訓練集被完美預測或增加了最大數量的模型為止。每個模型都會從上一個模型所犯的錯誤中學習。就跟決策樹一樣，bagging 和 boosting 也可以用於分類和迴歸問題。

透過組合個別模型，集成模型趨向於更靈活（更少的偏差）和更少的資料敏感性（更少的變異數）。集成方法結合多種較簡單的演算法以獲得更好的績效[5]。

本節將介紹隨機森林、AdaBoost、梯度提升法和額外樹，以及用 sklearn 套件的實作。

隨機森林。 隨機森林（*Random forest*）是袋裝決策樹的改良版。要瞭解隨機森林演算法，必須先瞭解袋裝演算法（*bagging algorithm*）。假設我們有 1,000 個個例的資料集，bagging 的步驟是：

1. 建立許多（例如，100 個）資料集的隨機子樣本。

---

5 偏差和變異數將在本章後面詳述。

2. 在每個樣本上訓練一個 CART 模型。

3. 給定一個新的資料集,計算每個模型的平均預測值,並將每個樹的預測值進行匯總,以多數票決方式指派最終的標籤。

像 CART 這樣的決策樹的一個問題是它們是貪婪的,透過貪婪演算法來選擇要拆分的變數,以最小化誤差。即使在裝袋之後,決策樹也可以有很多結構上的相似性,導致它們的預測具有很高的相關性。如果子模型的預測是不相關的,或者頂多是弱相關的,那麼在集合中組合來自多個模型的預測效果較好。隨機森林會改變學習演算法,使得所有子樹的預測結果相關性較小。

在 CART 中,當選擇一個拆分點時,允許學習演算法瀏覽所有變數和所有變數值,以選擇最佳拆分點。隨機森林演算法改變了這個過程,使得每個子樹在選擇拆分點時只能存取一個隨機的特徵樣本。在每個拆分點可以搜尋的特徵數 (m) 必須指定為演算法的參數。

在建構袋裝決策樹時,我們可以計算每個拆分點上一個變數的誤差函數下降多少。在迴歸問題中,這可能是平方和誤差的下降,在分類中,這可能是基尼成本。bagged 方法透過計算和平均個別變數的誤差函數的下降來提供特徵重要性。

用 Python 實作。　隨機森林迴歸和分類模型可以用 Python 的 sklearn 套件建構,如以下程式碼所示:

Classification

```
from sklearn.ensemble import RandomForestClassifier
model = RandomForestClassifier()
model.fit(X, Y)
```

Regression

```
from sklearn.ensemble import RandomForestRegressor
model = RandomForestRegressor()
model.fit(X, Y)
```

超參數。　在 sklearn 實作的隨機森林中有一些主要的超參數,在執行網格搜尋時可以進行調整:

最大特徵數(*sklearn* 中的 max_features)

這是最重要的參數。它是在每個拆分點取樣的隨機特徵數。您可以嘗試一個整數值範圍,例如 1 到 20,或 1 到輸入特徵數的一半。

估計數（*sklearn* 中的 n_estimators）

此參數表示樹的個數。理想情況下，這應該持續增加，直到在模型中沒有看到進一步的改進為止。好的值可能是 10 到 1,000 之間的對數比例。

優缺點。 隨機森林演算法（或模型）由於其良好的績效、可擴展性和易用性，在最近十年中得到了極大的應用。它具有靈活性和自然指派特徵重要性分數的特點，因此可以處理冗餘的特徵行。它可以擴展到大型資料集，並且通常對過度擬合具有魯棒性。該演算法不需要對資料進行縮放，可以建立非線性關係。

就缺點而言，隨機森林可以感覺像是一個黑箱方法，因為我們無法控制模型要做什麼，結果可能很難解釋。儘管隨機森林在分類方面做得很好，但它可能不適合迴歸問題，因為它不能給出精確的連續性預測。在迴歸的情況下，它不能預測超出範圍的訓練資料，並可能過度擬合雜訊特別多的資料集。

額外樹

額外樹（*Extra trees*）又稱為**極度隨機樹**（*extremely randomized trees*），是一種隨機森林的變形；它用類似隨機森林特性的隨機子集來建構多棵樹並拆分節點。然而，與隨機森林不同的是，在隨機森林中，觀測值是透過取代來繪製的，而在額外樹中繪製觀測值無需進行取代，所以觀測值不會重複。

此外，隨機森林會選擇將父節點轉換為兩個最同質子節點的最佳拆分[6]。但是，額外樹會選擇一個隨機拆分來將父節點拆分為兩個隨機的子節點。在額外樹中，隨機性不是來自資料本身，而是來自所有觀測值的隨機拆分。

在真實的案例中，績效可以跟普通的隨機森林相媲美，有時甚至更好一些。額外樹的優點和缺點與隨機森林相似。

用 Python 實作。 額外樹的迴歸和分類模型可以用 Python 的 sklearn 套件建構，如以下程式碼片段所示。額外樹的超參數與隨機森林類似，如前一節所述：

Classification
```
from sklearn.ensemble import ExtraTreesClassifier
model = ExtraTreesClassifier()
model.fit(X, Y)
```

---

6 拆分是將非同質父節點轉換為兩個（儘量接近）同質子節點的過程。

Regression

```
from sklearn.ensemble import ExtraTreesRegressor
model = ExtraTreesRegressor()
model.fit(X, Y)
```

自我調整提升（AdaBoost）

自我調整提升（*Adaptive Boosting*）或 *AdaBoost* 是一種推進技術，其基本概念是按順序嘗試預測值，隨後的每個模型都嘗試修正前一個模型的錯誤。在每次反覆運算中，AdaBoost 演算法透過修改附加到每個個例的權重來改變樣本分佈，它會增加錯誤預測個例的權重，並減少正確預測個例的權重。

AdaBoost 演算法的步驟如下：

1. 一開始所有觀測值都被賦予相同的權重。

2. 以一個子集的資料建立模型，並用這個模型來預測整個資料集。透過比較預測值和實際值來計算誤差。

3. 在建立下一個模型時，對錯誤預測的資料點賦予更高的權重。權重可以用誤差值來決定。例如，誤差越大，指派給觀測值的權重就越多。

4. 重複這個過程直到誤差函數不變，或者直到達到估計數的最大限制。

用 Python 實作。 AdaBoost 迴歸和分類模型可以用 Python 的 sklearn 套件建構，如以下程式碼片段所示：

Classification

```
from sklearn.ensemble import AdaBoostClassifier
model = AdaBoostClassifier()
model.fit(X, Y)
```

Regression

```
from sklearn.ensemble import AdaBoostRegressor
model = AdaBoostRegressor()
model.fit(X, Y)
```

超參數。 sklearn 中有實作一些 AdaBoost 的主要超參數，在執行網格搜尋時可以進行調整，如下所示：

學習率（在 *sklearn* 中為 learning_rate）

　　學習率縮小了每個分類器 / 迴歸器的貢獻，它可以在對數刻度上考量，網格搜尋的取樣值可以是 0.001、0.01 和 0.1。

估計數（在 *sklearn* 中為 n_estimators）

　　此參數表示樹的個數。理想情況下，這應該持續增加，直到在模型中沒有看到進一步的改進。好的值可能是 10 到 1,000 之間的對數刻度。

優缺點。　　就優點而言，AdaBoost 的精確度很高。AdaBoost 只需對參數或設定進行很少的調整，就可以獲得與其他模型類似的結果。該演算法不需要對資料進行縮放，而且可以建立非線性關係。

就缺點而言，AdaBoost 的訓練非常耗時。AdaBoost 對雜訊資料和異常值非常敏感，資料不平衡會導致分類精確度下降。

梯度提升法

梯度提升法（*Gradient boosting method, GBM*）是另一種類似於 AdaBoost 的提升技術，其基本概念是按順序嘗試預測值。GBM 的工作原理是將先前低度擬合的預測依次增加到集合中，以確保先前的錯誤得到糾正。

以下是 GBM 演算法的步驟：

1. 用資料子集建立模型（可以稱為第一弱學習者），並利用該模型對整個資料集進行預測。

2. 透過比較預測值和實際值計算誤差，並用損失函數計算損失。

3. 將上一步的錯誤作為目標變數建立新模型。目標是在資料中找到最佳拆分，以最小化誤差。這個新模型所作的預測與以前模型的預測相結合。利用該預測值和實際值計算新的誤差。

4. 重複此過程，直到誤差函數不變或達到估計數的最大限制為止。

與 AdaBoost 在每次反覆運算時調整個例權重相反，該方法嘗試使新的預測器與前一個預測器的殘差相匹配。

用 Python 和超參數實作。　可以用 Python 的 sklearn 套件建構 GBM 迴歸和分類模型，如以下程式碼片段所示。GBM 的超參數與 AdaBoost 類似，如前一節所述：

Classification

```
from sklearn.ensemble import GradientBoostingClassifier
model = GradientBoostingClassifier()
model.fit(X, Y)
```

Regression

```
from sklearn.ensemble import GradientBoostingRegressor
model = GradientBoostingRegressor()
model.fit(X, Y)
```

優缺點。　在優點方面，GBM 和隨機森林法一樣，對缺失資料、高度相關特徵和無關特徵具有很強的魯棒性。它能自然地指派特徵重要性分數，績效比隨機森林略好。該演算法不需要對資料進行縮放，並且可以建立非線性關係。

就缺點而言，它可能比隨機森林更容易過度擬合，因為 boosting 法的主要目的是減少偏差而不是變異數。它有許多超參數需要調整，因此模型建立可能沒有那麼快。此外，特徵重要性可能對訓練資料集的變化不具有魯棒性。

基於 ANN 的模型

在第 3 章中，我們介紹了 ANN 的基礎知識，以及 ANN 的架構和它們在 Python 中的訓練與實作。該章提供的細節適用於機器學習的所有領域，包括監督式學習。但是，從監督式學習的角度來看，還有一些額外的細節，我們將在本節中介紹。

類神經網路可以簡化為一個分類或迴歸模型，其輸出層的節點具有激活函數。在處理迴歸問題時，輸出節點具有線性激活函數（或沒有激活函數）。線性函數產生從 -inf 到 +inf 的連續輸出。因此，輸出層將是輸出層之前的層中節點的線性函數，並且會是基於迴歸的模型。

在處理分類問題時，輸出節點具有 sigmoid 或 softmax 激活函數。sigmoid 或 softmax 函數產生從 0 到 1 的輸出，以表示目標值的機率。softmax 函數還可以用於多組分類。

使用 sklearn 實作 ANN

ANN 迴歸和分類模型可以用 Python 的 sklearn 套件建構，如以下程式碼片段所示：

Classification

```
from sklearn.neural_network import MLPClassifier
model = MLPClassifier()
model.fit(X, Y)
```

Regression

```
from sklearn.neural_network import MLPRegressor
model = MLPRegressor()
model.fit(X, Y)
```

超參數

正如我們在第 3 章所見，ANN 有許多超參數。在 ANN 的 sklearn 中有一些超參數可以在執行網格搜尋時進行調整：

隱藏層（在 *sklearn* 中為 hidden_layer_sizes）

表示 ANN 架構中的層和節點數。在 sklearn 的 ANN 實作中，第 i 個元素表示第 i 個隱藏層中的神經元數目。sklearn 實作中網格搜尋的樣本值可以是 *[(20,), (50,), (20, 20), (20, 30, 20)]*。

激活函數（在 *sklearn* 中為 activation）

表示隱藏層的激活函數。可以使用在第 3 章所定義的一些激活函數，例如 sigmoid、relu、tanh 等。

深度類神經網路

具有多個隱藏層的 ANN 通常被稱為深度網路。考量到函式庫的靈活性，我們比較喜歡用 Keras 函式庫來實作這樣的網路。Keras 中深度類神經網路的詳細實作如第 3 章所示。就像 sklearn 中的 MLPClassifier 和 MLPRegressor 可用於分類和迴歸那樣，Keras 有為 KerasClassifier 以及 KerasRegressor，可用於建立具有深度網路的分類和迴歸模型。

金融界中一個熱門的問題是時間序列預測，這是基於歷史的概觀來預測時間序列的下一個值。一些深度類神經網路，例如遞迴類神經網路（recurrent neural network, RNN），可以直接用於時間序列預測，第 5 章詳細介紹了這種方法。

優點和缺點

ANN 的主要優點在於能很好地捕捉變數之間的非線性關係。ANN 能夠較容易學習豐富的表示法，並且能夠很好地處理大量輸入特徵和大的資料集。ANN 的使用方法很靈活，這一點在機器學習和人工智慧的許多領域都有應用，包括強化學習和自然語言處理，如第 3 章所述。

ANN 的主要缺點是模型的可解讀性，這是一個不可忽視的缺點，有時也是選擇模型的決定因素。ANN 不擅長處理小資料集，需要大量的調整和猜測。選擇正確的拓撲／演算法來解決問題有時很困難。此外，ANN 的計算成本很高，需要花費大量時間進行訓練。

用 ANN 進行金融監督式學習

如果一個簡單的模型（例如線性或 logistic 迴歸）就很適合你的問題，那麼就不需用到 ANN。但是，如果您正在為複雜的資料集建模，並且覺得需要更好的預測能力，請嘗試使用 ANN。ANN 是適應資料形狀最靈活的模型之一，用 ANN 來解決監督式學習問題是一個有趣而有價值的練習。

模型績效

在上一節中，我們討論了把網格搜尋當作一種找到正確的超參數以獲得更好績效的方法。在本節中，我們將透過討論評估模型績效的關鍵元件（過度擬合、交叉驗證和評估量測）來擴展該過程。

過度擬合和低度擬合

機器學習中的一個常見問題是**過度擬合**（*overfitting*），這是透過學習來定義一個函數，而該函數能夠很好地解釋模型從中學習到的訓練資料，但卻不能很好地推廣到看不見的測試資料。過度擬合發生在模型從訓練資料中過度學習，以致於開始擷取了無法代表現實世界中樣式的特質時。當我們把模型變得越來越複雜時，這就變得特別有問題。**低度擬合**（*underfitting*）是一個相關的問題，模型不夠複雜，無法捕捉資料中的潛在趨勢。圖 4-5 說明了 overfitting 和 underfitting。圖 4-5 的左邊顯示了一個線性迴歸模型；一條直線明顯低於真實函數。中間的圖顯示高次多項式相當好地逼近真實關係。另一方面，一個非常高次的多項式幾乎完美地擬合了小樣本，並且在訓練資料上表現最好，但這並不能一般化，而且它在解釋一個新的資料點時表現得非常糟糕。

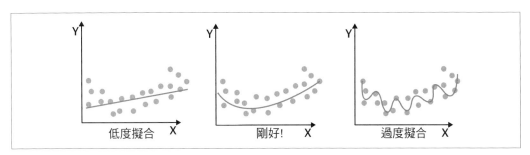

圖 4-5　過度擬合與低度擬合

過度擬合和低度擬合的概念與**偏差變異數權衡**（*bias-variance tradeoff*）有很大的相關性，**偏差**（*Bias*）是指由於學習演算法中過於簡單的假設或錯誤的假設而產生的誤差。偏差導致資料擬合不足，如圖 4-5 左邊的圖所示。高偏差表示我們的學習演算法在特徵中缺少重要的趨勢。**變異數**（*Variance*）是指由於過於複雜的模型導致的錯誤，該模型嘗試盡可能地擬合訓練資料。在高變異數情況下，模型的預測值與訓練集的實際值非常接近。如圖 4-5 右邊的圖所示，高變異數會導致過度擬合。我們為了最後要有一個好的模型，需要的是低偏差和低變異數。

有兩種方法可以防止過度擬合：

使用更多訓練資料

我們擁有的訓練資料越多，就越不容易透過從任何一個訓練範例中學習太多而過度擬合資料。

使用正則化

建構模型時在損失函數中增加一個懲罰項，做為該模型為任何一個特徵分配了太多的解釋能力，或者允許考慮太多特徵的懲罰。

過度擬合的概念和解決方法適用於所有的監督式學習模型。例如，正則化迴歸處理線性迴歸中的過度擬合，如本章前面所討論的。

交叉驗證

機器學習的挑戰之一是讓訓練模型能夠很好地一般化到看不見的資料（過度擬合與低度擬合或偏差變異數權衡）。交叉驗證（*Cross validation*）的主要概念是將資料拆分一次或幾次，以便每次拆分使用其中一個作為驗證集，其餘部分作為訓練集：部分資料（訓練樣本）用於訓練演算法，其餘部分（驗證樣本）用於估計演算法的風險。交叉驗證讓我們能夠對模型一般化誤差的估計更為可靠。最簡單的方法是用一個例子來說明。在進行 *k*-fold 交叉驗證時，我們將訓練資料隨機分成 *k* 個折疊。然後利用 *k-1* 個折疊對模型進行訓練，並在第 *k* 次折疊時進行績效評估。我們重複這個過程 *k* 次並且取結果的分數平均值。

圖 4-6 顯示了交叉驗證的一個例子，其中資料被分成 5 組，在每一輪中，其中一組用於驗證。

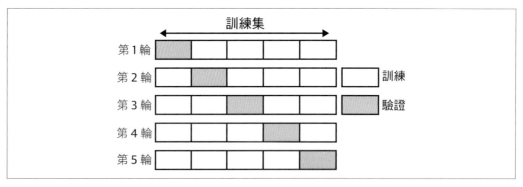

圖 4-6　交叉驗證

交叉驗證的一個潛在缺點是計算成本，特別是當與網格搜尋進行超參數調整時。使用 sklearn 套件只寫幾行程式就能完成交叉驗證；我們將在監督式學習案例研究中進行交叉驗證。

在下一節中，我們將介紹用於量測和比較模型績效的監督式學習模型的評估指標。

評估指標

評估機器學習演算法的指標是非常重要的，指標的選擇會影響機器學習演算法的績效如何被量測和比較。這些指標既影響你如何衡量結果中不同特徵的重要性，也影響你對演算法的最終選擇。

迴歸和分類的主要評估指標如圖 4-7 所示。

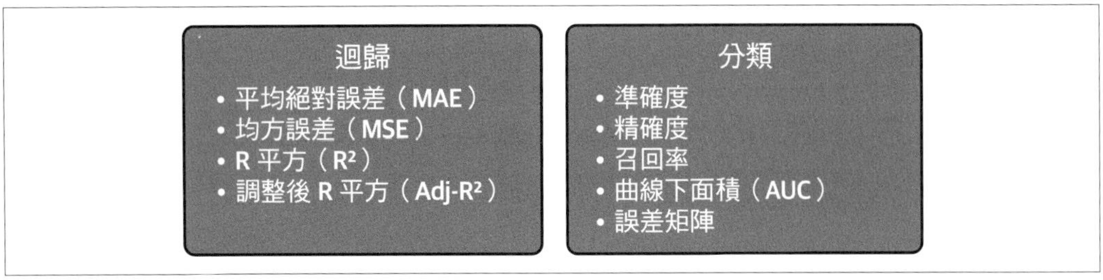

迴歸	分類
• 平均絕對誤差（MAE） • 均方誤差（MSE） • R 平方（R²） • 調整後 R 平方（Adj-R²）	• 準確度 • 精確度 • 召回率 • 曲線下面積（AUC） • 誤差矩陣

圖 4-7　迴歸和分類的評估指標

我們先來看看監督式迴歸的評估指標。

平均絕對誤差

平均絕對誤差（*Mean absolute error*, MAE）是預測值和實際值之間的絕對差值之和。MAE 是一個線性分數，表示所有個體差異在平均值中的權重相等，它讓我們知道這些預測有多錯誤，這個指標讓我們得以量測誤差的大小，但不知道方向（例如，預測過高或過低）。

均方誤差

均方誤差（*Mean squared error*, MSE）表示預測值和觀測值之間差異的樣本標準差（稱為殘差）。這很像平均絕對誤差，因為它提供了誤差大小的大致概念。取均方誤差的平方根將單位轉換回輸出變數的原始單位，這對於描述和表示很有意義，稱為**均方根誤差**（*root mean squared error*, RMSE）。

R² 指標

R^2 指標指出了預測值與實際值的「擬合程度」。在統計文獻中，這種方法被稱為決定係數。這是一個介於 0 和 1 之間的值，分別表示無擬合和完全擬合。

調整後 R² 指標

調整後的 R^2（*Adjusted R²*）跟 R^2 一樣，也是顯示項與曲線或直線的擬合程度，但會根據模型中項的個數進行調整。其計算公式如下：

$$R_{adj}^2 = 1 - \left[\frac{(1 - R^2)(n - 1))}{n - k - 1} \right]$$

其中 n 是觀察值的總數，k 是預測值的個數，調整後永遠會小於或等於 R^2。

為監督式迴歸選擇評估指標

就這些評估指標的偏好而言，如果主要目標是預測準確性，那麼 RMSE 是最好的，因為 RMSE 計算起來很簡單，而且容易微分。損失是對稱的，但較大誤差的衡量在計算中更為重要。MAE 是對稱的，但無法衡量較大的誤差。R^2 和調整後的 R^2 通常用在解釋的用途，指出所選的自變數對因變數可變性的解釋程度。

我們先看看監督式分類的評估指標。

分類

為了簡單起見，我們主要將討論二元分類問題（換句話說，只有真或假兩個結果）；常見的術語如下：

真陽性（*True positive, TP*）

預測為陽性，實際陽性。

假陽性（*False positive, FP*）

預測為陽性，實際為陰性。

真陰性（*True negative, TN*）

預測為陰性，實際為陰性。

假陰性（*False negative, FN*）

預測為陰性，實際為陽性。

圖 4-8 說明了準確度、精確度和召回率三種常用的分類評估指標之間的差異。

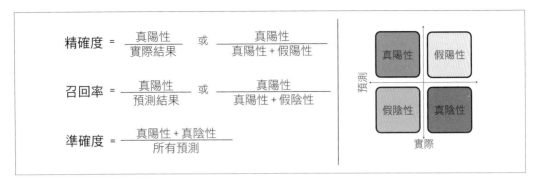

圖 4-8　準確度、精確度和召回率

準確度

如圖 4-8 所示，**準確度**（*accuracy*）是正確預測的數量與所有預測的比率。這是分類問題中最常見的評估指標，也是最被濫用的。當每一類中有相同數量的觀測值時（這種情況很少發生），當所有的預測和相關的預測誤差都一樣重要時（通常情況並非如此），這種方法最為合適。

精確度

精確度（*Precision*）是陽性個例占預測所有預測為陽性個例總數的百分比。這裡的分母是從整個給定資料集中當作陽性的模型預測。精確度是一個很好的衡量標準，可以用來決定假陽性的成本何時很高（例如，電子郵件的垃圾郵件偵測）。

召回率

召回率（或是**敏感性**、**真陽性率**）是陽性個例占所有實際上是真陽性個例的百分比。因此，分母（真陽性 + 假陰性）是資料集中實際上是陽性個例的個數。當與假陰性（例如欺詐偵測）相關的成本很高時，召回率是一個很好的量測方式。

除了準確度、精確度和召回率之外，以下章節還討論了用於分類的其他常用評估指標。

ROC 曲線下面積

ROC 曲線下面積（*Area under ROC curve,* AUC）是一個二元分類問題的評估指標。ROC 是一條機率曲線，AUC 表示可分性的程度或衡量標準。它告訴我們模型能夠在多大程度上區分為不同類。AUC 越高，模型預測 0 為 0、1 為 1 的效果越好。AUC 為 *0.5* 表示模型沒有任何分類的能力。AUC 得分的機率解釋是，如果你隨機選擇一個陽性案例和一個陰性案例，那麼根據分類器，陽性案例超過陰性案例的機率由 AUC 決定。

混淆矩陣

混淆矩陣展示了學習演算法的績效。混淆矩陣只是一個方陣，它報告分類器的真陽性（TP）、真陰性（TN）、假陽性（FP）和假陰性（FN）預測的計數，如圖 4-9 所示。

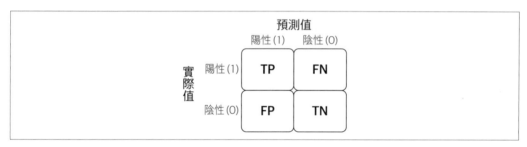

圖 4-9　混淆矩陣

混淆矩陣很方便用來表示兩個或多個類別的模型精確性，表中的 *x-* 軸表示精確度的預測，*y-* 軸表示模型所做預測的實際結果。例如，一個模型可以預測 0 或 1，而每個預測實際上也可能是 0 或 1。實際為 0 的預測顯示在「預測 =0」和「實際 =0」的儲存格中，而預測為 0 但實際上為 1 的結果顯示在「預測 =0」和「實際 =1」的儲存格中。

為監督式分類選擇評估指標

分類的評估指標在很大程度上取決於手頭的任務。例如，當假陰性（如欺詐偵測）成本較高時，召回率是一個很好的量測標準，我們將在案例研究中進一步研究這些評估指標。

模型選擇

選擇完美的機器學習模型既是一門藝術，也是一門科學。縱觀機器學習模型，沒有一種解決方案或方法適合所有的情況。有幾個因素會影響您選擇機器學習的模型，主要標準大多是我們在上一節所討論的模型績效。然而在進行模型選擇時，還有許多其他因素需要考量，下一節將討論所有這些因素，然後討論模型權衡。

模型選擇因素

在模型選擇的過程中要考量的因素如下：

簡單性

模型越簡單通常會導致更快、更具有可伸縮性、更容易讓人瞭解的模型和結果。

訓練時間

速度、績效、記憶體使用和模型訓練所用的總時間。

處理資料中的非線性

模型處理變數間非線性關係的能力。

對過度擬合的魯棒性

模型處理過度擬合的能力。

資料集的大小

模型處理資料集中大量訓練個例的能力。

特徵個數

模型處理高維特徵空間的能力。

模型解釋

模型的解釋能力如何？模型的可解釋性很重要，因為這讓我們能夠採取具體行動來解決根本問題。

特徵縮放

模型是否要求變數按比例或常態分佈？

圖 4-10 比較了上述因素的監督式學習模型，並概述了縮小搜尋給定問題的最佳機器學習演算法[7]範圍的一般經驗法則。這個表是以本章個別模型小節所討論的不同模型優缺點為基礎。

	線性迴歸	logistic迴歸	SVM	CART	梯度提升	隨機森林	ANN	KNN	LDA
簡單性	✓	✓	✓	✓	✗	✗	✗	✓	✓
訓練時間	✓	✓	✗	✓	✗	✗	✗	✓	✓
處理非線性	✗	✗	✓	✓	✓	✓	✓	✓	✗
過度擬合魯棒性	✗	✗	✓	✗	✓	✓	✗	✓	✗
大型資料集	✗	✗	✗	✓	✓	✓	✓	✗	✓
許多特徵	✗	✗	✓	✓	✓	✓	✓	✗	✓
模型解釋	✓	✓	✗	✓	✓	✓	✗	✓	✓
特徵縮放	✗	✗	✓	✗	✗	✗	✗	✗	✗

圖 4-10　模型選擇

從表中我們可以看出，相對簡單的模型包括線性迴歸和 logistic 迴歸，隨著我們向集成和 ANN 的方向發展，複雜性增加。在訓練時間方面，線性模型和 CART 比集成方法和 ANN 訓練速度快。

線性迴歸和 logistic 迴歸不能處理非線性關係，而其他模型都可以。SVM 可以用非線性核函數處理因變數和自變數之間的非線性關係。

與線性迴歸、logistic 迴歸、梯度提升和 ANN 相比，SVM 和隨機森林的過度擬合程度較低。過度擬合的程度還取決於其他參數，例如資料的大小和模型調校，可以透過查看每個模型的測試集結果來檢查。另外，與隨機森林等 bagging 方法相比，梯度提升法具有更高的過度擬合風險。回想一下梯度提升的重點是最小化偏差而不是變異數。

7　這個表並不包括 *AdaBoost* 和額外樹，因為它們在所有參數中的總體行為分別與梯度提升和隨機森林很類似。

線性迴歸和 logistic 迴歸不能很好地處理大型資料集和大量特徵，而 CART、集成方法和 ANN 能夠很好地處理大型資料集和許多特徵。在資料集較小的情況下，線性迴歸和 logistic 迴歸通常比其他模型表現更好。變數約簡技術的應用（如第 7 章所示）讓線性模型能夠處理大型資料集。ANN 的績效隨著資料集大小的增加而提高。

鑒於線性迴歸、logistic 迴歸和 CART 是相對簡單的模型，它們比集成模型和 ANN 有更好的模型解釋能力。

模型權衡

通常選擇模型是不同因素之間權衡的結果。ANN、SVM 和一些集成方法可以用來建立非常精確的預測模型，但是它們可能缺乏簡單性和可解釋性，並且可能需要大量的資源來訓練。

在選擇最終模型方面，當預測績效是最重要的目標時，解釋性較低的模型可能是首選，並且不需要解釋模型如何工作和進行預測。不過在某些情況下，模型的可解釋性是強制性的。

可解釋性驅動的例子經常出現在金融行業。在許多情況下，選擇機器學習演算法與演算法的最佳化或技術方面關係不大，而與業務決策關係更大。假設使用機器學習演算法來接受或拒絕個人的信用卡申請，如果申請人被拒絕並決定提出投訴或採取法律行動，金融機構將需要解釋該決定是如何作出的。雖然這對於 ANN 來說幾乎是不可能的，但是對基於決策樹的模型來說卻相對簡單。

不同類別的模型擅長對資料中不同類型的底層模式進行建模。因此，第一步最好是快速測試幾個不同的模型類別，以知道哪些模型能最有效地捕獲資料集的底層結構。在所有基於監督式學習的案例研究中，我們將依照這個原則來選擇模型。

本章摘要

本章討論了監督式學習模型在金融中的重要性，然後簡要介紹了幾種監督式學習模型，包括線性迴歸和 logistic 迴歸、SVM、決策樹、集成、KNN、LDA 和 ANN。我們示範了用幾行 sklearn 和 Keras 函式庫的程式碼來完成這些模型的訓練和調校。

我們討論了迴歸和分類模型中最常見的誤差量測指標、解釋了偏差變異數權衡、並說明了使用交叉驗證管理模型選擇過程的各種工具。

我們介紹了每種模型的優缺點，並討論了選擇最佳模型時要考量的因素。我們還討論了模型績效和可解釋性之間的權衡，下一章將深入到迴歸和分類的案例研究。

接下來兩章中的所有案例研究都利用了本章和前兩章所提出的概念。

監督式學習：
迴歸（包括時間序列模型）

基於監督式迴歸的機器學習是一種預測建模的形式，其目的是對目標和預測變數之間的關係進行建模，以估計一組連續的可能結果。這些是金融界中最常使用的機器學習模型。

金融機構（和金融相關行業）分析師的重點領域之一是預測投資機會，通常是預測資產價格和資產報酬。基於監督式迴歸的機器學習模型在這種情況下具有天生的適用性。這些模型能幫助投資和財務經理瞭解預測變數的性質及其與其他變數的關係，並指出他們推動了資產收益的重要因素，這有助於投資人估計報酬概況、交易成本、基礎架構所需的技術和金融投資，進而估計最後的策略或投資組合的風險概況和盈利能力。

隨著大量資料和處理技術的齊備，基於監督式迴歸的機器學習已不僅僅局限於資產價格的預測。這些模型廣泛應用於金融領域，包括投資組合管理、保險定價、金融商品定價、對沖和風險管理。

本章將介紹四個基於監督式迴歸的案例，這些案例涵蓋了不同的領域，包括資產價格預測、金融商品定價和投資組合管理。所有案例都根據第 2 章所提出的標準化七步模型建立流程；這些步驟包括定義問題、載入資料、探索性資料分析、資料準備、模型評估和模型調校 [1]。這些案例不僅從金融業的角度涵蓋了一系列不同的主題，也涵蓋了多種機器學習和建模概念，包括第 4 章所介紹的從基本線性迴歸到進階深度學習的模型。

1　根據步驟／子步驟的適當性和直觀性，可以將步驟或子步驟重新排序或重新命名。

金融業中大量的資產建模和預測問題涉及到時間成分和對連續結果產出的估計。因此，以最廣泛的形式處理**時間序列模型**（*time series models*）也很重要，時間序列分析是關於推斷過去一系列資料點發生了什麼，並試圖預測未來會發生什麼。關於監督式迴歸模型和時間序列模型的區別，學術界和業界進行了大量的比較和爭論。大部分時間序列模型是**有參數的**（*parametric*）（換句話說，假設表示資料的函數已知），而大部分監督式迴歸模型是**無參數的**（*nonparametric*）。時間序列模型主要使用預測變數的歷史資料進行預測，而監督式學習演算法使用**外部因素**（*exogenous variables*）當作預測變數[2]。不過監督式迴歸可以透過時延方法（本章後面將介紹）嵌入預測變數的歷史資料，而時間序列模型（例如 ARIMAX，本章後面也將介紹）可以利用外部因素進行預測。因此，時間序列模型和監督式迴歸模型在某種意義上是相似的，兩者都可以利用外部因素以及預測變數的歷史資料進行預測。在最後輸出方面，監督式迴歸和時間序列模型都是為了要估計一個變數的一組連續的可能結果。

在第 4 章中，我們討論了監督式迴歸和監督式分類中常見的模型概念。鑑於時間序列模型比監督式分類更接近於監督式迴歸，我們將在本章中分別介紹時間序列模型的概念。我們還將示範如何利用金融資料的時間序列模型來預測未來價值，時間序列模型與監督式迴歸模型的比較將在案例研究中提出。另外，某些機器學習和深度學習模型（例如 LSTM）可以直接用於時間序列預測，本章也將討論這些模型。

在第 94 頁的「案例研究 1：股價預測」中，我們闡釋了金融學中最流行的預測問題之一，即預測股票收益。除了準確預測未來股票價格外，本案例研究的目的是探討基於機器學習的一般金融資產類別價格預測框架。在這個案例中，我們將討論幾個機器學習和時間序列的概念，同時著重於視覺化和模型調校。

在第 112 頁的「案例研究 2：衍生性商品定價」中，我們將深入研究使用到監督式迴歸的衍生性商品定價，並展示如何在傳統計量問題中部署機器學習技術。與傳統的衍生性商品定價模型相比，機器學習技術可以在不依賴於多個不切實際的假設的情況下更快地完成衍生性商品定價。使用機器學習的高效數值計算有助於金融風險管理等領域的發展，在這些領域，效率和準確性之間的權衡往往是不可避免的。

在第 123 頁的「案例研究 3：投資人風險承受能力和機器人投資顧問」中，我們說明了如何用基於監督式迴歸的框架來估計投資人的風險承受能力。在這個案例中，我們用 Python 建構了機器人投資顧問（robo-advisor）儀表板，並在儀表板中實作了這個風險承受度預測模型。我們說明了這樣的模型如何實現投資組合管理過程的自動化，包括使

2　外部因素是指其值在模型外決定並強加在模型上的變數。

用 robo-advisors 進行投資管理。本案例的目的在於說明如何有效地利用機器學習來克服傳統的風險承受能力分析或風險承受能力問卷中存在的一些行為偏差問題。

在第 139 頁的「案例研究 4：收益率曲線預測」中，我們利用基於監督式迴歸的框架來同時預測不同的收益率曲線期限。我們示範了如何用機器學習模型同時產生多個期限來為收益率曲線建模。

在本章中，我們將學習以下與監督式迴歸和時間序列技術相關的概念：

- 不同時間序列和機器學習模型的應用與比較。

- 模型和結果的解讀，瞭解線性和非線性模型背後潛在的過度擬合和低度擬合以及直覺。

- 進行用於機器學習模型的資料準備和轉換。

- 進行特徵選擇和改造以提高模型績效。

- 使用資料視覺化和資料探索來瞭解結果。

- 調校演算法以提高模型績效。瞭解、實現和調校時間序列模型，例如用於預測的 ARIMA。

- 在基於迴歸的機器學習框架中，建構一個與投資組合管理和行為金融相關的問題陳述。

- 瞭解 LSTM 等基於深度學習的模型如何用於時間序列預測。

我們會用到的監督式迴歸模型已於第 3 章和第 4 章介紹過。在研究案例之前，我們會先討論時間序列模型。我們強烈建議讀者閱讀 Robert H. Shumway 和 David S. Stoffer 所著的《*Time Series Analysis and Its Applications*》第 4 版（Springer 出版）來對時間序列概念有更深入的瞭解，以及閱讀 Aurélien Géron 所著的《*Hands-On Machine Learning with Scikit-Learn, Keras, and TensorFlow*》（O'Reilly 出版）來對監督式迴歸模型中的概念有更多的瞭解，繁體中文版《**精通機器學習｜使用 *Scikit-Learn, Keras* 與 *TensorFlow***》第二版由碁峰資訊出版。

本章的程式庫

一個基於 Python 的監督式迴歸範本、一個時間序列模型範本、以及本章中介紹的所有案例的 Jupyter Notebook 都在本書程式庫的「*Chapter 5 - Sup. Learning - Regression and Time Series models*」資料夾中（*https://oreil. ly/sJFV0*）。

任何基於監督式迴歸的新案例研究，使用了程式庫中的公用範本、修改特定於該案例的元素、並借用本章中所介紹案例中的概念和見解。該範本還包括 ARIMA 和 LSTM 模型的實作和調校[3]。這些範本被設計成可在雲端上執行（即 Kaggle、Google Colab 和 AWS），所有的案例都是在統一的迴歸範本上所設計[4]。

時間序列模型

時間序列（*Time series*）是以時間當作索引而排序的數字序列。

本節將介紹以下時間序列模型的課題，在後續的案例研究中將進一步運用這些內容：

- 時間序列的組成元件
- 時間序列的自相關與穩定性
- 傳統時間序列模型（例如 ARIMA）
- 使用深度學習模型進行時間序列建模
- 用於監督式學習框架中的時間序列資料轉換。

時間序列細分

時間序列可以細分為以下元件：

---

3 這些模型將在本章後面討論。

4 根據步驟／子步驟的適當性和直觀性，可以將步驟或子步驟重新排序或重新命名。

趨勢分量

趨勢是時間序列中一致的方向性運動。這些趨勢要嘛是**確定性的**（*deterministic*），要嘛是**隨機性的**（*stochastic*）。前者允許我們提供趨勢的基本原理，而後者是一系列我們不太可能解釋的隨機特徵。趨勢經常出現在金融序列中，許多交易模型使用複雜的趨勢識別演算法。

季節性分量

許多時間序列包含季節變化，尤其是在表示商業銷售或氣候水準的系列中。在計量金融中，我們經常看到季節變化，特別是與假日季節或年度溫度變化（例如天然氣）相關的序列。

我們可以把時間序列 y_t 的元件寫成

$$y_t = S_t + T_t + R_t$$

其中 S_t 是季節性分量、T_t 是趨勢分量，R_t 表示季節性分量或趨勢分量所未能體現的時間序列殘餘分量。

將時間序列（Y）分解為其元件的 Python 程式碼如下：

```
import statsmodels.api as sm
sm.tsa.seasonal_decompose(Y,freq=52).plot()
```

圖 5-1 顯示了細分為趨勢、季節性和殘餘分量的時間序列。將一個時間序列分解成這些分量有助於我們更深入瞭解時間序列並識別其行為，以便得到更好的預測結果。

這三個時間序列的分量分別顯示在底下三個面板中。將這些分量加在一起，可以重建頂端面板中所顯示的實際時間序列（圖中顯示為「已觀察」）。請注意，時間序列的趨勢分量顯示了 2017 年之後具有明顯的趨勢。因此，該時間序列的預測模型應包含 2017 年後趨勢行為的相關資訊。就季節性而言，在日曆年開始時，幅度有所增加。底部面板中顯示的殘餘分量是從資料中減去季節和趨勢分量後的殘餘成分。在 2018 年和 2019 年左右，殘餘成分基本持平，有一些尖峰和雜訊。此外，每個圖的刻度都有所不同，趨勢分量的最大範圍如圖上的刻度所示。

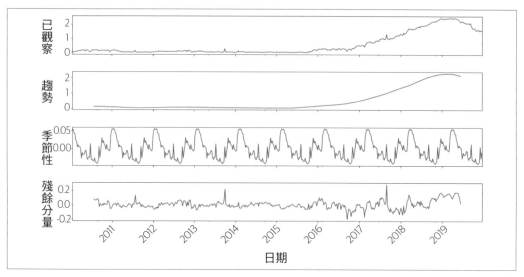

圖 5-1　時間序列元件

自相關與平衡

當給定一個或多個時間序列時，把時間序列分解為趨勢、季節性和殘餘分量相對簡單。然而，在處理時間序列資料時，還有其他面向需要考量，尤其是在金融領域。

自相關

在許多情況下，時間序列的連續元素表現出相關性。也就是說，序列中連續點的行為以相依的方式相互影響。自相關（*Autocorrelation*）是觀測值之間的相似性，以它們之間時間差的函數表示。這種關係可以用自迴歸模型來建模。自迴歸（*autoregression*）一詞表示它是變數對自身的迴歸。

在自迴歸模型中，我們用變數過去值的線性組合來預測感興趣的變數。

因此，p 階自迴歸模型可以寫成

$$y_t = c + \phi_1 y_{t-1} + \phi_2 y_{t-2} + \ldots \phi_p y_{t-p} + \epsilon$$

其中 e_t 為白雜訊 [5]。一個自迴歸模型就像一個多元迴歸模型，但是它的預測值是延遲的 y_t，我們把 p 階自迴歸模型稱為 AR(p)。自迴歸模型在處理各種不同的時間序列樣式時非常具有彈性。

平衡

如果時間序列的統計特性不隨時間變化，則稱其為平衡序列。因此，具有趨勢性或季節性的時間序列是不平衡的，因為趨勢性和季節性會在不同時間影響時間序列的值。另一方面，白雜訊序列是平衡的，因為當你觀察它時，它並不重要；它應該在任何時間點看起來都很像。

圖 5-2 顯示了一些不平衡序列的例子。

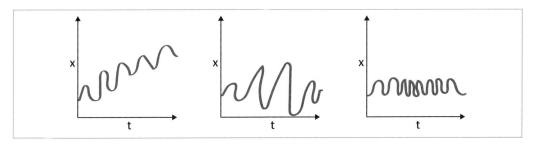

圖 5-2　不平衡繪圖輸出

在第一個圖中，我們可以清楚地看到，平均值隨時間而變化（增加），結果呈上升趨勢。因此這是一個不平衡序列。對於被歸類為平衡的序列，它不應該表現出趨勢。再看第二個圖，我們當然看不到這一系列的趨勢，但這一系列的變化是時間的函數。平衡序列的變異數必須是一個常數，因此這個序列也是一個不平衡序列。在第三個圖中，隨著時間的增加，散佈範圍變得越來越近，這意味著共變異數是時間的函數。圖 5-2 的三個例子代表了不平衡時間序列。現在看第四個圖，如圖 5-3 所示。

5　白雜訊過程是一個隨機變數的隨機過程，這些隨機變數互不相關，平均值為零，變異數有限。

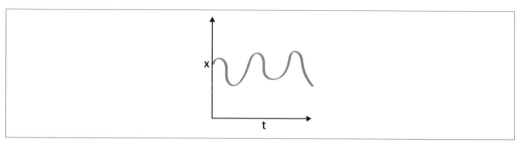

圖 5-3　平衡繪圖輸出

在上圖中，平均值、變異數和共變異數不會隨著時間而改變，這就是平衡時間序列的樣子。用第四個圖預測未來的值會比較容易，大部分統計模型都要求序列為平衡，這樣才能做出有效而精確的預測。

不平衡時間序列背後的兩個主要原因是趨勢性和季節性，如圖 5-2 所示。為了要用時間序列來預測模型，我們通常會把任何不平衡序列轉換為平衡序列，由於其統計特性不會隨時間而改變，可以讓建模變得較為容易。

差分

差分法是讓時間序列變為平衡的方法之一。在這種方法中，我們計算序列中連續項的差。執行差分通常是為了去除變化的平均值。在數學上，差分可以寫成：

$$y_t' = y_t - y_{t-1}$$

其中 y_t 是在時間 t 的值。

當差分序列是白雜訊時，原始序列稱為一階不平衡序列。

傳統時間序列模型（包括 ARIMA 模型）

有許多方法可以把時間序列建模以進行預測。大部分時間序列模型的目的是結合趨勢、季節性和殘餘分量，同時處理嵌入在時間序列中的自相關和平衡性。例如，前一節所討論的自迴歸（AR）模型解決了時間序列中的自相關問題。

ARIMA 模型是時間序列預測中應用最廣泛的模型之一。

ARIMA

如果我們將平衡性與自迴歸和移動平均模型相結合（本節將進一步討論），我們會得到一個 ARIMA 模型。*ARIMA* 是自迴歸整合移動平均（AutoRegressive Integrated Moving Average）的首字母縮寫，具有以下分量：

AR(p)

> 表示自迴歸，也就是時間序列自身的迴歸，如前一節所述，假設目前序列值依賴於一些延遲的過去值，模型中最大延遲以 p 表示。

I(d)

> 表示整合的階數，它只是讓序列平穩所需做的差分次數。

MA(q)

> 表示移動平均，在不過問細節的情況下，對時間序列的誤差進行建模；這裡同樣假設目前誤差依賴於前一個具有一定延遲性的誤差，並以 q 表示。

移動平均公式如下：

$$y_t = c + \epsilon_t + \theta_1 \epsilon_{t-1} + \theta_2 \epsilon_{t-2}$$

其中，ϵ_t 是白雜訊，我們稱此為 q 階 *MA(q)* 模型。結合所有分量的完整 ARIMA 模型可以寫成：

$$y_t' = c + \phi_1 y_{t-1}' + \cdots + \phi_p y_{t-p}' + \theta_1 \varepsilon_{t-1} + \cdots + \theta_q \varepsilon_{t-q} + \varepsilon_t$$

其中 y_t' 是差分級數（可能被差分多次），右邊的預測值包括 y_t' 的延遲值和延遲誤差，我們稱之為 ARIMA（p, d, q）模型，其中 p 是自迴歸部分的階數，d 是一階差分的階數，q 是移動平均部分的階數。用於自迴歸和移動平均模型的平衡性和可逆性條件也同樣適用於 ARIMA 模型。

用於擬合階數（1,0,0）的 ARIMA 模型的 Python 程式碼如下：

```
from statsmodels.tsa.arima_model import ARIMA
model=ARIMA(endog=Y_train,order=[1,0,0])
```

ARIMA 模型系列有幾個變形，其中一些變形如下：

ARIMAX

包含外部因素的 ARIMA 模型，我們將在案例研究 1 中使用此模型。

SARIMA

這個模型中的 S 表示季節性，這個模型的目標是對嵌入在時間序列中的季節性分量以及其他分量進行建模。

VARMA

這是該模型在多變數同時被預測時的延伸，我們在第 139 頁的「案例研究 4：收益率曲線預測」將同時預測許多變數。

用深度學習方式為時間序列建模

傳統的時間序列模型（例如 ARIMA）在許多問題上都已經被充分的理解和應用。然而，這些傳統的方法也受到一些限制。傳統的時間序列模型是線性函數，或者線性函數的簡單變換，它們需要手動診斷參數，例如時間依賴性，對於損壞或有遺漏的資料，它們的績效不好。

如果我們看看深度學習領域在時間序列預測的進展，會發現**循環類神經網路**（*recurrent neural network, RNN*）近年來獲得了越來越多的關注。這些方法能夠識別非線性等結構和模式，能夠對多輸入變數問題進行無縫建模，對有遺漏的資料具有較強的魯棒性。RNN 模型可以透過利用自己的輸出作為下一步的輸入來保持從一個疊代到下一個疊代的狀態。這些深度學習模型可以稱為時間序列模型，因為它們類似於 ARIMA 等傳統時間序列模型，可以用過去的資料點對未來進行預測。因此，這些深度學習模型在金融領域有著廣泛的應用。我們來看看應用在時間序列預測的深度學習模型。

RNNs

循環類神經網路（RNNs）之所以稱為「循環」，是因為它們對序列的每個元素執行相同的任務，輸出依賴於過去的計算。RNN 模型有一個記憶體，它會捕獲到目前為止計算出的資訊。如圖 5-4 所示，循環類神經網路可以看作是同一網路的多個副本，每個副本都向後續網路傳遞一個訊息。

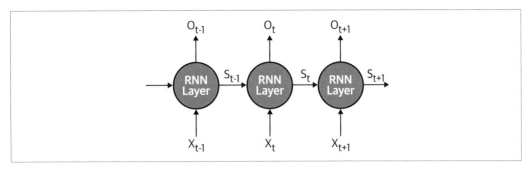

圖 5-4　循環類神經網路

在圖 5-4 中：

- X_t 是時間步驟 t 的輸入。

- O_t 是時間步驟 t 的輸出。

- S_t 是時間步驟 t 的隱藏狀態，是網路的記憶。它是根據過去的隱藏狀態和目前步驟的輸入來計算的。

RNN 的主要特性是在於這種隱藏狀態能捕獲有關序列的一些資訊，並當需要時隨之使用它。

長短期記憶

長短期記憶（*Long short-term memory*, LSTM）是一種特殊的 RNN，它的設計是為了避免長期依賴的問題。長時間記住資訊實際上是 LSTM 模型的預設行為[6]。這些模型由一組具有記憶資料序列特徵的單元所組成，這些單元能捕獲並儲存資料流。此外，這些單元將過去的一個模組互連到現在的另一個模組，以便把來自多個過去時刻的資訊傳送到目前時刻。由於在每個單元中使用了閘，每個單元中的資料可以被處理、過濾或添加到下一個單元中。

這些閘（*gates*）基於人工類神經網路層，讓每個單元可以隨意地讓資料通過或被丟棄。每一層產生的數字在 0 到 1 的範圍內，描述了每個單元中應該通過的資料段數量。更精確地說，估計值為 0 意味著「不讓任何東西通過」，估計值為 1 意味著「讓所有東西通過」。每個 LSTM 涉及三種類型的閘，目的是控制每個單元的狀態：

6　克里斯多夫·奧拉（Christopher Olah）的這篇部落格文章對 LSTM 模型進行了詳細的說明（*https://oreil.ly/4PDhr*）。

遺忘閘（*Forget Gate*）

輸出一個介於 0 和 1 之間的數字，其中 1 表示「完全保留」，0 表示「完全忽略」。這個閘有條件地決定過去是應該被遺忘還是應該被保留。

輸入閘（*Input Gate*）

選擇需要儲存在單元中的新資料。

輸出閘（*Output Gate*）

決定每個單元的產出。所產生的值將由儲存格狀態以及過濾和新增的資料來決定。

Keras 套件裝了高效的數值計算函式庫和函數，讓我們可以用短短幾行程式碼定義和訓練 LSTM 類神經網路模型。以下程式碼使用 keras.layers 中的 LSTM 模組來實作 LSTM 網路，並且用變數 X_train_LSTM 來訓練網路。該網路有一個具有 50 個 LSTM 區塊或神經元的隱藏層和一個進行單一值預測的輸出層。所有相關術語（即循序、學習速率、動量、epoch 和 batch 大小）的細節請參閱第 3 章。

用 Keras 實作 LSTM 模型的 Python 範例程式碼如下所示：

```
from keras.models import Sequential
from keras.layers import Dense
from keras.optimizers import SGD
from keras.layers import LSTM

def create_LSTMmodel(learn_rate = 0.01, momentum=0):
        # create model
    model = Sequential()
    model.add(LSTM(50, input_shape=(X_train_LSTM.shape[1],\
        X_train_LSTM.shape[2])))
    #More number of cells can be added if needed
    model.add(Dense(1))
    optimizer = SGD(lr=learn_rate, momentum=momentum)
    model.compile(loss='mse', optimizer='adam')
    return model
LSTMModel = create_LSTMmodel(learn_rate = 0.01, momentum=0)
LSTMModel_fit = LSTMModel.fit(X_train_LSTM, Y_train_LSTM, validation_data=\
    (X_test_LSTM, Y_test_LSTM),epochs=330, batch_size=72, verbose=0, shuffle=False)
```

在學習和實作方面，LSTM 提供了比 ARIMA 模型多很多的微調選項。雖然與傳統的時間序列模型相比，深度學習模型有很多優點，但是深度學習模型更複雜，訓練也更困難[7]。

7　案例研究 1 會再說明 ARIMA 模型和基於 Keras 的 LSTM 模型。

修改監督式學習模型的時間序列資料

時間序列是依照時間索引排序的數字序列，在監督式學習中，我們有輸入變數（X）和輸出變數（Y）。給定一個時間序列資料集的數字序列，我們可以像在有監督式學習問題中那樣，把資料重組為一組預測器和要預測的變數。我們可以用前一個時間步驟當作輸入變數，並且用下一個時間步驟當作輸出變數。我們用一個例子來具體說明這一點。

我們可以將圖 5-5 左邊的時間序列重構為一個監督式學習問題，用上一個時間步驟的值來預測下一個時間步驟的值。一旦我們以這種方式重新組織了時間序列資料集，資料看起來就像右邊的表。

時間步驟	值		X	Y
1	10		?	10
2	11		10	11
3	18		11	18
4	15		18	15
5	20		15	20
			20	?

圖 5-5　修改監督式學習模型的時間序列

我們可以看到，在監督式學習問題中，上一個時間步驟是輸入（X），而下一個時間步驟是輸出（Y）。觀測值之間的順序被保留起來，而且在使用此資料集訓練監督式模型時必須繼續保留。我們將在訓練監督式模型時刪除第一行和最後一行，因為我們沒有 X 或 Y 的值。

在 Python 中，將時間序列資料轉換為監督式學習問題的主要函式為 Pandas 函式庫中的 shift() 函式，我們會在案例研究中示範這種方式。使用過去的時間步驟來預測下一個時間步驟稱為 *滑動窗口*（*sliding window*）法、*時間延遲*（*time delay*）法、或 *落後*（*lag*）法。

在討論了監督式學習和時間序列模型的所有概念之後，我們開始探討案例吧。

案例研究 1：股價預測

金融業最大的挑戰之一是預測股票價格。然而，隨著機器學習應用領域最近的發展，該領域已經發展到利用不確定的解決方案來瞭解正在發生的事情，以便做出更準確的預測。機器學習技術天生就適用於基於歷史資料的股價預測，可以對之前的單一時間點或未來的一組時間點進行預測。

簡而言之，除了股票本身的歷史價格之外，通常對股票價格預測有用的特徵如下：

相關資產

　一個組織依賴並與許多外部因素相互作用，包括其競爭對手、客戶、全球經濟、地緣政治形勢、財政和貨幣政策、獲得資本等。因此，其股價可能不僅與其他公司的股價相關，而且與其他資產相關，例如大宗商品、外匯、基礎廣泛的指數，甚至是固定收益證券。

技術指標

　很多投資人專注於技術指標。移動平均線、指數移動平均線和動量是最流行的指標。

基本分析

　收集可用於基本面分析特徵的兩個主要資料來源包括：

　績效報告

　　公司的年度和季度報告可用於擷取或決定關鍵指標，例如股本報酬率（Return on Equity, ROE）和報酬率（Price-to-Earnings, P/E）。

　新聞

　　新聞可以預示即將發生的事件，這些事件可能會將股價推向某個方向。

在本案例研究中，我們將使用各種基於監督式學習的模型，利用微軟（Microsoft）的相關資產及其歷史資料來預測微軟的股價。在本案例研究的最後，讀者將熟悉通用的股票預測建模的機器學習方法，從收集和清理資料到建構和調校不同的模型。

本案例研究將著重於：

- 研究可用於預測股票收益的各種機器學習和時間序列模型，以及不同的複雜程度。

- 以不同類型的圖表（比如密度、相關性、散點圖等）對資料進行視覺化

- 用深度學習（LSTM）模型進行時間序列預測。

- 建立時間序列模型的網格搜尋（即 ARIMA 模型）。

- 解讀結果，檢查模型中資料的潛在過度擬合和低度擬合。

 # 利用監督式學習模型預測股價的藍圖

1、問題定義

在本案例研究的監督式迴歸框架中，微軟股票的週報酬率是要預測的目標變數（predicted variable）。我們需要瞭解影響微軟股價的因素，並在模型中盡可能多加入一些資訊。除了相關資產、技術指標和基本面分析（在前一節中討論），在本案例將著重在以相關資產作為特徵的探討 [8]。

本案例除了微軟的歷史資料外，使用的獨立變數是以下潛在相關資產：

股票

IBM 和 Alphabet（GOOGL）

貨幣 [9]

美元 / 日元（USD/JPY）和英鎊 / 美元（GBP/USD）

指數

標準普爾 500 指數（S&P 500）、道瓊指數（Dow Jones）和波動率指數（VIX）

本案例研究所使用的資料集來自雅虎財經和 FRED 網站（*https://fred.stlouisfed.org*），除了準確預測股票價格之外，本案例研究還將示範基於時間序列和監督式迴歸的股票價格預測建模。我們將使用從 2010 年開始算起 10 年的每日收盤價。

---

8 請參閱第 6 章（第 177 頁）的「案例研究 3：比特幣交易策略」和第 10 章（第 367 頁）的「案例研究 1：基於 NLP 和情緒分析的交易策略」，瞭解技術指標和基於新聞的基本面分析作為價格預測特徵的用法。

9 股票市場有交易日，而貨幣市場沒有。但是，在進行任何建模或分析之前，必須確保所有時間序列的日期一致。

2、預備：載入資料和 Python 套件

2.1、載入 Python 套件。 　用於資料載入、資料分析、資料準備、模型評估和模型調校的函式庫列表如下所示。用於不同目的的套件已在以下的 Python 程式碼中隔開。第 2 章和第 4 章詳細介紹了這些套件和函式。這些套件的用法將在模型建立過程的不同步驟中說明。

```
Function and modules for the supervised regression models

    from sklearn.linear_model import LinearRegression
    from sklearn.linear_model import Lasso
    from sklearn.linear_model import ElasticNet
    from sklearn.tree import DecisionTreeRegressor
    from sklearn.neighbors import KNeighborsRegressor
    from sklearn.svm import SVR
    from sklearn.ensemble import RandomForestRegressor
    from sklearn.ensemble import GradientBoostingRegressor
    from sklearn.ensemble import ExtraTreesRegressor
    from sklearn.ensemble import AdaBoostRegressor
    from sklearn.neural_network import MLPRegressor

Function and modules for data analysis and model evaluation

    from sklearn.model_selection import train_test_split
    from sklearn.model_selection import KFold
    from sklearn.model_selection import cross_val_score
    from sklearn.model_selection import GridSearchCV
    from sklearn.metrics import mean_squared_error
    from sklearn.feature_selection import SelectKBest
    from sklearn.feature_selection import chi2, f_regression

Function and modules for deep learning models

    from keras.models import Sequential
    from keras.layers import Dense
    from keras.optimizers import SGD
    from keras.layers import LSTM
    from keras.wrappers.scikit_learn import KerasRegressor

Function and modules for time series models

    from statsmodels.tsa.arima_model import ARIMA
    import statsmodels.api as sm

Function and modules for data preparation and visualization

    # pandas, pandas_datareader, numpy and matplotlib
    import numpy as np
    import pandas as pd
```

```
import pandas_datareader.data as web
from matplotlib import pyplot
from pandas.plotting import scatter_matrix
import seaborn as sns
from sklearn.preprocessing import StandardScaler
from pandas.plotting import scatter_matrix
from statsmodels.graphics.tsaplots import plot_acf
```

2.2、載入資料。　　機器學習和預測建模中最重要的步驟之一是收集良好的資料。以下步驟示範如何用 Pandas DataReader 函式從 Yahoo Finance 和 FRED 網站載入資料[10]：

```
stk_tickers = ['MSFT', 'IBM', 'GOOGL']
ccy_tickers = ['DEXJPUS', 'DEXUSUK']
idx_tickers = ['SP500', 'DJIA', 'VIXCLS']

stk_data = web.DataReader(stk_tickers, 'yahoo')
ccy_data = web.DataReader(ccy_tickers, 'fred')
idx_data = web.DataReader(idx_tickers, 'fred')
```

接下來是定義自變數（X）和因變數（Y）。目標變數（因變數）是 Microsoft（MSFT）的週報酬率。假設一週中的交易日數為 5 天，我們用 5 個交易日計算報酬。至我們以相關資產和 MSFT 在不同頻率的歷史報酬當作自變數。

自變數包括落後 5 日的股票報酬（IBM 和 GOOG）、貨幣（美元 / 日元和英鎊 / 美元）和指數（S&P 500、道瓊指數和波動率指數），以及落後 5 日、15 日、30 日和 60 日的 MSFT 股票報酬。

落後 5 日的變數採用時間延遲方式嵌入時間序列分量，其中落後變數當作自變數之一。此步驟是將時間序列資料重新建構為基於監督式迴歸的模型框架。

```
return_period = 5
Y = np.log(stk_data.loc[:, ('Adj Close', 'MSFT')]).diff(return_period).\
shift(-return_period)
Y.name = Y.name[-1]+'_pred'

X1 = np.log(stk_data.loc[:, ('Adj Close', ('GOOGL', 'IBM'))]).diff(return_period)
X1.columns = X1.columns.droplevel()
X2 = np.log(ccy_data).diff(return_period)
X3 = np.log(idx_data).diff(return_period)
```

---

10 在本書的不同案例研究中，我們將示範如何透過不同的來源（例如 CSV 和 quandl 等外部網站）載入資料。

```
X4 = pd.concat([np.log(stk_data.loc[:, ('Adj Close', 'MSFT')]).diff(i) \
for i in [return_period, return_period*3,\
return_period*6, return_period*12]], axis=1).dropna()
X4.columns = ['MSFT_DT', 'MSFT_3DT', 'MSFT_6DT', 'MSFT_12DT']

X = pd.concat([X1, X2, X3, X4], axis=1)

dataset = pd.concat([Y, X], axis=1).dropna().iloc[::return_period, :]
Y = dataset.loc[:, Y.name]
X = dataset.loc[:, X.columns]
```

3、探索性資料分析

本節將介紹敘述性統計、資料視覺化和時間序列分析。

3.1、敘述性統計。 先看看我們的資料集：

```
dataset.head()
```

Output

	MSFT_pred	GOOGL	IBM	DEXJPUS	DEXUSUK	SP500	DJIA	VIXCLS	MSFT_DT	MSFT_3DT	MSFT_6DT	MSFT_12DT
2010-03-31	0.021	1.741e-02	-0.002	1.630e-02	0.018	0.001	0.002	0.002	-0.012	0.011	0.024	-0.050
2010-04-08	0.031	6.522e-04	-0.005	-7.166e-03	-0.001	0.007	0.000	-0.058	0.021	0.010	0.044	-0.007
2010-04-16	0.009	-2.879e-02	0.014	-1.349e-02	0.002	-0.002	0.002	0.129	0.011	0.022	0.069	0.007
2010-04-23	-0.014	-9.424e-03	-0.005	2.309e-02	-0.002	0.021	0.017	-0.100	0.009	0.060	0.059	0.047
2010-04-30	-0.079	-3.604e-02	-0.008	6.369e-04	-0.004	-0.025	-0.018	0.283	-0.014	0.007	0.031	0.069

變數 MSFT_pred 是微軟股票的報酬率，也是所要預測的變數。資料集包含了其他相關
股票、貨幣和指數的落後序列。此外，還包括 MSFT 的落後歷史報酬。

3.2、資料視覺化。 要瞭解更多資料，最快的方法是將其視覺化。視覺化包括獨立地
理解資料集的每個屬性。我們來看看散點圖和相關矩陣。這些曲線圖讓我們感覺到資料
的相互依賴性。透過建立相關矩陣，可以計算並顯示每對變數的相關性。因此，除了自
變數和因變數之間的關係外，它還顯示了自變數之間的相關性。瞭解這一點很有用，因
為如果資料中存在高度相關的輸入變數，某些機器學習演算法（例如線性迴歸和 logistic
迴歸）的績效可能會很差：

```
correlation = dataset.corr()
pyplot.figure(figsize=(15,15))
pyplot.title('Correlation Matrix')
sns.heatmap(correlation, vmax=1, square=True,annot=True,cmap='cubehelix')
```

Output

Correlation Matrix

觀察相關圖（GitHub 上提供的全尺寸版本（*https://oreil.ly/g3wVU*）），我們可以看到預測變數與 MSFT 的落後 5 日、15 日、30 日和 60 日報酬率之間的一些相關性。此外，我們還可以很直觀地看到許多資產報酬率與波動率指數（VIX）之間存在更高的負相關性。

接下來，我們可以用以散點圖矩陣來視覺化迴歸中所有變數之間的關係：

```
pyplot.figure(figsize=(15,15))
scatter_matrix(dataset,figsize=(12,12))
pyplot.show()
```

Output

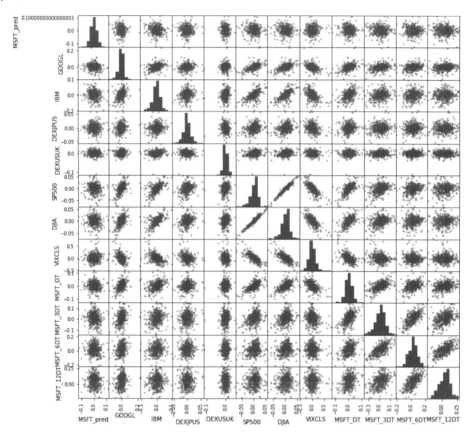

透過觀察散點圖（GitHub 上提供的全尺寸版本（*https://oreil.ly/g3wVU*）），我們可以看到預測變數與 MSFT 的落後 15 日、30 日和 60 日報酬之間的一些線性關係。否則，我們看不到預測變數和特徵之間的任何特殊關係。

3.3、時間序列分析。 接下來，我們將深入研究時間序列分析，並將預測變數的時間序列分解為趨勢和季節性分量：

```
res = sm.tsa.seasonal_decompose(Y,freq=52)
fig = res.plot()
fig.set_figheight(8)
fig.set_figwidth(15)
pyplot.show()
```

Output

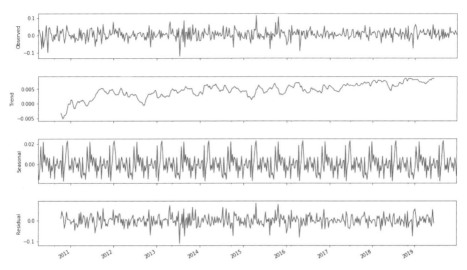

我們可以看到，對於 MSFT 而言，報酬率序列總體呈上升趨勢。這可能是由於近年來 MSFT 的大幅上漲，導致每週正收益資料點多於負收益資料點[11]。在我們的模型中，這種趨勢可能表現為常數／偏差項。在整個時間序列中，殘差（或白雜訊）項相對較小。

4、資料準備

此步驟通常涉及資料處理、資料清理、觀察特徵重要性、執行特徵約簡等。本案例所取得的資料相對乾淨，不需要進一步處理。特徵約簡在這裡可能很有用，但是本例所考慮到的變數個數相對較少，因此將保持所有變數的原貌。我們將在隨後的一些案例研究中詳細說明資料準備。

5、模型評估

5.1、訓練測試拆分和評量指標。 如第 2 章所述，原始資料集應拆分為訓練集（training set）和測試集（test set），測試集是我們在分析和建模時保留的資料樣本。我們在專案結束時用它來確認最終模型的績效。這是最後的測試，讓我們對未知資料的準確性估計有信心。我們將使用 80% 的資料集進行建模，並且用 20% 的資料進行測試。對於時間序列資料，值的順序很重要。因此，我們不以隨機的方式將資料集分發到訓練和測試集，而是在有序的觀察清單中選擇一個任意點來拆分，並建立兩個新的資料集：

---

11 此時間序列不是股票價格而是股票報酬率，因此與股票價格序列相比，趨勢是溫和的。

```
validation_size = 0.2
train_size = int(len(X) * (1-validation_size))
X_train, X_test = X[0:train_size], X[train_size:len(X)]
Y_train, Y_test = Y[0:train_size], Y[train_size:len(X)]
```

5.2、測試選項和評量指標。 我們用 10-fold 交叉驗證（cross validation, CV）來最佳化模型的各種超參數，並對結果進行十次重新計算，以考慮某些模型和 CV 過程中固有的隨機性。我們將用均方誤差指標來評估演算法。這個指標讓我們對監督式迴歸模型的績效有了初步的概念。所有這些概念，包括交叉驗證和評量指標，已在第 4 章中說明：

```
num_folds = 10
scoring = 'neg_mean_squared_error'
```

5.3、比較模型和演算法。 完成了資料載入和測試方法的設計之後，我們需要選擇一個模型。

5.3.1、Scikit-learn 中的機器學習模型。 在這一步中，我們用 sklearn 套件來實作監督式迴歸模型：

Regression and tree regression algorithms

```
models = []
models.append(('LR', LinearRegression()))
models.append(('LASSO', Lasso()))
models.append(('EN', ElasticNet()))
models.append(('KNN', KNeighborsRegressor()))
models.append(('CART', DecisionTreeRegressor()))
models.append(('SVR', SVR()))
```

Neural network algorithms

```
models.append(('MLP', MLPRegressor()))
```

Ensemble models

```
# Boosting methods
models.append(('ABR', AdaBoostRegressor()))
models.append(('GBR', GradientBoostingRegressor()))
# Bagging methods
models.append(('RFR', RandomForestRegressor()))
models.append(('ETR', ExtraTreesRegressor()))
```

一旦選擇了所有的模型，就用一個迴圈執行每個模型。我們先執行 *k*-fold 分析，接下來用整個訓練和測試資料集來執行模型。

所有演算法都使用預設的調校參數。我們將計算每個演算法的評量指標的平均值和標準差，並收集結果，以便稍後進行模型比較：

```
names = []
kfold_results = []
test_results = []
train_results = []
for name, model in models:
    names.append(name)
    ## k-fold analysis:
    kfold = KFold(n_splits=num_folds, random_state=seed)
    #converted mean squared error to positive. The lower the better
    cv_results = -1* cross_val_score(model, X_train, Y_train, cv=kfold, \
      scoring=scoring)
    kfold_results.append(cv_results)
    # Full Training period
    res = model.fit(X_train, Y_train)
    train_result = mean_squared_error(res.predict(X_train), Y_train)
    train_results.append(train_result)
    # Test results
    test_result = mean_squared_error(res.predict(X_test), Y_test)
    test_results.append(test_result)
```

我們透過交叉驗證結果來比較演算法：

Cross validation results

```
fig = pyplot.figure()
fig.suptitle('Algorithm Comparison: Kfold results')
ax = fig.add_subplot(111)
pyplot.boxplot(kfold_results)
ax.set_xticklabels(names)
fig.set_size_inches(15,8)
pyplot.show()
```

Output

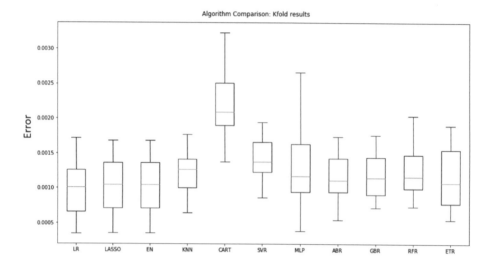

雖然有幾個模型的結果看起來不錯，但是我們看到線性迴歸和正則化迴歸（包括套索迴歸（LASSO）和彈性網（EN））似乎表現最好。這指出因變數和自變數之間有很強的線性關係。回到探索性分析，我們看到目標變數與不同的落後 MSFT 變數之間存在良好的相關性和線性關係。

我們也順便看看測試集的錯誤：

Training and test error

```
# compare algorithms
fig = pyplot.figure()

ind = np.arange(len(names))  # the x locations for the groups
width = 0.35  # the width of the bars

fig.suptitle('Algorithm Comparison')
ax = fig.add_subplot(111)
pyplot.bar(ind - width/2, train_results,  width=width, label='Train Error')
pyplot.bar(ind + width/2, test_results, width=width, label='Test Error')
fig.set_size_inches(15,8)
pyplot.legend()
ax.set_xticks(ind)
ax.set_xticklabels(names)
pyplot.show()
```

Output

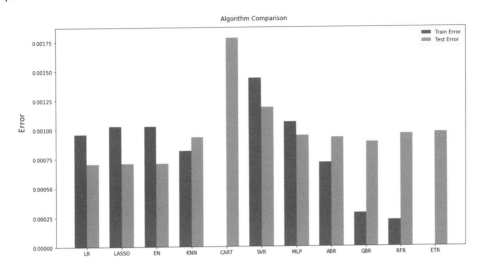

透過檢視訓練誤差和測試誤差，我們仍然可以看到線性模型表現出較佳的績效。其中某些演算法（例如決策樹迴歸（CART）演算法）對訓練資料進行了過度擬合，因此在測試集上產生了很高的誤差。集成模型（例如梯度提升迴歸（GBR）和隨機森林迴歸（RFR））具有低偏差但高變異數的特點。我們還看到，人工類神經網路演算法（例如圖中的 MLP）在訓練集和測試集上都顯示出較高的誤差。這可能是由於 ANN 不能準確地捕捉變數之間的線性關係、超參數不恰當或模型訓練不足所造成的。我們原本對於交叉驗證的結果和散點圖的直覺似乎也顯示了線性模型的績效較佳。

我們現在來看一些可以使用的時間序列和深度學習模型。一旦完成了這些模型的建立，我們將比較它們與基於監督式迴歸模型的績效。由於時間序列模型的特性，我們無法進行 *k*-fold 分析。基於完整的訓練和測試結果，我們仍然可以將結果與其他模型進行比較。

5.3.2、基於時間序列的模型：ARIMA 和 LSTM。 到目前為止使用的模型已經透過時間延遲方式嵌入時間序列分量，其中落後變數為自變數之一。然而，對於基於時間序列的模型，我們不需要 MSFT 的落後變數當作自變數。因此，我們在第一步就刪除了 MSFT 以前對這些模型的報酬。在這些模型中，我們使用所有其他變數作為外部因素。

我們先準備 ARIMA 模型的資料集，並且只把相關變數當作外部因素：

```
X_train_ARIMA=X_train.loc[:, ['GOOGL', 'IBM', 'DEXJPUS', 'SP500', 'DJIA', \
    'VIXCLS']]
X_test_ARIMA=X_test.loc[:, ['GOOGL', 'IBM', 'DEXJPUS', 'SP500', 'DJIA', \
    'VIXCLS']]
tr_len = len(X_train_ARIMA)
te_len = len(X_test_ARIMA)
to_len = len (X)
```

我們現在用 order=[1,0,0] 來設定 ARIMA 模型,並且以自變數當作模型中的外部因素。像這樣使用外部因素的 ARIMA 模型稱為 *ARIMAX* 模型,其中 X 表示外部因素:

```
modelARIMA=ARIMA(endog=Y_train,exog=X_train_ARIMA,order=[1,0,0])
model_fit = modelARIMA.fit()
```

現在來擬合 ARIMA 模型:

```
error_Training_ARIMA = mean_squared_error(Y_train, model_fit.fittedvalues)
predicted = model_fit.predict(start = tr_len -1 ,end = to_len -1, \
    exog = X_test_ARIMA)[1:]
error_Test_ARIMA = mean_squared_error(Y_test,predicted)
error_Test_ARIMA
```

Output

```
0.0005931919240399084
```

這個 ARIMA 模型的誤差是在合理的範圍。

現在我們要為 LSTM 模型準備資料集。我們需要所有輸入變數和輸出變數的陣列形式資料。

LSTM 背後的邏輯是,資料取自前一天(當天相關資產和 MSFT 落後變數的所有其他特徵的資料),並嘗試預測第二天。然後把一天的視窗移到下一天,然後再預測第二天。我們就像這樣在整個資料集上進行反覆運算(當然是以批次的方式)。以下的程式碼將建立一個資料集,其中 X 是給定時間(t)的自變數集,Y 是下一時間($t+1$)的目標變數:

```
seq_len = 2 #Length of the seq for the LSTM

Y_train_LSTM, Y_test_LSTM = np.array(Y_train)[seq_len-1:], np.array(Y_test)
X_train_LSTM = np.zeros((X_train.shape[0]+1-seq_len, seq_len, X_train.shape[1]))
X_test_LSTM = np.zeros((X_test.shape[0], seq_len, X.shape[1]))
for i in range(seq_len):
    X_train_LSTM[:, i, :] = np.array(X_train)[i:X_train.shape[0]+i+1-seq_len, :]
    X_test_LSTM[:, i, :] = np.array(X)\
    [X_train.shape[0]+i-1:X.shape[0]+i+1-seq_len, :]
```

下一步是建立 LSTM 架構。如我們所見，LSTM 的輸入是 X_train_LSTM，它會進入 LSTM 層中的 50 個隱藏單元，然後轉換為股票報酬值的單一輸出。超參數（指的是學習率、最佳化器、激活函數等）已在本書的第 3 章討論過：

```
# LSTM Network
def create_LSTMmodel(learn_rate = 0.01, momentum=0):
        # create model
    model = Sequential()
    model.add(LSTM(50, input_shape=(X_train_LSTM.shape[1],\
      X_train_LSTM.shape[2])))
    #More cells can be added if needed
    model.add(Dense(1))
    optimizer = SGD(lr=learn_rate, momentum=momentum)
    model.compile(loss='mse', optimizer='adam')
    return model
LSTMModel = create_LSTMmodel(learn_rate = 0.01, momentum=0)
LSTMModel_fit = LSTMModel.fit(X_train_LSTM, Y_train_LSTM, \
  validation_data=(X_test_LSTM, Y_test_LSTM),\
  epochs=330, batch_size=72, verbose=0, shuffle=False)
```

用資料擬合了 LSTM 模型之後，可同時觀察訓練集和測試集的模型績效指標隨時間的變化：

```
pyplot.plot(LSTMModel_fit.history['loss'], label='train', )
pyplot.plot(LSTMModel_fit.history['val_loss'], '--',label='test',)
pyplot.legend()
pyplot.show()
```

Output

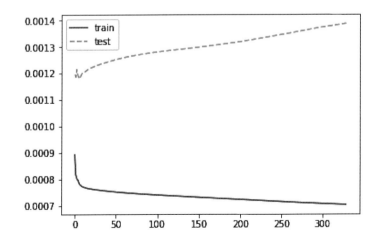

```
error_Training_LSTM = mean_squared_error(Y_train_LSTM,\
    LSTMModel.predict(X_train_LSTM))
predicted = LSTMModel.predict(X_test_LSTM)
error_Test_LSTM = mean_squared_error(Y_test,predicted)
```

現在,為了比較時間序列和深度學習模型,我們將這些模型的結果附加到基於監督式迴歸模型的結果中:

```
test_results.append(error_Test_ARIMA)
test_results.append(error_Test_LSTM)

train_results.append(error_Training_ARIMA)
train_results.append(error_Training_LSTM)

names.append("ARIMA")
names.append("LSTM")
```

Output

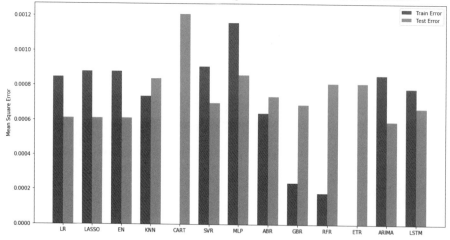

Comparing the performance of various algorithms on the train and test dataset

透過觀察圖表,我們發現基於時間序列的 ARIMA 模型與線性監督式迴歸模型旗鼓相當:線性迴歸(LR)、套索迴歸(LASSO)和彈性網(EN)。這主要是由於前面討論的強線性關係。LSTM 模型表現良好;然而,ARIMA 模型在測試集中的表現優於 LSTM 模型。因此,我們選擇 ARIMA 模型進行模型調校。

6、模型調校和網格搜尋

來執行 ARIMA 模型的模型調校吧。

監督式學習或時間序列模型的模型調校

所有基於監督式學習模型的網格搜尋的實作細節,以及 ARIMA 和 LSTM 模型,都放在本書 GitHub 儲存庫下的 Regression-MasterTemplate 中 (*https://oreil.ly/9S8h_*)。有關 ARIMA 和 LSTM 模型的網格搜尋,請參閱 Regression-MasterTemplate 中的「ARIMA and LSTM Grid Search」一節。

ARIMA 模型通常以 ARIMA(*p,d,q*) 來表示,其中 *p* 是自迴歸部分的落後階數,*d* 是一階差分次數,*q* 是移動平均部分的階數。本例 ARIMA 模型的階數設定為 (*1,0,0*),因此我們按照 ARIMA 模型的順序對不同 *p*、*d*、和 *q* 的組合執行網格搜尋,並選擇使擬合誤差最小化的組合:

```
def evaluate_arima_model(arima_order):
    #predicted = list()
    modelARIMA=ARIMA(endog=Y_train,exog=X_train_ARIMA,order=arima_order)
    model_fit = modelARIMA.fit()
    error = mean_squared_error(Y_train, model_fit.fittedvalues)
    return error

# evaluate combinations of p, d and q values for an ARIMA model
def evaluate_models(p_values, d_values, q_values):
    best_score, best_cfg = float("inf"), None
    for p in p_values:
        for d in d_values:
            for q in q_values:
                order = (p,d,q)
                try:
                    mse = evaluate_arima_model(order)
                    if mse < best_score:
                        best_score, best_cfg = mse, order
                    print('ARIMA%s MSE=%.7f' % (order,mse))
                except:
                    continue
    print('Best ARIMA%s MSE=%.7f' % (best_cfg, best_score))

# evaluate parameters
p_values = [0, 1, 2]
d_values = range(0, 2)
q_values = range(0, 2)
```

```
warnings.filterwarnings("ignore")
evaluate_models(p_values, d_values, q_values)
```

Output

```
ARIMA(0, 0, 0) MSE=0.0009879
ARIMA(0, 0, 1) MSE=0.0009721
ARIMA(1, 0, 0) MSE=0.0009696
ARIMA(1, 0, 1) MSE=0.0009685
ARIMA(2, 0, 0) MSE=0.0009684
ARIMA(2, 0, 1) MSE=0.0009683
Best ARIMA(2, 0, 1) MSE=0.0009683
```

我們看到在網格搜尋中測試的所有組合裡面，雖然均方誤差（mean squared error, MSE）並沒有很明顯的差異，不過其中階數為（2,0,1）的 ARIMA 模型表現最好。這表示自迴歸落後期數為 2、移動平均落後期數為 1 的模型會產生最佳結果。我們不應該忘記一個事實，那就是模型中還有其他外部因素也會影響最佳 ARIMA 模型的階數。

7、模型確立

最後一步是檢查測試集上的最終模型。

7.1、測試資料集的結果。

```
# prepare model
modelARIMA_tuned=ARIMA(endog=Y_train,exog=X_train_ARIMA,order=[2,0,1])
model_fit_tuned = modelARIMA_tuned.fit()

# estimate accuracy on validation set
predicted_tuned = model_fit.predict(start = tr_len -1 ,\
  end = to_len -1, exog = X_test_ARIMA)[1:]
print(mean_squared_error(Y_test,predicted_tuned))
```

Output

```
0.0005970582461404503
```

測試集上模型的 MSE 看起來很好，實際上小於訓練集的 MSE。

在最後一步中，我們將把所選擇模型的輸出視覺化，並將模型資料與實際資料進行比較。為了讓圖表視覺化，我們將報酬時間序列轉換為價格時間序列。為了簡單起見，我們還假設測試集開始時的價格為 1。來看看實際資料與預測資料的對比圖：

```
# plotting the actual data versus predicted data
predicted_tuned.index = Y_test.index
pyplot.plot(np.exp(Y_test).cumprod(), 'r', label='actual',)
```

```
# plotting t, a separately
pyplot.plot(np.exp(predicted_tuned).cumprod(), 'b--', label='predicted')
pyplot.legend()
pyplot.rcParams["figure.figsize"] = (8,5)
pyplot.show()
```

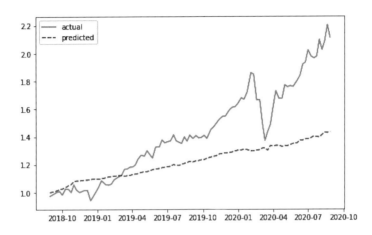

從圖表中，我們可以清楚地看到，這個模型完美地捕捉到了趨勢。與實際時間序列相比，預測序列的波動性較小，並且與測試集前幾個月的實際資料一致。需要注意的一點是，該模型的目的是根據目前觀察到的資料計算第二天的報酬率，而不是根據當前資料預測未來幾天的股價。因此，當我們離開測試集的開始部分時，預計會出現與實際資料的偏差。該模型在最初幾個月的表現似乎很好，與實際資料的偏差在測試集開始 6 到 7 個月後增加。

結論

我們可以得出結論，簡單模型像是線性迴歸、正則化迴歸（即套索和彈性網），以及時間序列模型（例如 ARIMA），很適合用來為股票價格預測問題建模。這種方式有助於我們處理過度擬合和低度擬合，這是預測金融問題的一些關鍵挑戰。

我們還應該注意到，我們可以使用更廣泛的指標，例如 P/E 比率、交易量、技術指標、新聞資料等，這可能會導致更好的結果。我們將在本書未來的一些案例研究中說明這一點。

總括來說，我們建立了一個監督式迴歸和時間序列建模框架，讓我們用歷史資料進行股價預測。這個框架可以在冒著任何資本的風險投資之前，產生分析風險和盈利能力的結果。

案例研究 2：衍生性商品定價

在計量金融和風險管理中，有幾種數值方法（例如有限差分法、傅立葉法、蒙地卡羅模擬等）很常用於金融衍生性商品的估值。

布萊克－休斯公式（*Black-Scholes formula*）可能是衍生性商品定價中被引用和使用最為廣泛的模型之一。這個公式的許多變型和延伸，可用來為多種金融衍生性商品定價。然而，該模型基於幾個假設。它假設衍生性商品價格有一種特定的變動形式，也就是**幾何布朗運動**（*Geometric Brownian Motion*, GBM）。它還假設選擇權到期日有條件支付和經濟上的限制（例如無套利）。其他一些衍生性商品定價模型也有類似的不切實際的模型假設。金融從業者清楚地意識到，這些假設與實務背道而馳，並且利用從業者的判斷進一步調校了這些模型所估計出的價格。

許多傳統衍生性商品定價模型的另一個面向是模型調校，通常不是透過歷史資產價格，而是透過衍生性商品價格（也就是透過將交易量很大的選擇權市場價格與數學模型中的衍生性商品價格進行匹配）來完成。在模型調校過程中，需要確定上千個衍生性商品價格來擬合模型參數，整個過程非常耗時。有效率的數值計算在金融風險管理中越來越重要，特別是在處理即時風險管理（例如高頻交易）時。然而，在傳統的衍生性商品定價模型的校正過程中，由於計算效率的要求，某些高品質的資產模型和方法被拋棄。

機器學習可用來解決這些與不切實際的模型假設和低效率的模型調校有關的缺點。機器學習演算法能夠在很少的理論假設下處理更多的細微差別，並且可以有效地用於衍生性商品定價，即使是存在著阻力的世界也是如此。隨著硬體技術的進步，我們可以在高效能 CPU、GPU 和其他專用硬體上訓練機器學習模型，與傳統的衍生性商品定價模型相比，機器學習模型的速度提高了幾個數量級。

另外，由於市場資料豐富，因此可以訓練機器學習演算法來學習市場中共同產生衍生性商品價格的函數。機器學習模型可以捕捉資料中細微的非線性關係，而這些非線性關係是透過其他統計方法無法獲得的。

本案例是從機器學習的角度來研究衍生性商品的定價，並使用基於監督式迴歸的模型來根據模擬資料對選擇權進行定價。這裡主要的概念是提出一個衍生性商品定價的機器學習框架。實現一個高精確度的機器學習模型表示我們可以利用機器學習有效率的數值計算，在較少的基礎模型假設下進行衍生性商品定價。

> 本案例研究的重點是：
>
> - 建立基於機器學習的衍生性商品定價框架。
> - 線性和非線性監督式迴歸模型應用在衍生性商品定價的比較。

為衍生性商品定價建立機器學習模型的藍圖

1、問題定義

在監督式迴歸框架下，本案例研究所要預測的目標變數（predicted variable）是選擇權價格，而預測變數（predictor variable）則是當作 Black-Scholes 選擇權定價模型輸入的市場資料。

我們選擇股票價格、履約價、到期時間、波動率、利率和股息殖利率作為估計選擇權市場價格的變數。本案例研究的目標變數是由隨機輸入產生，並將其輸入到著名的 Black-Scholes 模型中 [12]。

根據 Black-Scholes 選擇權定價模型，選擇權買權的價格定義於公式 5-1 中。

公式 5-1　*Black-Scholes* 選擇權買權公式

$$Se^{-q\tau}\Phi(d_1) - e^{-r\tau}K\Phi(d_2)$$

其中

$$d_1 = \frac{\ln(S/K) + (r - q + \sigma^2/2)\tau}{\sigma\sqrt{\tau}}$$

---

12 理想情況下，目標變數（選擇權價格）應直接由市場獲得。鑒於本案例研究主要是為了實證目的，為了方便起見，我們採用由模型所產生的選擇權價格。

且

$$d_2 = \frac{\ln(S/K) + (r - q - \sigma^2/2)\tau}{\sigma\sqrt{\tau}} = d_1 - \sigma\sqrt{\tau}$$

公式中的 S 為股票價格；K 為履約價；r 為無風險率；q 為股息年度殖利率；$\tau = T - t$ 為到期時間（以年化無單位分數表示）；σ 為波動率。

為了使邏輯更簡單，我們將價內／價外狀況定義為 $M = K/S$，並以目前每單位股價來看待價格，而 q 也設為 0。

這將公式簡化為：

$$e^{-q\tau}\Phi\left(\frac{-\ln(M) + (r + \sigma^2/2)\tau}{\sigma\sqrt{\tau}}\right) - e^{-r\tau}M\Phi\left(\frac{-\ln(M) + (r - \sigma^2/2)\tau}{\sigma\sqrt{\tau}}\right)$$

綜上所述，需要輸入 Black-Scholes 選擇權定價模型的參數為價內／價外狀況、無風險利率、波動性和到期時間。

在衍生性商品市場中發揮核心作用的參數是波動率，因為它直接關係到股票價格的變動，波動率大的股價變動幅度比波動率低的幅度要大得多。

在選擇權市場上，沒有一個單一的波動率用來為所有選擇權定價，波動率取決於選擇權的價內／價外狀況和到期時間。通常距離到期時間越長以及離履約價越遠的選擇權波動率越大，這種特性稱為波動率微笑／扭曲。我們往往從市場上存在的選擇權價格中得出波動率，這種波動率被稱為「隱含」波動率。在本練習中，我們假設波動率曲面的結構，並使用公式 5-2 中的函數，其中波動率取決於選擇權的價內／價外狀況和到期時間來產生選擇權波動率曲面。

公式 *5-2* 波動率公式

$$\sigma(M, \tau) = \sigma_0 + \alpha\tau + \beta(M - 1)^2$$

2、預備：載入資料和 Python 套件

2.1、載入 Python 套件。 Python 套件的載入與本章案例研究 1 類似，更多詳情請參閱本案例研究的 Jupyter Notebook。

2.2、定義函數和參數。 為了產生資料集，我們需要模擬輸入參數，然後建立目標變數。

第一步是定義常數參數。波動率曲面所需的常數參數定義如下，預計這些參數不會對選擇權價格產生重大影響；因此，將這些參數設為一些有意義的值：

```
true_alpha = 0.1
true_beta = 0.1
true_sigma0 = 0.2
```

無風險利率是 Black-Scholes 選擇權定價模型的輸入，定義如下：

```
risk_free_rate = 0.05
```

波動率和選擇權定價函數。 在這個步驟中，我們根據公式 5-1 和 5-2 定義了計算選擇權買權波動率和價格的函數：

```
def option_vol_from_surface(moneyness, time_to_maturity):
    return true_sigma0 + true_alpha * time_to_maturity +\
     true_beta * np.square(moneyness - 1)

def call_option_price(moneyness, time_to_maturity, option_vol):
    d1=(np.log(1/moneyness)+(risk_free_rate+np.square(option_vol))*\
    time_to_maturity)/ (option_vol*np.sqrt(time_to_maturity))
    d2=(np.log(1/moneyness)+(risk_free_rate-np.square(option_vol))*\
    time_to_maturity)/(option_vol*np.sqrt(time_to_maturity))
    N_d1 = norm.cdf(d1)
    N_d2 = norm.cdf(d2)

    return N_d1 - moneyness * np.exp(-risk_free_rate*time_to_maturity) * N_d2
```

2.3、資料生成。 我們透過以下步驟產生輸入和輸出變數：

- 用 np.random.random 函式產生到期時間（*Ts*），所產生的是介於 0 和 1 之間的均勻隨機變數。

- 用 np.random.randn 函式產生價內 / 價外狀況（*Ks*），所產生的是常態分佈的隨機變數。該亂數乘以 0.25，就產生了履約價與現貨價格的偏差[13]，而且整個方程式確保了價內 / 價外狀況會大於零。

- 根據公式 5-2，波動率（*sigma*）是到期時間和價內 / 價外狀況的函數。

- 根據公式 5-1 產生 Black-Scholes 選擇權價格。

---

13 當現貨價格等於選擇權履約價時，稱為價平（at-the-money）。

案例研究 2：衍生性商品定價 | 115

我們總共產生了 10,000 個資料點（N）：

```
N = 10000

Ks = 1+0.25*np.random.randn(N)
Ts = np.random.random(N)
Sigmas = np.array([option_vol_from_surface(k,t) for k,t in zip(Ks,Ts)])
Ps = np.array([call_option_price(k,t,sig) for k,t,sig in zip(Ks,Ts,Sigmas)])
```

現在建立目標變數和預測變數：

```
Y = Ps
X = np.concatenate([Ks.reshape(-1,1), Ts.reshape(-1,1), Sigmas.reshape(-1,1)], \
axis=1)

dataset = pd.DataFrame(np.concatenate([Y.reshape(-1,1), X], axis=1),
                       columns=['Price', 'Moneyness', 'Time', 'Vol'])
```

3、探索性資料分析

來看一下我們的資料集。

3.1、敘述性統計。

```
dataset.head()
```

Output

	Price	Moneyness	Time	Vol
0	1.390e-01	0.898	0.221	0.223
1	3.814e-06	1.223	0.052	0.210
2	1.409e-01	0.969	0.391	0.239
3	1.984e-01	0.950	0.628	0.263
4	2.495e-01	0.914	0.810	0.282

資料集包含了選擇權的**價格**（*Price*）（也就是目標變數），以及**價性**（*Moneyness*）（履約價和現貨價格的比率）、**到期時間**（*Time*）、和**波動率**（*volatility*），這些都是模型的特徵。

3.2、資料視覺化。　在這個步驟中，我們觀察散點圖來瞭解不同變數之間的相互作用[14]：

---

[14] 參考本案例研究的 Jupyter Notebook，查閱長條圖和相關圖等其他圖表。

```
pyplot.figure(figsize=(15,15))
scatter_matrix(dataset,figsize=(12,12))
pyplot.show()
```

Output

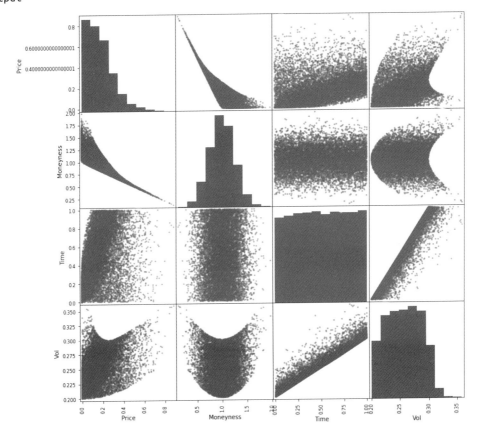

散點圖揭露了變數之間非常有趣的依賴性和關係。圖表的第一列顯示價格與不同變數的
關係，我們觀察到，與股票價格相比，履約價越低的價格越高，這與上一節所述的基本
原理一致。從價格與到期時間的關係來看，我們看到距離到期時間越長，選擇權的價
格越高。價格與波動率圖表也顯示了價格隨波動率的增加而增加。然而，選擇權價格
似乎表現出與大部分變數呈非線性關係，這表示我們可預期非線性模型比線性模型更為
適用。

另一個有趣的關係是波動率和履約價之間的關係。越是偏離價內 / 價外狀況為 1 的位置，我們觀察到的波動率就越大。這種是由於我們之前所定義的波動率函數而表現出的行為，同時也顯示了波動率微笑曲線的例子。

4、資料準備和分析

我們在前面的小節已執行了大部分資料準備步驟（即取得因變數和自變數）。在此步驟中，我們將研究特徵的重要性。

4.1、單變數特徵選擇。 我們從單獨觀察每個特徵開始，並以單變數迴歸擬合當作標準，來觀察最重要的變數：

```
bestfeatures = SelectKBest(k='all', score_func=f_regression)
fit = bestfeatures.fit(X,Y)
dfscores = pd.DataFrame(fit.scores_)
dfcolumns = pd.DataFrame(['Moneyness', 'Time', 'Vol'])
#concat two dataframes for better visualization
featureScores = pd.concat([dfcolumns,dfscores],axis=1)
featureScores.columns = ['Specs','Score'] #naming the dataframe columns
featureScores.nlargest(10,'Score').set_index('Specs')
```

Output

```
Moneyness : 30282.309
Vol : 2407.757
Time : 1597.452
```

我們可以看出，價內 / 價外狀況是選擇權價格最重要的變數，其次是波動率和到期時間。由於只有三個預測變數，我們建模時將保留所有的變數。

5、模型評估

5.1、訓練測試拆分和評量指標。 首先，我們將訓練集和測試集分開：

```
validation_size = 0.2

train_size = int(len(X) * (1-validation_size))
X_train, X_test = X[0:train_size], X[train_size:len(X)]
Y_train, Y_test = Y[0:train_size], Y[train_size:len(X)]
```

我們用預先建構好的 sklearn 模型對我們的訓練資料進行 *k*-fold 分析。然後在完整的訓練資料上訓練模型，並將其用於測試資料的預測。我們將用均方誤差衡量指標來評估演算法。*k*-fold 分析和評量指標的參數定義如下：

```
num_folds = 10
seed = 7
scoring = 'neg_mean_squared_error'
```

5.2、比較模型和演算法。 完成了資料載入並設計了測試工具之後，我們需要選擇一個監督式迴歸模型。

Linear models and regression trees

```
models = []
models.append(('LR', LinearRegression()))
models.append(('KNN', KNeighborsRegressor()))
models.append(('CART', DecisionTreeRegressor()))
models.append(('SVR', SVR()))
```

Artificial neural network

```
models.append(('MLP', MLPRegressor()))
```

Boosting and bagging methods

```
# Boosting methods
models.append(('ABR', AdaBoostRegressor()))
models.append(('GBR', GradientBoostingRegressor()))
# Bagging methods
models.append(('RFR', RandomForestRegressor()))
models.append(('ETR', ExtraTreesRegressor()))
```

一旦選好了所有的模型，我們就可以用一個迴圈來算出每個模型的結果。首先，進行 *k*-fold 分析。接下來，用整個訓練和測試資料集來執行模型。

演算法使用預設的調校參數。我們將計算誤差指標的平均值和標準差，並儲存結果以供將來使用。

Output

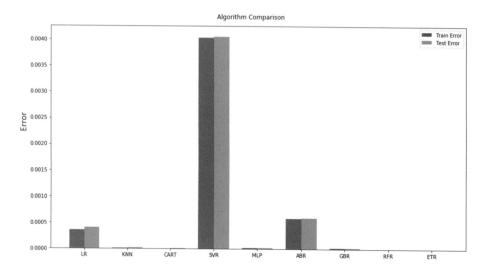

k-fold 分析步驟的 Python 程式碼與案例研究 1 中所使用的類似。讀者還可以參考程式庫中本案例研究的 Jupyter Notebook 以瞭解更多細節。我們來看看訓練集中模型的績效。

我們清楚地看到，非線性模型，包括分類和迴歸樹（CART）、集成模型和人工類神經網路（在上圖中用 MLP 表示），比線性演算法的績效要好得多。這與我們在散點圖中觀察到非線性關係模型會比較好的直覺相符。

人工類神經網路（ANN）天生就具有對任何函數建模的能力，同時能夠快速的實驗和部署（定義、訓練、測試、推理），可以有效地應用於複雜的衍生性商品定價。因此，在所有績效良好的模型中，我們選擇 ANN 做進一步的分析。

6、模型調校和最終模型確認

如第 3 章所述，決定適當的 ANN 中間層節點數與其說是一門科學，不如說是一門藝術。中間層的節點太多、連接太多，會產生一個記憶輸入資料的神經網路，缺乏一般化的能力。因此，增加中間層的節點數將提高訓練集的績效，而減少中間層的節點數將提高新資料集的績效。

就像第 3 章所討論的，ANN 模型還有其他幾個超參數，例如學習率、動量、激活函數、epoch 數和 batch 大小。所有這些超參數都可以在網格搜尋過程中進行調校。然而，為了簡單起見，在這個步驟我們還是進行網格搜尋來得出隱藏層的個數。對其他超參數進行網格搜尋的方法與以下程式碼片段中所述的方法相同：

```
'''
hidden_layer_sizes : tuple, length = n_layers - 2, default (100,)
    The ith element represents the number of neurons in the ith
    hidden layer.
'''
param_grid={'hidden_layer_sizes': [(20,), (50,), (20,20), (20, 30, 20)]}
model = MLPRegressor()
kfold = KFold(n_splits=num_folds, random_state=seed)
grid = GridSearchCV(estimator=model, param_grid=param_grid, scoring=scoring, \
  cv=kfold)
grid_result = grid.fit(X_train, Y_train)
print("Best: %f using %s" % (grid_result.best_score_, grid_result.best_params_))
means = grid_result.cv_results_['mean_test_score']
stds = grid_result.cv_results_['std_test_score']
params = grid_result.cv_results_['params']
for mean, stdev, param in zip(means, stds, params):
    print("%f (%f) with: %r" % (mean, stdev, param))
```

Output

```
Best: -0.000024 using {'hidden_layer_sizes': (20, 30, 20)}
-0.000580 (0.000601) with: {'hidden_layer_sizes': (20,)}
-0.000078 (0.000041) with: {'hidden_layer_sizes': (50,)}
-0.000090 (0.000140) with: {'hidden_layer_sizes': (20, 20)}
-0.000024 (0.000011) with: {'hidden_layer_sizes': (20, 30, 20)}
```

最好的模型有三層，每個隱藏層分別有 20、30 和 20 個節點。因此，我們用這個設定來準備一個模型，並在測試集上檢驗它的績效。這是一個關鍵的步驟，因為更多的層可能會導致過度擬合，以致於在測試集中績效變差。

```
# prepare model
model_tuned = MLPRegressor(hidden_layer_sizes=(20, 30, 20))
model_tuned.fit(X_train, Y_train)

# estimate accuracy on validation set
# transform the validation dataset
predictions = model_tuned.predict(X_test)
print(mean_squared_error(Y_test, predictions))
```

Output

```
3.08127276609567e-05
```

我們看到均方根誤差（RMSE）為 3.08e-5，小於 1%。因此，ANN 模型在擬合 Black-Scholes 選擇權定價模型方面表現很好。更多的層和其他超參數的調校可以讓 ANN 模型更好地捕捉資料中的複雜關係（例和非線性關係）。大體上，研究結果顯示 ANN 可以用來訓練一個與市場價格吻合的選擇權定價模型。

7、額外分析：剔除波動率資料

作為額外的分析，我們想要嘗試在沒有波動率資料的情況下預測價格，使得整個過程更加困難。如果模型績效良好，我們將不再需要像前面描述的那樣使用波動率函數。在這個步驟中，我們進一步比較了線性和非線性模型的績效。在以下的程式碼片段中，我們從預測變數的資料集中移除了波動率變數，並再次定義了訓練集和測試集：

```
X = X[:, :2]
validation_size = 0.2
train_size = int(len(X) * (1-validation_size))
X_train, X_test = X[0:train_size], X[train_size:len(X)]
Y_train, Y_test = Y[0:train_size], Y[train_size:len(X)]
```

接下來，我們用新的資料集來執行模型套件（正則化迴歸模型除外），並使用與之前相同的參數和類似的 Python 程式碼。剔除波動率資料後，所有模型的表現如下：

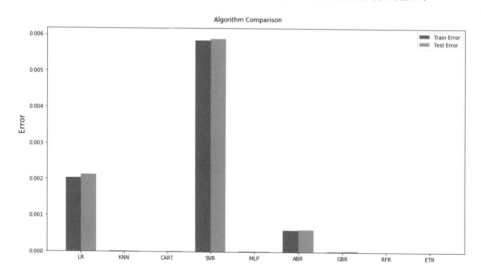

從結果來看，我們得到了與之前相似的結論，線性迴歸的績效較差，集成模型和 ANN 模型的績效較好。線性迴歸現在的表現比以前更糟。然而，ANN 和其他集成模型的績效與以前的績效相差不大。這意味著波動性的資訊很可能被其他變數所捕獲，比如價內／價外狀況和到期時間。總的來說，這是個好消息，因為這表示可以用更少的變數來達成相同的績效。

結論

我們知道衍生性商品定價是一個非線性問題。正如預期，線性迴歸模型的績效不如非線性模型，而非線性模型的整體績效極佳。我們還觀察到，剔除波動性增加了線性迴歸預測問題的難度。然而，非線性模型如集成模型和 ANN 仍然能夠很好地進行預測。這確實指出了我們可以避開建立選擇權波動率曲面，改用較少的變數來完成良好的預測。

我們看到，人工類神經網路（ANN）可以高度精確地再現選擇權買權的 Black-Scholes 選擇權定價公式，這意味著我們可以在衍生性商品定價中利用機器學習的有效數值計算，而不依賴於傳統衍生性商品定價模型中不切實際的假設。ANN 和相關的機器學習架構可以很容易地拓展到現實世界中的衍生性商品定價，而不需要瞭解衍生性商品定價的理論。與傳統的衍生性商品定價模型相比，使用機器學習技術可以更快的為衍生性商品定價。我們可能要為這種額外的速度付出的代價是精確度的損失。然而，這種降低的精確度通常在合理的範圍內，並且從實務的角度來看是可以接受的。新技術讓 ANN 的使用得以商品化，因此這些衍生性商品定價模型值得銀行、對沖基金和金融機構加以探究。

案例研究 3：投資人風險承受能力和機器人投資顧問

投資人的風險承受能力是投資組合管理過程中，投資組合分配和再平衡步驟的最重要輸入之一。有各式各樣的風險分析工具，採用不同的方法來理解投資人的風險承受能力。這些方法大多包括定性判斷和大量的人工作業，絕大部分的投資人風險承受能力取決於風險承受能力問卷。

有一些研究顯示，這些風險承受能力問卷容易出錯，因為投資人存在行為偏差，尤其是在惡劣市場環境中，對自己的風險感知判斷能力較差。此外，由於這些調查問卷必須由投資人手動填寫，因此消除了將整個投資管理過程自動化的可能性。

那麼，機器學習能比風險承受能力問卷更有利於瞭解投資人的風險狀況嗎？機器學習能否把客戶的考量剔除，進而有助於自動化整個投資組合管理過程？是否可以編寫一個演算法來為客戶建立一個更能反映他們如何應對不同市場情境的個人化特色？

本案例研究的目的是要回答這些問題。我們首先建立一個基於監督式迴歸的模型來預測投資人的風險承受能力。然後用 Python 建構機器人投資顧問（robo-advisor）儀表板，並在儀表板中實作風險承受能力預測模型。總體標的是透過機器學習來展現投資組合管理過程中手動步驟的自動化。這可以證明是非常有用的，尤其是對於 robo-advisor 而言更是如此。

儀表板（*Dashboard*）是 robo-advisor 的關鍵特性之一，因為它提供了重要資訊的存取，並允許使用者與他們的帳戶進行互動，而不需要任何人為的介入，進而提高了投資組合管理過程的效率。

圖 5-6 提供了為本案例研究建構的 robo-advisor 儀表板的快速瀏覽。儀表板為投資人執行端到端資產配置，嵌入本案例研究中建構的基於機器學習的風險承受能力模型。

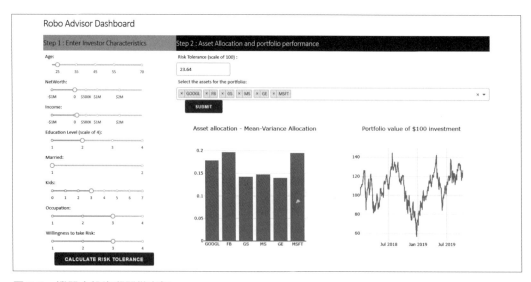

圖 5-6　機器人投資顧問儀表板

這個儀表板是用 Python 建構的，在本案例研究的另一個步驟中有詳細描述。儘管它是為了 robo-advisors 而建構，但是也可以擴展到金融領域的其他領域，並可以嵌入其他案例研究中所討論的機器學習模型，為金融決策者提供分析和解讀模型結果的圖形介面。

在本案例研究中，我們將把重點放在：

- 特徵消除和特徵重要性／直覺。

- 用機器學習自動化投資組合管理過程中所涉及的手動過程。

- 用機器學習來量化投資人／個人的行為偏差並加以建模。

- 用 Python 將機器學習模型嵌入使用者介面或儀表板。

投資人風險承受能力建模和基於機器學習的機器人投資顧問實作藍圖

1、問題定義

本案例研究所使用的監督式迴歸框架中，目標變數是個人的「真實」風險承受能力[15]，預測變數是個人的人口統計、財務和行為屬性。

本案例研究所使用的資料來自美國聯邦儲備委員會（Federal Reserve Board）所進行的消費者金融調查（Survey of Consumer Finances, SCF）（*https://oreil.ly/2vxJ6*）。調查內容包括 2007 年（金融危機前）和 2009 年（金融危機後）同一組個人的家庭人口統計、資產淨值、金融和非金融資產。這讓我們能夠看到 2008 年全球金融危機後，每戶家庭的資產配置如何變化。有關此調查的更多資訊，請參閱資料字典（*https://oreil.ly/_L8vS*）。

2、預備：載入資料和 Python 套件

2.1、載入 Python 套件。 關於載入標準 Python 套件的細節，已在前面的案例研究中介紹過。有關更多詳細資訊，請參閱本案例研究的 Jupyter Notebook。

2.2、載入資料。 在這個步驟中，我們載入消費者金融調查資料，並觀察資料的形狀（shape）：

```
# load dataset
dataset = pd.read_excel('SCFP2009panel.xlsx')
```

---

15 鑑於該模型的主要目的是用於投資組合管理，因此在案例研究中，個人也被稱為投資人。

來看看資料的大小：

```
dataset.shape
```

Output

```
(19285, 515)
```

如我們所見，資料集共有 19,285 個觀測值，515 行，行數表示特徵的個數。

3、資料準備和特徵選擇

在這個步驟中，我們準備用於建模的目標變數和預測變數。

3.1、準備目標變數。 第一步是準備目標變數，這是真實的風險承受能力。

計算真實風險承受能力的步驟如下：

1. 計算調查資料中所有個人的風險資產和無風險資產。風險資產和無風險資產的定義如下：

   風險資產

   　共同基金、股票和債券投資。

   無風險資產

   　支票及儲蓄存款餘額、存款單及其他現金餘額及等價物。

2. 以個人的風險資產與總資產（總資產 ＝ 風險資產 ＋ 無風險資產）的比率作為衡量個人風險承受能力的指標 [16]。從 SCF 中，我們得到了 2007 年和 2009 年個人的風險資產和無風險資產資料。我們利用這些資料，以 2007 年和 2009 年的股票指數（S&P 500）的價格對風險資產進行標準化，以獲得風險承受能力。

3. 辨識出「聰明」的投資人。一些文獻將「聰明」的投資人描述為在市場變化期間不改變風險承受能力的投資人。因此，我們認為在 2007 年至 2009 年間風險承受能力變化小於 10% 的投資人是聰明的投資人。當然，這是一個定性的判斷，可以有其他幾種方式來定義一個聰明的投資人。然而，如前所述，除了給出真實風險承受能力的精確定義外，本案例研究的目的是展示機器學習的用法，並在投資組合管理中提供一個基於機器學習的框架，可進一步用於更詳細的分析。

---

16 計算風險承受能力可能有幾種方法。在本案例研究中，我們使用直觀的方法來衡量個人的風險承受能力。

我們來計算目標變數。首先，我們分別取得 2007 年和 2009 年的風險資產和無風險資產，並在以下程式碼片段中計算 2007 年和 2009 年的風險承受能力：

```python
# Compute the risky assets and risk-free assets for 2007
dataset['RiskFree07']= dataset['LIQ07'] + dataset['CDS07'] + dataset['SAVBND07']\
 + dataset['CASHLI07']
dataset['Risky07'] = dataset['NMMF07'] + dataset['STOCKS07'] + dataset['BOND07']

# Compute the risky assets and risk-free assets for 2009
dataset['RiskFree09']= dataset['LIQ09'] + dataset['CDS09'] + dataset['SAVBND09']\
+ dataset['CASHLI09']
dataset['Risky09'] = dataset['NMMF09'] + dataset['STOCKS09'] + dataset['BOND09']

# Compute the risk tolerance for 2007
dataset['RT07'] = dataset['Risky07']/(dataset['Risky07']+dataset['RiskFree07'])

#Average stock index for normalizing the risky assets in 2009
Average_SP500_2007=1478
Average_SP500_2009=948

# Compute the risk tolerance for 2009
dataset['RT09'] = dataset['Risky09']/(dataset['Risky09']+dataset['RiskFree09'])*\
                (Average_SP500_2009/Average_SP500_2007)
```

來看看資料的細節：

```python
dataset.head()
```

Output

	YY1	Y1	WGT09	AGE07	AGECL07	EDUC07	EDCL07	MARRIED07	KIDS07	LIFECL07	...
0	1	11	11668.134198	47	3	12	2	1	0	2	...
1	1	12	11823.456494	47	3	12	2	1	0	2	...
2	1	13	11913.228354	47	3	12	2	1	0	2	...
3	1	14	11929.394266	47	3	12	2	1	0	2	...
4	1	15	11917.722907	47	3	12	2	1	0	2	...

5 rows × 521 columns

以上資料顯示了資料集中 521 行中的一部分。

計算一下 2007 年至 2009 年間風險承受能力的百分比變化：

```python
dataset['PercentageChange'] = np.abs(dataset['RT09']/dataset['RT07']-1)
```

接下來，刪除包含「NA」或「NaN」的列：

```
# Drop the rows containing NA
dataset=dataset.dropna(axis=0)

dataset=dataset[~dataset.isin([np.nan, np.inf, -np.inf]).any(1)]
```

調查 2007 年和 2009 年個人的風險承受行為，先來看看 2007 年的風險承受能力：

```
sns.distplot(dataset['RT07'], hist=True, kde=False,
             bins=int(180/5), color = 'blue',
             hist_kws={'edgecolor':'black'})
```

Output

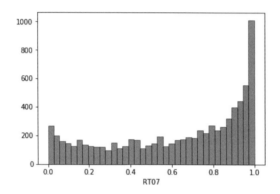

回顧 2007 年的風險承受能力，我們發現相當一部分人的風險承受能力接近 1，這意味著投資更傾向於風險資產。現在我們來看看 2009 年的風險承受能力：

```
sns.distplot(dataset['RT09'], hist=True, kde=False,
             bins=int(180/5), color = 'blue',
             hist_kws={'edgecolor':'black'})
```

Output

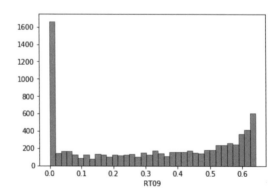

顯然，金融危機過後，這些人的行為發生了逆轉。整體風險承受能力下降，這一點從 2009 年風險承受能力接近零的家庭比例過大可以看出，這些人的大部分投資都是無風險資產。

下一步是選擇那些在 2007 年到 2009 年間風險承受能力變化小於 10% 的聰明投資人，如第 126 頁 3.1 的「準備目標變數」所述：

```
dataset3 = dataset[dataset['PercentageChange']<=.1]
```

我們將真實風險承受能力指定為這些聰明投資人在 2007 年至 2009 年間的平均風險承受能力：

```
dataset3['TrueRiskTolerance'] = (dataset3['RT07'] + dataset3['RT09'])/2
```

這是本案例的目標變數。

我們去掉預測時可能不需要的其他標籤：

```
dataset3.drop(labels=['RT07', 'RT09'], axis=1, inplace=True)
dataset3.drop(labels=['PercentageChange'], axis=1, inplace=True)
```

3.2、特徵選擇：限制特徵空間。 在本節中，我們將探討壓縮特徵空間的方法。

3.2.1、特徵消除。 為了進一步過濾特徵，我們檢查資料字典中的描述（*https://oreil.ly/_L8vS*）並保留相關的特徵。

縱觀整個資料，我們在資料集中有超過 *500* 個特徵。然而，從學術文獻和業界實務可以得知，風險承受能力很大程度是受到投資人的人口統計、財務和行為屬性（如年齡、目前收入、淨值和冒險意願）的影響。所有這些屬性都在資料集中，並將在下一節中進行摘要。這些屬性被用來當作預測投資人風險承受能力的特徵。

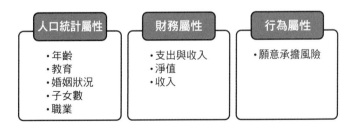

在資料集中，每一列都包含一個與屬性值相對應的數值。具體情況如下：

年齡（AGE）

年齡分為 6 個類別，其中 1 表示 35 歲以下，6 表示 75 歲以上。

教育（EDUC）

教育類別有 4 個，其中 1 表示高中以下，4 表示大學學歷。

是否已婚（MARRIED）

婚姻狀況有兩種，其中 1 表示已婚，2 表示未婚。

職業（OCCU）

這代表職業類別。1 表示管理職，4 表示失業。

子女數（KIDS）

子女數目。

WSAVED

這代表個人的支出與收入，共分為三類。例如，1 表示支出超過收入。

NWCAT

這代表淨值類別，共分為五類，其中 1 表示淨值低於第 25 百分位，5 表示淨值高於第 90 百分位。

INCCL

這代表收入類別，共分為五類，其中 1 表示收入低於 1 萬元，5 表示收入超過 10 萬元。

風險（RISK）

這表示願意承擔風險的程度，從 1 到 4，其中 1 表示願意承擔風險的程度最高。

我們只保留了截至 2007 年的直觀特徵，並刪除了所有中間特徵和與 2009 年相關的特徵，因為只有 2007 年的變數才是預測風險承受能力所需的：

```
keep_list2 = ['AGE07','EDCL07','MARRIED07','KIDS07','OCCAT107','INCOME07',\
'RISK07','NETWORTH07','TrueRiskTolerance']
```

```
drop_list2 = [col for col in dataset3.columns if col not in keep_list2]

dataset3.drop(labels=drop_list2, axis=1, inplace=True)
```

現在我們來看看這些特徵之間的相關性：

```
# correlation
correlation = dataset3.corr()
plt.figure(figsize=(15,15))
plt.title('Correlation Matrix')
sns.heatmap(correlation, vmax=1, square=True,annot=True,cmap='cubehelix')
```

Output

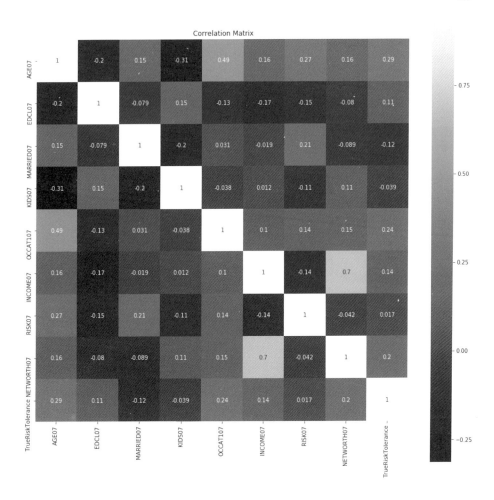

從相關圖中可以看出（GitHub 上提供了全尺寸版本（*https://oreil.ly/iQpk4*）），淨值和收入與風險承受能力呈現正相關。已婚而且子女數越多，風險承受能力越低。而承擔風險的意願越低，風險承受能力也隨之降低。年齡越大，風險承受能力越高。根據王輝和漢娜（Hui Wang & Sherman Hanna）的論文「風險承受能力是否隨著年齡的增長而降低？」，當其他變數保持不變時，風險承受能力會隨著年齡的增長而增加（即投資於風險資產的淨財富比例隨著年齡的增長而增加）。

總之，這些變數與風險承受能力的關係似乎是直觀的。

4、模型評估

4.1、訓練 / 測試集拆分。 我們把資料分為訓練集和測試集：

```
Y= dataset3["TrueRiskTolerance"]
X = dataset3.loc[:, dataset3.columns != 'TrueRiskTolerance']
validation_size = 0.2
seed = 3
X_train, X_validation, Y_train, Y_validation = \
train_test_split(X, Y, test_size=validation_size, random_state=seed)
```

4.2、測試選項和評量指標。 我們以 R^2 作為評量指標，並選擇交叉驗證的次數為 10-folds[17]。

```
num_folds = 10
scoring = 'r2'
```

4.3、比較模型和演算法。 接下來，我們選擇迴歸模型套件並執行 *k*-folds 交叉驗證。

Regression Models

```
# spot-check the algorithms
models = []
models.append(('LR', LinearRegression()))
models.append(('LASSO', Lasso()))
models.append(('EN', ElasticNet()))
models.append(('KNN', KNeighborsRegressor()))
models.append(('CART', DecisionTreeRegressor()))
models.append(('SVR', SVR()))
#Ensemble Models
# Boosting methods
```

---

17 我們本來可以選 RMSE 來當作評估指標；但是，考慮到我們在之前的案例研究中已經用過 RMSE 當作評估指標，因此選為評估指標。

```
models.append(('ABR', AdaBoostRegressor()))
models.append(('GBR', GradientBoostingRegressor()))
# Bagging methods
models.append(('RFR', RandomForestRegressor()))
models.append(('ETR', ExtraTreesRegressor()))
```

k-fold 分析步驟的 Python 程式碼與之前的案例研究類似。讀者還可以參考程式庫中本案例研究的 Jupyter Notebook 以瞭解更多細節。我們來看看訓練集中模型的表現。

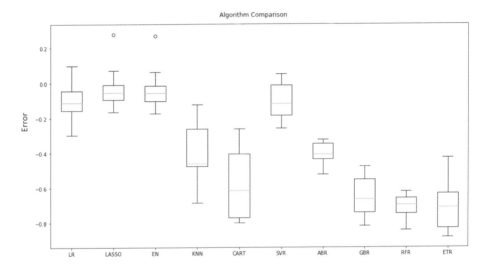

非線性模型的表現優於線性模型,這表示風險承受能力和用於預測的變數之間存在著非線性關係。鑒於隨機森林迴歸是最好的方法之一,我們將其用於進一步的網格搜尋。

5、模型調校和網格搜尋

如第 4 章所述,隨機森林有許多超參數,可以在執行網格搜尋時進行調校。然而,我們將網格搜尋限制在估計量(`n_estimators`)的個數上,因為它是最重要的超參數之一。它表示隨機森林模型中樹的數目。理想情況下,這應該會一直增加,直到在模型中看不到進一步的改進為止:

```
# 8. Grid search : RandomForestRegressor
'''
n_estimators : integer, optional (default=10)
    The number of trees in the forest.
'''
param_grid = {'n_estimators': [50,100,150,200,250,300,350,400]}
model = RandomForestRegressor()
```

```
kfold = KFold(n_splits=num_folds, random_state=seed)
grid = GridSearchCV(estimator=model, param_grid=param_grid, scoring=scoring, \
    cv=kfold)
grid_result = grid.fit(X_train, Y_train)
print("Best: %f using %s" % (grid_result.best_score_, grid_result.best_params_))
means = grid_result.cv_results_['mean_test_score']
stds = grid_result.cv_results_['std_test_score']
params = grid_result.cv_results_['params']
```

Output

```
Best: 0.738632 using {'n_estimators': 250}
```

估計量為 250 的隨機森林模型是網格搜尋後的最佳模型。

6、模型確認

來看看測試資料集上的結果並檢查特徵的重要性。

6.1、測試資料集的結果。 首先準備估計量為 250 的隨機森林模型：

```
model = RandomForestRegressor(n_estimators = 250)
model.fit(X_train, Y_train)
```

讓我們看看訓練集的表現：

```
from sklearn.metrics import r2_score
predictions_train = model.predict(X_train)
print(r2_score(Y_train, predictions_train))
```

Output

```
0.9640632406817223
```

訓練集的 R^2 為 96%，這是一個很好的結果。現在我們看看測試集的表現：

```
predictions = model.predict(X_validation)
print(mean_squared_error(Y_validation, predictions))
print(r2_score(Y_validation, predictions))
```

Output

```
0.007781840953471237
0.7614494526639909
```

從上述測試集的均方誤差和 R^2 為 76% 來看，隨機森林模型在擬合風險承受能力方面表現極佳。

6.2、特徵重要性和特徵直覺。 我們看看隨機森林模型中變數的特徵重要性：

```
import pandas as pd
import numpy as np
model = RandomForestRegressor(n_estimators= 200,n_jobs=-1)
model.fit(X_train,Y_train)
#use inbuilt class feature_importances of tree based classifiers
#plot graph of feature importances for better visualization
feat_importances = pd.Series(model.feature_importances_, index=X.columns)
feat_importances.nlargest(10).plot(kind='barh')
plt.show()
```

Output

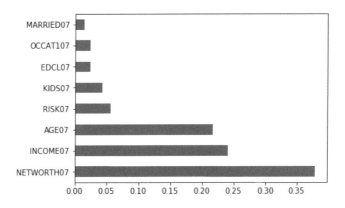

圖中的 x 軸表示特徵重要性的程度。由此可知，淨值（NETWORTH07）和收入（INCOME07）最為重要，其次是年齡（AGE07）和冒險意願（RISK07），是決定風險承受能力的關鍵變數。

6.3、儲存模型供以後使用。 此步驟將模型儲存起來供以後使用，儲存的模型可以直接用於給定輸入變數集的預測。我們把這個模型用 pickle 套件的 dump 模組儲存為 *finalized_model.sav*，將來可以用 load 模組載入所儲存的模型。

首先儲存模型：

```
# Save Model Using Pickle
from pickle import dump
from pickle import load

# save the model to disk
filename = 'finalized_model.sav'
dump(model, open(filename, 'wb'))
```

現在，我們載入儲存的模型並將其用於預測：

```
# load the model from disk
loaded_model = load(open(filename, 'rb'))
# estimate accuracy on validation set
predictions = loaded_model.predict(X_validation)
result = mean_squared_error(Y_validation, predictions)
print(r2_score(Y_validation, predictions))
print(result)
```

Output

```
0.7683894847939692
0.007555447734714956
```

7、額外步驟：robo-advisor 儀表板

在本案例研究的開頭，我們提到了 robo-advisor 儀表板。robo-advisor 儀表板執行投資組合管理過程的自動化，旨在克服傳統風險承受能力分析的問題。

 Robo-Advisor 儀表板的 *Python* 程式碼

Robo-advisor 儀表板是用 plotly dash 套件在 Python 中建構的。Dash（*https://dash.plot.ly*）是一個增加生產力的 Python 框架，用來建構具有良好使用者介面的 web 應用程式。robo-advisor 儀表板的程式碼已包含在本書的 Jupyter Notebook 程式庫中（*https://oreil.ly/8fTDy*），檔名為「Sample-Robo Advisor.ipynb」。對程式碼的詳細描述超出了本案例研究的範圍。但是，程式庫可以用於建立任何新的支援機器學習的儀表板。

這個儀表板含有兩個面板：

• 投資人特徵輸入

• 資產配置與投資組合績效

7.1、投資人特徵輸入。 圖 5-7 顯示了投資人特徵的輸入面板。這個面板收集了所有關於投資人的人口統計、財務和行為屬性的資訊。這些輸入用於我們在前面步驟中建立的風險承受能力模型中使用的預測變數。該介面用於以正確的格式輸入分類變數和連續變數。

一旦提交了輸入，我們就可以使用第 135 頁 6.3 的「儲存模型供以後使用」的模型。該模型考量了所有的輸入並產生投資人的風險承受能力（相關細節請參閱本書程式庫「Sample-Robo Advisor.ipynb」檔中的 `predict_riskTolerance` 函式）。風險承受能力預測模型嵌入在該儀表板中，在提交輸入後按下「計算風險承受能力」按鈕即可觸發。

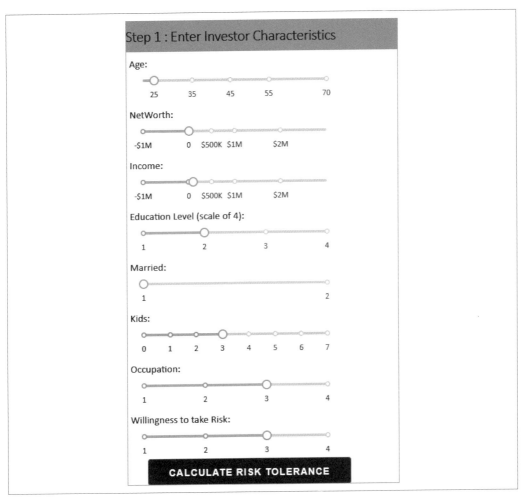

圖 5-7　機器人投資顧問輸入面板

7.2、資產配置和投資組合績效。 　圖 5-8 顯示了「資產配置和投資組合績效」面板，該面板會執行以下功能：

- 一旦使用該模型計算出風險承受能力，它就會顯示在該面板的頂部。

- 下一步，我們從下拉清單中選擇投資組合的資產。

- 提交資產清單後，採用傳統的均值方差投資組合配置模型，在選定的資產之間進行投資組合分配。風險承受能力是這一過程的關鍵輸入之一（有關更多細節，請參閱本書程式庫中「Sample-Robo Advisor.ipynb」檔的 `get_asset_allocation` 函式）。

- 儀表板還顯示了初始投資額為 *$100* 的已分配投資組合的歷史績效。

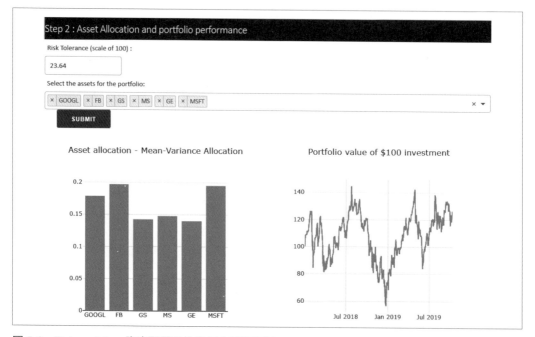

圖 5-8　Robo-advisor 資產配置和投資組合績效面板

雖然這個儀表板是 robo-advisor 儀表板的基本版本，但它為投資人執行端到端的資產配置，並提供所選期間的投資組合視圖和投資組合的歷史績效。在使用的介面和底層模型方面，這個原型有幾個潛在的可增強功能。您可以對儀表板進行增強，以包括其他工具，並包含更多功能，例如即時投資組合監控、投資組合重組和投資諮詢。在用於資產配置的基礎模型方面，我們使用了傳統的均值方差最佳化方法，但可以進一步改進，使用基於機器學習技術的配置演算法，例如將分別於第 7 章、第 8 章和第 9 章詳述的特徵投資組合、階層風險平價或基於強化學習的模型。風險承受能力模型可以透過使用額外的特徵或使用投資人的實際資料，而不是使用消費者金融調查的資料來進一步增強。

結論

在本案例研究中，我們介紹了利用以迴歸為基礎的演算法來計算投資人風險承受能力，然後在 robo-advisor 設定中展示了該模型。我們發現，機器學習模型能夠客觀地分析不同投資人在不斷變化的市場中的行為，並將這些變化歸因於決定風險偏好的變數。隨著投資人資料量的增加和豐富的機器學習基礎架構的可用性，這種模型可能比現有的手動過程更為有用。

我們看到變數和風險承受能力之間存在非線性關係。我們分析了特徵的重要性，發現案例研究的結果非常直觀。收入和淨值，其次是年齡和冒險意願，是決定風險承受能力的關鍵變數。這些變數被認為是在學術和業界文獻中建立風險承受能力模型的關鍵變數。

透過具有機器學習功能的 robo-advisor 儀表板，我們展示了資料科學和機器學習在財富管理中的有效結合。機器人投資顧問和投資經理人可以利用這些模型和平台，借助機器學習來增強投資組合管理過程。

案例研究 4：收益率曲線預測

收益率曲線（*Yield curve*）是繪製信用品質相同但到期日不同的債券報酬率（利率）的線。收益率曲線被當成市場上其他債務的基準，例如抵押貸款利率或銀行貸款利率。最常被拿來比較的收益率曲線為 3 個月、2 年、5 年、10 年和 30 年期美國國債。

收益率曲線是固定收益市場的核心。固定收益市場是政府、國家和跨國機構、銀行、私人和公營企業的重要資金來源。此外，收益率曲線對養老基金和保險公司的投資人非常重要。

收益率曲線是反映債券市場狀況的關鍵指標。投資人密切關注債券市場，因為它是未來經濟活動和通膨水準的有力預測工具，而通膨水準會影響商品、金融資產和房地產的價格。收益率曲線的斜率是短期利率的重要指標，受到投資人密切的注意。

因此，準確的收益率曲線預測在金融應用中至關重要。計量經濟學和金融學中常用的幾種統計技術和工具已被用於建立收益率曲線模型。

在本案例研究中，我們將使用基於監督式學習的模型來預測收益率曲線。本案例研究的靈感來自 Manuel Nunes 等人（2018）的論文「固定收益市場收益率曲線預測的人工類神經網路方法（Artificial Neural Networks in Fixed Income Markets for Yield Curve Forecasting）」。

在本案例研究中，我們將著重在：

- 利率的同步建模（同時產生多個輸出）。
- 類神經網路與線性迴歸模型的比較。
- 在基於監督式迴歸的框架中將時間序列建模。
- 瞭解變數直覺和特徵選擇。

總括來說，本案例研究與本章前面介紹的股票價格預測案例研究相似，但有以下區別：

- 我們同時預測多個輸出，而不是單一輸出。
- 本案例研究中的目標變數不是報酬率。
- 鑒於我們已經在案例研究 1 中介紹了時間序列模型，本案例研究的重點放在介紹用於預測的人工類神經網路。

 # 利用監督式學習模型預測收益率曲線的藍圖

1、問題定義

在本案例研究所使用的監督式迴歸框架中，收益率曲線的三個期限（1M、5Y 和 30Y）是目標變數。這些期限代表收益率曲線的短期、中期和長期期限。

我們想要瞭解是什麼影響收益率曲線的移動，因此盡可能把最多的資訊納入我們的模型中。我們除了以高階概觀的角度探討收益率曲線本身的歷史價格之外，還研究了其他可能影響收益率曲線的相關變數。我們考慮的自變數或預測變數是：

- 不同期限的國債曲線的過去值。所用的期限為 1 個月、3 個月、1 年、2 年、5 年、7 年、10 年和 30 年期殖利率。

- 由大眾、外國政府和美聯儲持有的**聯邦債務百分比**。

- 與 10 年期國債利率相關的債務評等為 Baa 級的**企業價差**（*corporate spread*）。

聯邦債務和企業價差是相關變數，可能有助於建立收益率曲線模型。本案例研究所使用的資料集來自雅虎財經（Yahoo Finance）和 FRED（*https://fred.stlouisfed.org*），我們將使用從 2010 年開始起算 10 年的每日資料。

在本案例研究的最後，讀者將熟悉一種通用的機器學習方法，從收集和清理資料到建構和調校不同的模型，來進行收益率曲線建模。

2、預備：載入資料和 Python 套件

2.1、載入 Python 套件。　Python 套件的載入與本章中的其他案例研究類似。有關更多細節，請參閱本案例的 Jupyter Notebook。

2.2、載入資料。　以下步驟示範如何用 Pandas 的 `DataReader` 函式載入資料：

```
# Get the data by webscraping using pandas datareader
tsy_tickers = ['DGS1MO', 'DGS3MO', 'DGS1', 'DGS2', 'DGS5', 'DGS7', 'DGS10',
               'DGS30',
               'TREAST', # Treasury securities held by the Federal Reserve ($MM)
               'FYGFDPUN', # Federal Debt Held by the Public ($MM)
               'FDHBFIN', # Federal Debt Held by International Investors ($BN)
               'GFDEBTN', # Federal Debt: Total Public Debt ($BN)
               'BAA10Y', # Baa Corporate Bond Yield Relative to Yield on 10-Year
               ]
tsy_data = web.DataReader(tsy_tickers, 'fred').dropna(how='all').ffill()
tsy_data['FDHBFIN'] = tsy_data['FDHBFIN'] * 1000
tsy_data['GOV_PCT'] = tsy_data['TREAST'] / tsy_data['GFDEBTN']
tsy_data['HOM_PCT'] = tsy_data['FYGFDPUN'] / tsy_data['GFDEBTN']
tsy_data['FOR_PCT'] = tsy_data['FDHBFIN'] / tsy_data['GFDEBTN']
```

接下來，我們定義依因變數（Y）和自變數（X）。如前所述，目標變數是三個期限（1M、5Y 和 30Y）的收益率曲線。假設一週的交易天數為 5 日，我們用落後 5 個交易日的資料來計算問題定義時所提到的自變數。

落後五天的變數利用**時延法**（*time-delay approach*）嵌入時間序列分量，其中落後變數納入為自變數之一。這個步驟將時間序列資料重建為基於監督式迴歸的模型框架。

3、探索性資料分析

本節將介紹敘述性統計和資料視覺化。

3.1、敘述性統計。 我們來看看資料集中的形狀和欄位：

```
dataset.shape
```

Output
```
(505, 15)
```

資料包含大約 500 個觀測值，共有 15 個欄位。

3.2、資料視覺化。 我們先繪製預測變數，並觀察其行為：

```
Y.plot(style=['-','--',':'])
```

Output

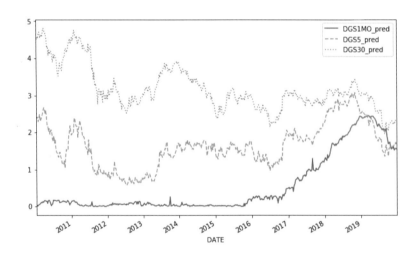

在圖中，我們看到短、中、長期利率之間的偏差在 2010 年較高，此後一路下降。2011 年中長期利率有一段急速下跌，之後也一直在下降。利率的順序與期限一致，然而近幾年來有幾個月的 5Y 利率一直低於 1M。在所有期限的時間序列中，我們可以看到平均值隨時間而變化，從而呈現上升趨勢。因此，這些序列是不平衡時間序列。

在某些情況下，這種不平衡因變數的線性迴歸可能是無效的。然而，我們用的是落後變數，這也是不平衡的自變數。因此，我們有效地將一個不平衡時間序列與另一個不平衡時間序列進行比較，這可能仍然有效。

接下來，我們來看散點圖（本案例研究中跳過了相關圖，因為它與散點圖的解讀類似）。我們可以用以下的散點矩陣來視覺化迴歸中所有變數之間的關係：

```
# Scatterplot Matrix
pyplot.figure(figsize=(15,15))
scatter_matrix(dataset,figsize=(15,16))
pyplot.show()
```

Output

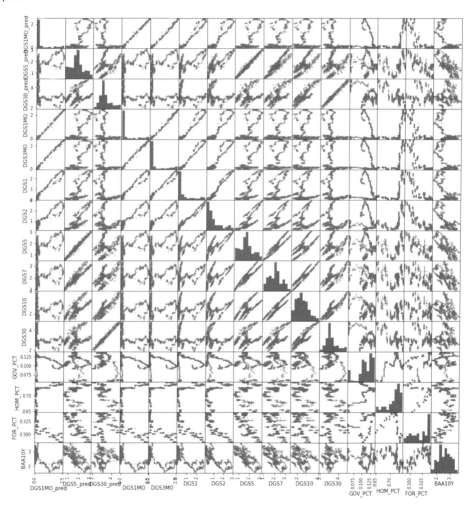

透過觀察散點圖（GitHub 上有全尺寸版本（*https://oreil.ly/XIsvu*）），我們可以看到目標變數與其落後時間和收益率曲線的其他期限之間存在顯著的線性關係。此外，1M、5Y利率與企業價差和外國政府購買變動之間也存在負斜率的線性關係。儘管斜率為負，但30Y 的利率與這些變數呈線性關係。總括來說，我們看到了很多線性關係，我們可預期線性模型將表現良好。

4、資料準備和分析

我們在前面的步驟中執行了大部分資料準備步驟（取得因變數和自變數），因此我們將跳過此步驟。

5、模型評估

在這個步驟中，我們將評估模型，Python 程式碼類似於案例研究 1，並且跳過了一些重複的程式碼。讀者還可以參考本書程式庫中本案例研究的 Jupyter Notebook 以瞭解更多細節。

5.1、訓練測試拆分和評量指標。 我們將用 80% 的資料集進行建模，並且用 20% 進行測試。我們將以均方誤差指標來評量演算法。所有演算法都使用預設的調校參數。

5.2、比較模型和演算法。 本案例研究主要目的是比較線性模型和人工類神經網路在收益率曲線建模中的應用，所以我們仍然使用之前的線性迴歸（LR）、正則化迴歸（LASSO 和 EN）、以及人工類神經網路（MLP）。我們還包括其他一些模型，例如KNN 和 CART，因為這些模型更簡單、更容易解讀，如果變數之間存在非線性關係，將會被 CART 和 KNN 模型捕獲，並為 ANN 提供一個很好的比較基準。

從訓練和測試誤差來看，我們看到線性迴歸模型有很好的績效，而 LASSO 和 EN 的表現很差，這是由於正則化迴歸模型認為有些變數不重要，因此減少了變數的數量。變數數量的減少可能會導致資訊丟失，進而造成模型績效不佳。KNN 和 CART 都很好，但是仔細觀察，我們發現測試誤差比訓練誤差大。我們還發現，人工類神經網路（MLP）演算法的績效與線性迴歸模型相當。儘管它很簡單，但是當變數之間存在顯著的線性關係，要預測下一步的結果時，線性迴歸是一個很難超越的基準。

Output

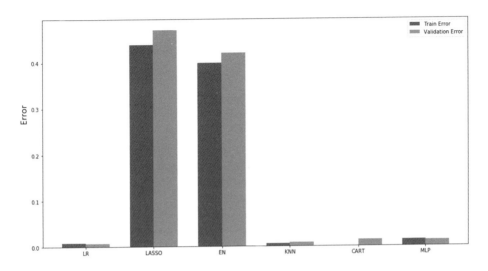

6、模型調校和網格搜尋

與本章案例研究 2 類似，我們對具有不同隱藏層組合的 ANN 模型進行網格搜尋。在網格搜尋過程中，可以調校其他幾個超參數，例如學習速率、動量、激活函數、epoch 和 batch 大小，類似於以下提到的步驟。

```
'''
hidden_layer_sizes : tuple, length = n_layers - 2, default (100,)
    The ith element represents the number of neurons in the ith
    hidden layer.
'''
param_grid={'hidden_layer_sizes': [(20,), (50,), (20,20), (20, 30, 20)]}
model = MLPRegressor()
kfold = KFold(n_splits=num_folds, random_state=seed)
grid = GridSearchCV(estimator=model, param_grid=param_grid, scoring=scoring, \
  cv=kfold)
grid_result = grid.fit(X_train, Y_train)
print("Best: %f using %s" % (grid_result.best_score_, grid_result.best_params_))
means = grid_result.cv_results_['mean_test_score']
stds = grid_result.cv_results_['std_test_score']
params = grid_result.cv_results_['params']
for mean, stdev, param in zip(means, stds, params):
    print("%f (%f) with: %r" % (mean, stdev, param))
```

Output

```
Best: -0.018006 using {'hidden_layer_sizes': (20, 30, 20)}
-0.036433 (0.019326) with: {'hidden_layer_sizes': (20,)}
-0.020793 (0.007075) with: {'hidden_layer_sizes': (50,)}
-0.026638 (0.010154) with: {'hidden_layer_sizes': (20, 20)}
-0.018006 (0.005637) with: {'hidden_layer_sizes': (20, 30, 20)}
```

最好的模型是三層模型，每個隱藏層分別有 20、30 和 20 個節點。因此，我們用這個設定來準備一個模型，並在測試集上檢驗它的績效。這是一個關鍵的步驟，因為更多的層可能會導致過度擬合，並且在測試集中績效較差。

預測比較。 最後一步是觀察實際資料的預測圖與線性迴歸和 ANN 模型的預測圖。有關本節的 Python 程式碼，請參閱本案例研究的 Jupyter Notebook。

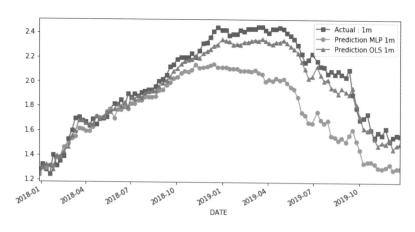

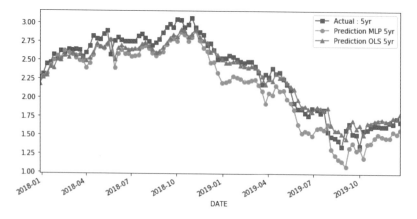

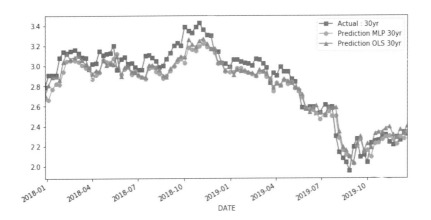

從上面的圖中，我們發現線性迴歸和 ANN 的預測相若。對於 1M 期的殖利率，ANN 比迴歸的擬合稍差。然而，對於 5Y 和 30Y 期而言，ANN 的表現和迴歸模型一樣好。

結論

本案例研究應用監督式迴歸來預測收益率曲線的幾個期限。線性迴歸模型儘管簡單，但考慮到要預測的變數最後可用值的主要特徵，對於這種提前一步的預測來說是一個很難擊敗的基準。本案例研究中的 ANN 結果與線性迴歸模型相若，ANN 的另一個好處是，它對不斷變化的市場條件更為靈活。此外，ANN 模型可以透過在其他幾個超參數上執行網格搜尋和選擇合併循環類神經網路（例如 LSTM）來增強。

總體而言，我們建立了一個基於機器學習的模型，用 ANN 在固定收益商品上取得了令人鼓舞的結果。這讓我們能夠在對固定收益市場承擔任何實際資本風險之前，利用歷史資料進行預測，以產生結果並分析風險和盈利能力。

本章摘要

在第 94 頁的「案例研究 1：股價預測」中，我們介紹了一個基於機器學習和時間序列的股價預測框架。我們說明了視覺化的意義，並將時間序列與機器學習模型進行了比較。在第 112 頁的「案例研究 2：衍生性商品定價」中，我們探討了機器學習在傳統衍生性商品定價問題中的應用，並展示了高績效的模型。在第 123 頁的「案例研究 3：投資人風險承受能力和機器人投資顧問」中，我們示範了如何用監督式學習模型對投資人的風險承受能力進行建模，進而實現投資組合管理過程的自動化。第 139 頁的「案例研究 4：收益率曲線預測」類似於股票價格預測案例研究，為固定收益市場中線性和非線性模型的比較提供了另一個例子。

我們發現時間序列和線性監督式學習模型對於資產價格預測問題（案例研究 1 和案例研究 4）非常有效，其中目標變數與其落後分量具有顯著的線性關係。然而，在衍生性商品定價和風險承受能力預測中，當存在非線性關係時，集成模型和 ANN 模型表現較佳。對監督式迴歸或時間序列模型實作案例感興趣的讀者，在進行模型選擇之前應瞭解變數關係和模型直覺中的細微差別。

總而言之，本章透過案例研究提出的 Python、機器學習、時間序列和金融相關的概念可以當作金融領域中任何其他基於監督式迴歸問題的藍圖。

練習

- 利用案例研究 1 中所指定的機器學習和時間序列模型的概念和框架，建立另一種資產類別（例如歐元 / 美元貨幣對或比特幣等）的預測模型。

- 在案例研究 1 中，增加一些技術指標，例如趨勢或動量，並檢驗模型績效是否有改善。技術指標的一些想法可以借鑒第 6 章第 177 頁的「案例研究 3：比特幣交易策略」。

- 利用 112 頁的「案例研究 2：衍生性商品定價」中的概念，建立一個基於機器學習的美式選擇權定價模型（*https://oreil.ly/EMUXv*）。

- 把 ARIMA 模型的變形，例如 VARMAX，加入多變數時間序列建模（*https://oreil.ly/t7s8q*），對收益率曲線預測中的利率預測進行個案研究，並與基於機器學習的模型進行績效比較。

- 加強第 123 頁的「案例研究 3：投資人風險承受能力和機器人投資顧問」中所介紹的 robo-advisor 儀表板，以納入股票以外的工具。

## 第六章

監督式學習：分類

以下是金融分析師嘗試要解決的一些關鍵問題：

- 借款人會償還貸款還是會違約？

- 金融商品價格會漲還是會跌？

- 這筆信用卡交易是不是欺詐？

所有這些問題陳述，其目標是預測分類類別標籤，本質上適合基於分類的機器學習。

基於分類的演算法已經在金融領域的許多方面得到應用，這些領域需要預測定性的回應。其中包括欺詐偵測、違約預測、信用評等、資產價格變動的定向預測以及買進 / 賣出建議。在投資組合管理和演算法交易中，還有許多其他基於分類的監督式學習案例。

在本章中，我們將介紹三個這樣的基於分類的案例研究，這些案例涵蓋了不同的領域，包括欺詐偵測、貸款違約機率和制定交易策略。

在第 150 頁的「案例研究 1：欺詐偵測」中，我們用基於分類的演算法來預測交易是否為欺詐。本案例研究的重點也是在於處理不平衡資料集，因為欺詐資料集為高度不平衡，只能觀察到少數的欺詐。

在第 164 頁的「案例研究 2：貸款違約機率」中，我們用基於分類的演算法來預測貸款是否會違約。本案例研究集中於資料處理、特徵選擇和探索性分析的各種技術和概念。

在第 177 頁的「案例研究 3：比特幣交易策略」中，我們利用基於分類的演算法，根據短期和長期價格之間的關係，預測比特幣目前的交易訊號是買進還是賣出。我們利用技術指標預測比特幣的價格走勢，預測模型可以很容易地轉化為一個交易機器人，可以執行買進、賣出，或持有的動作，而無需人工干預。

除了著重金融領域的不同問題敘述外，這些案例研究還將幫助您瞭解：

- 如何利用特徵工程開發投資策略的技術指標等新特徵，以及如何提高模型績效。
- 如何使用資料準備和資料轉換，如何進行特徵約簡和使用特徵重要性。
- 如何利用資料視覺化和探索性資料分析進行特徵約簡，提高模型績效。
- 如何在各種基於分類的模型中使用演算法調校和網格搜尋來提高模型績效。
- 如何處理不平衡資料。
- 如何使用適當的評估指標進行分類。

本章的程式庫

一個基於 Python 的監督式分類模型範本，以及本章案例研究的 Jupyter notebook，包含在本書的程式庫資料夾「*Chapter 6 - Sup. Learning-Classification models*」中（*https://oreil.ly/y19Yc*）。本章介紹的所有案例研究都使用了第 2 章中介紹的標準化七步驟模型建立流程 [1]。

對於任何新的基於分類的問題，可以用特定於問題的元素修改程式庫中的主範本。這些範本設計來用在雲端基礎架構（如 Kaggle、Google Colab 或 AWS）上執行。為了在本機電腦上執行範本，必須成功安裝範本中使用的所有套件。

案例研究 1：欺詐偵測

欺詐是金融業面臨的最重要問題之一，其代價是難以置信的昂貴。根據一項研究估計，典型的組織每年因欺詐而損失 5% 的年收入。如果計算 2020 年全球生產總值（Gross World Product, GWP）估計為 $83.84 萬億美元，這意味著全球潛在損失高達 $4.19 萬億美元。

---

1 根據步驟 / 子步驟的適當性和直觀性，可能對步驟或子步驟進行重新排序或重新命名。

欺詐偵測是一項本質上就適合機器學習的任務，因為基於機器學習的模型可以掃描巨大的交易資料集，偵測不尋常的活動，並識別所有可能發生欺詐的案例。與傳統的基於規則的方法相比，這些模型的計算速度更快。透過從各種來源收集資料，然後將其對應到觸發點，機器學習解決方案能夠發現每個潛在客戶和交易的違約率或欺詐傾向，為金融機構提供關鍵警報和洞見。

在本案例研究中，我們將使用各種基於分類的模型來偵測交易是正常支付還是欺詐。

本案例研究的重點是：

- 透過對資料進行降維抽樣（downsampling）/ 升維抽樣（upsampling）來處理不平衡資料。

- 考慮到主要目標之一是減少漏報（欺詐交易應被注意但卻被忽略的情況），如何選擇正確的評估指標。

 用分類模型決定交易是否為欺詐的藍圖

1、問題定義

在本案例研究的分類框架中，response（或 target）變數的欄位名稱為「Class」。如果是欺詐，則此欄位的值為 1，否則為 0。

所使用的資料集來自 Kaggle（*https://oreil.ly/CeFRs*），該資料集保存了 2013 年 9 月兩天內發生的歐洲持卡人交易，284,807 筆交易中有 492 起欺詐案件。

出於隱私原因，資料集已被匿名化。如果沒有提供某些特徵名稱（它們被稱為 V1、V2、V3 等），那麼視覺化和特徵重要性將無法深入瞭解模型的行為。

在本案例研究結束時，讀者將熟悉欺詐建模的一般方法，從收集和清理資料到建構和調校分類器。

2、預備：載入資料和 Python 套件

2.1、載入 Python 套件。 用於資料載入、資料分析、資料準備、模型評估和模型調校的函式庫列表如下所示。在以下的 Python 程式碼中，用於不同目的的套件是分開的。第 2 章和第 4 章提供了這些套件和函式的大部分細節：

Packages for data loading, data analysis, and data preparation

```python
import numpy as np
import pandas as pd
import seaborn as sns
from matplotlib import pyplot

from pandas import read_csv, set_option
from pandas.plotting import scatter_matrix
from sklearn.preprocessing import StandardScaler
```

Packages for model evaluation and classification models

```python
from sklearn.model_selection import train_test_split, KFold,\
 cross_val_score, GridSearchCV
from sklearn.linear_model import LogisticRegression
from sklearn.tree import DecisionTreeClassifier
from sklearn.neighbors import KNeighborsClassifier
from sklearn.discriminant_analysis import LinearDiscriminantAnalysis
from sklearn.naive_bayes import GaussianNB
from sklearn.svm import SVC
from sklearn.neural_network import MLPClassifier
from sklearn.pipeline import Pipeline
from sklearn.ensemble import AdaBoostClassifier, GradientBoostingClassifier,
from sklearn.ensemble import RandomForestClassifier, ExtraTreesClassifier
from sklearn.metrics import classification_report, confusion_matrix,\
 accuracy_score
```

Packages for deep learning models

```python
from keras.models import Sequential
from keras.layers import Dense
from keras.wrappers.scikit_learn import KerasClassifier
```

Packages for saving the model

```python
from pickle import dump
from pickle import load
```

3、探索性資料分析

以下幾節將介紹一些高階資料檢查。

3.1、敘述性統計。 我們必須做的第一件事是收集資料的基本資訊。記住,除了交易和金額,我們不知道其他欄位的名稱。只知道這些欄位的值已經被調整過了。來看看資料的形狀和欄位:

```
# shape
dataset.shape
```

Output

```
(284807, 31)

#peek at data
set_option('display.width', 100)
dataset.head(5)
```

Output

	Time	V1	V2	V3	V4	V5	V6	V7	V8	V9	...	V21	V22	V23	V24	V25	V26	V27	V28	Amount	Class
0	0.0	-1.360	-0.073	2.536	1.378	-0.338	0.462	0.240	0.099	0.364	...	-0.018	0.278	-0.110	0.067	0.129	-0.189	0.134	-0.021	149.62	0
1	0.0	1.192	0.266	0.166	0.448	0.060	-0.082	-0.079	0.085	-0.255	...	-0.226	-0.639	0.101	-0.340	0.167	0.126	-0.009	0.015	2.69	0
2	1.0	-1.358	-1.340	1.773	0.380	-0.503	1.800	0.791	0.248	-1.515	...	0.248	0.772	0.909	-0.689	-0.328	-0.139	-0.055	-0.060	378.66	0
3	1.0	-0.966	-0.185	1.793	-0.863	-0.010	1.247	0.238	0.377	-1.387	...	-0.108	0.005	-0.190	-1.176	0.647	-0.222	0.063	0.061	123.50	0
4	2.0	-1.158	0.878	1.549	0.403	-0.407	0.096	0.593	-0.271	0.818	...	-0.009	0.798	-0.137	0.141	-0.206	0.502	0.219	0.215	69.99	0

```
5 rows × 31 columns
```

如圖所示,變數名稱是沒有意義的(*V1*、*V2* 等)。另外,除了 Class 的型別為整數之外,整個資料集的資料型別都是 float。

有多少是欺詐,有多少不是欺詐?讓我們檢查一下:

```
class_names = {0:'Not Fraud', 1:'Fraud'}
print(dataset.Class.value_counts().rename(index = class_names))
```

Output

```
Not Fraud    284315
Fraud           492
Name: Class, dtype: int64
```

注意資料標籤很明顯為不平衡，大多數交易都是非欺詐的。如果我們用這個資料集作為建模的基礎，大多數模型將不會對欺詐訊號給予足夠的重視；非欺詐資料點將淹沒欺詐訊號所提供的任何權重。因此，我們可能會遇到建模欺詐預測的困難，這種不平衡導致模型簡單地假設全部的交易是非欺詐的。這將是一個不可接受的結果。我們將在隨後的章節中探討處理這個問題的一些方法。

3.2、資料視覺化。 因為沒有提供特徵描述，所以視覺化資料不會帶來太多的洞見。在本案例研究中將略過此步驟。

4、資料準備

這些資料來自 Kaggle，並且已經是一種乾淨的格式，沒有任何空的行或列，因此沒有必要進行資料清理或分類。

5、模型評估

現在我們已經準備好要分割資料並評估模型。

5.1、訓練測試拆分和評估指標。 如第 2 章所述，將原始資料集拆分為訓練集和測試集是一個好主意。測試集是我們在分析和建模時保留的資料樣本。我們在專案結束時用它來確認最終模型的準確性。最終的測試，讓我們相信我們對未知資料估計的準確性。我們將用 80% 的資料集進行模型訓練，20% 用於測試：

```
Y= dataset["Class"]
X = dataset.loc[:, dataset.columns != 'Class']
validation_size = 0.2
seed = 7
X_train, X_validation, Y_train, Y_validation =\
train_test_split(X, Y, test_size=validation_size, random_state=seed)
```

5.2、檢查模型。 此步驟將評估不同的機器學習模型。為了最佳化模型的各種超參數，我們使用 10-fold 交叉驗證，並對結果進行十次重新計算，以便將某些模型和 CV 過程中固有的隨機性納入考量。所有這些模型，包括交叉驗證，都已在第 4 章中描述。

來設計我們的測試工具。我們將用**精確度指標**（*accuracy metric*）來評估演算法，這是一個粗略的衡量指標，主要是讓我們快速瞭解給定模型的正確性，這對於二元分類問題很有用。

```
# test options for classification
num_folds = 10
scoring = 'accuracy'
```

我們為這個問題建立一個績效基線，並抽樣檢查一些不同的演算法，所選定的演算法包括：

線性演算法

Logistic 迴歸（LR）和線性判別分析（LDA）。

非線性演算法

分類迴歸樹（CART）和 K 近鄰（KNN）。

選擇這些模型有很好的理由。這些模型比較簡單、速度較快、對大型資料集的問題能夠有很好的解釋。CART 和 KNN 能夠識別變數之間的任何非線性關係。這裡的關鍵問題是使用不平衡的樣本，除非我們解決這個問題，否則更複雜的模型（例如集成和ANN），預測能力將會很差。我們會在稍後的案例研究中重點討論這個問題，然後將評估這些類型的模型績效。

```
# spot-check basic Classification algorithms
models = []
models.append(('LR', LogisticRegression()))
models.append(('LDA', LinearDiscriminantAnalysis()))
models.append(('KNN', KNeighborsClassifier()))
models.append(('CART', DecisionTreeClassifier()))
```

所有演算法都是用預設的調校參數。當我們計算並收集結果供以後使用時，將顯示每個演算法精確度的平均值和標準差。

```
results = []
names = []
for name, model in models:
    kfold = KFold(n_splits=num_folds, random_state=seed)
    cv_results = cross_val_score(model, X_train, Y_train, cv=kfold, \
      scoring=scoring)
    results.append(cv_results)
    names.append(name)
    msg = "%s: %f (%f)" % (name, cv_results.mean(), cv_results.std())
    print(msg)
```

Output

```
LR: 0.998942 (0.000229)
LDA: 0.999364 (0.000136)
KNN: 0.998310 (0.000290)
CART: 0.999175 (0.000193)

# compare algorithms
```

```
fig = pyplot.figure()
fig.suptitle('Algorithm Comparison')
ax = fig.add_subplot(111)
pyplot.boxplot(results)
ax.set_xticklabels(names)
fig.set_size_inches(8,4)
pyplot.show()
```

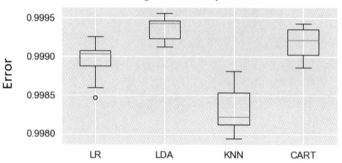

整體結果的準確度相當高。但讓我們看看它對詐騙案的預測有多好。從上面的結果中選擇一個模型 CART 並觀察測試集上的結果：

```
# prepare model
model = DecisionTreeClassifier()
model.fit(X_train, Y_train)

# estimate accuracy on validation set
predictions = model.predict(X_validation)
print(accuracy_score(Y_validation, predictions))
print(classification_report(Y_validation, predictions))
```

Output

```
0.9992275552122467
              precision    recall  f1-score   support

           0       1.00      1.00      1.00     56862
           1       0.77      0.79      0.78       100

    accuracy                           1.00     56962
   macro avg       0.89      0.89      0.89     56962
weighted avg       1.00      1.00      1.00     56962
```

產生混淆矩陣得到：

```
df_cm = pd.DataFrame(confusion_matrix(Y_validation, predictions), \
columns=np.unique(Y_validation), index = np.unique(Y_validation))
df_cm.index.name = 'Actual'
df_cm.columns.name = 'Predicted'
sns.heatmap(df_cm, cmap="Blues", annot=True,annot_kws={"size": 16})
```

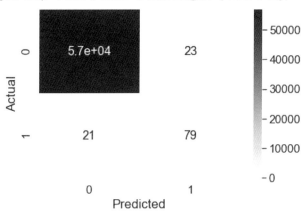

總體準確度很高，但混淆指標說明了一個不同的情況。儘管準確率很高，但 100 個欺詐案例中仍有 21 個被遺漏，並被錯誤地預測為非欺詐，也就是**假陰性**的比率偏高。

欺詐偵測模型的目的是最小化這些誤報。為此，第一步將是選擇正確的評估指標。

在第 4 章中，我們討論了基於分類的問題的評估指標，例如準確度、精確度和召回率。準確度是正確預測的數量與所有預測的比率。精確度是指模型識別為陽性的項目總數中真的是陽性的項目數。召回率是指在全部真陽性中正確識別為陽性的項目總數。

對於這類問題，我們應該把重點放在召回率、真陽性和真陽性與假陰性之和的比率。所以如果假陰性率很高，那麼召回率的值就會很低。

在下一步中，我們將執行模型調校，用召回率評估所選擇模型，並執行降維抽樣。

6、模型調校

模型調校的目的是對上一步所選擇的模型執行網格搜尋。但是，由於資料集不平衡，我們在上一節中遇到了模型績效不好的問題，因此我們將把重心放在這一點上面。我們將分析選擇正確評估指標的影響，並查看使用調校後的平衡樣本的影響。

6.1、透過選擇正確的評估指標進行模型調校。 如前所述，如果假陰性率很高，那麼召回率的值就會很低。模型根據以下指標進行排名：

```
scoring = 'recall'
```

我們來抽查一下召回率的一些基本分類演算法：

```
models = []
models.append(('LR', LogisticRegression()))
models.append(('LDA', LinearDiscriminantAnalysis()))
models.append(('KNN', KNeighborsClassifier()))
models.append(('CART', DecisionTreeClassifier()))
```

執行交叉驗證：

```
results = []
names = []
for name, model in models:
    kfold = KFold(n_splits=num_folds, random_state=seed)
    cv_results = cross_val_score(model, X_train, Y_train, cv=kfold, \
      scoring=scoring)
    results.append(cv_results)
    names.append(name)
    msg = "%s: %f (%f)" % (name, cv_results.mean(), cv_results.std())
    print(msg)
```

Output

```
LR: 0.595470 (0.089743)
LDA: 0.758283 (0.045450)
KNN: 0.023882 (0.019671)
CART: 0.735192 (0.073650)
```

我們看到，在四個模型中，LDA 模型的召回率最高。我們繼續使用經過訓練的 LDA 評估測試集：

```
# prepare model
model = LinearDiscriminantAnalysis()
model.fit(X_train, Y_train)
# estimate accuracy on validation set

predictions = model.predict(X_validation)
print(accuracy_score(Y_validation, predictions))
```

Output

```
0.9995435553526912
```

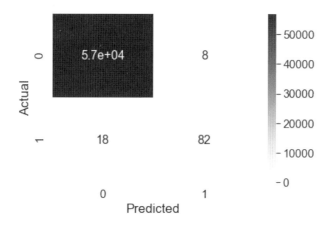

LDA 表現得比較好，100 起欺詐案件中只有 18 起沒有偵測到。此外，我們也發現較少的假陽性。不過，仍有改進的空間。

6.2、模型調校：透過隨機降維抽樣來平衡樣本。 目前的資料表現出顯著的類別不平衡，其中標記為「欺詐（fraud）」的資料點非常少。這種類別不平衡的問題可能導致對大多數類別的嚴重偏見，降低分類績效並增加誤報的數量。

處理這種情況的補救措施之一就是對資料進行**降維抽樣**（*under-sample*）處理。一種簡單的做法是隨機均勻地對樣本較多的類別進行抽樣。這可能會導致資訊丟失，但透過對樣本較少的類別進行良好的建模，可能會產生很好的結果。

接下來，我們將實作隨機降維抽樣，這包括了刪除資料以獲得更平衡的資料集，如此將有助於確保我們的模型，避免過度擬合。

實作隨機降維抽樣的步驟如下：

1. 首先，透過在 class 欄位上用 value_counts() 來確定類別不平衡的嚴重程度，以確定有多少個例被視為欺詐交易（*fraud = 1*）。

2. 我們將非欺詐交易的觀察計數與欺詐交易的計數調成一樣。假設我們想要調整為 50/50 的比率，這將相當於 492 起欺詐案件和 492 起非欺詐交易案件。

3. 我們現在有一個資料框（dataframe）的子樣本，而且類別的比率為 50/50。我們在這個子樣本上訓練模型。然後，我們再次執行此反覆運算以將訓練樣本中的非詐欺觀察值重新洗牌。我們會記錄模型的績效，以便查看每次重複此過程時，我們的模型是否能夠保持一定的精確度：

```
df = pd.concat([X_train, Y_train], axis=1)
# amount of fraud classes 492 rows.
fraud_df = df.loc[df['Class'] == 1]
non_fraud_df = df.loc[df['Class'] == 0][:492]

normal_distributed_df = pd.concat([fraud_df, non_fraud_df])

# Shuffle dataframe rows
df_new = normal_distributed_df.sample(frac=1, random_state=42)
# split out validation dataset for the end
Y_train_new= df_new["Class"]
X_train_new = df_new.loc[:, dataset.columns != 'Class']
```

我們來看看資料集中類別的分佈：

```
print('Distribution of the Classes in the subsample dataset')
print(df_new['Class'].value_counts()/len(df_new))
sns.countplot('Class', data=df_new)
pyplot.title('Equally Distributed Classes', fontsize=14)
pyplot.show()
```

Output

```
Distribution of the Classes in the subsample dataset
1    0.5
0    0.5
Name: Class, dtype: float64
```

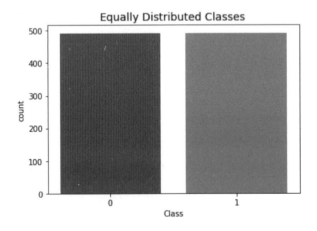

這些資料現在是平衡的，有將近 1,000 次觀測值。我們將再次訓練所有的模型，包括一個 ANN。既然資料是平衡的，我們將把準確性作為主要的評估指標，因為它同時考量了假陽性和假陰性。如果需要，可以隨時進行召回：

```
#setting the evaluation metric
scoring='accuracy'
# spot-check the algorithms
models = []
models.append(('LR', LogisticRegression()))
models.append(('LDA', LinearDiscriminantAnalysis()))
models.append(('KNN', KNeighborsClassifier()))
models.append(('CART', DecisionTreeClassifier()))
models.append(('NB', GaussianNB()))
models.append(('SVM', SVC()))
#Neural Network
models.append(('NN', MLPClassifier()))
# Ensemble Models
# Boosting methods
models.append(('AB', AdaBoostClassifier()))
models.append(('GBM', GradientBoostingClassifier()))
# Bagging methods
models.append(('RF', RandomForestClassifier()))
models.append(('ET', ExtraTreesClassifier()))
```

以下程式碼中所提到的術語（神經元、激活、動量等），包括在 Keras 中定義和編譯基於 ANN 的深度學習模型的步驟，已經在第 3 章中描述，此程式碼可用於任何基於深度學習的分類模型。

Keras-based deep learning model:

```
# Function to create model, required for KerasClassifier
def create_model(neurons=12, activation='relu', learn_rate = 0.01, momentum=0):
    # create model
    model = Sequential()
    model.add(Dense(X_train.shape[1], input_dim=X_train.shape[1], \
      activation=activation))
    model.add(Dense(32,activation=activation))
    model.add(Dense(1, activation='sigmoid'))
    # Compile model
    optimizer = SGD(lr=learn_rate, momentum=momentum)
    model.compile(loss='binary_crossentropy', optimizer='adam', \
    metrics=['accuracy'])
    return model
models.append(('DNN', KerasClassifier(build_fn=create_model,\
epochs=50, batch_size=10, verbose=0)))
```

對新模型集執行交叉驗證將產生以下結果：

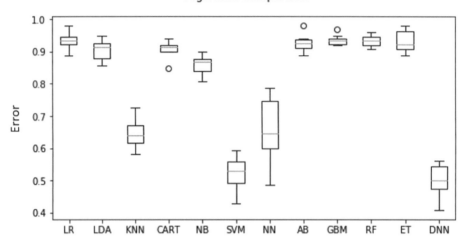

雖然包括隨機森林（RF）和 logistic 迴歸（LR）在內的一些模型表現良好，但 GBM 比其他模型略勝一籌。因此我們選擇 GBM 做進一步的分析。請注意，用 Keras（也就是 DNN）的深度學習模型結果很差。

接下來透過改變估計器的個數和最大深度，對 GBM 模型進行網格搜尋。GBM 模型的細節和該模型需要調校的參數已在第 4 章中描述。

```
# Grid Search: GradientBoosting Tuning
n_estimators = [20,180,1000]
max_depth= [2, 3,5]
param_grid = dict(n_estimators=n_estimators, max_depth=max_depth)
model = GradientBoostingClassifier()
kfold = KFold(n_splits=num_folds, random_state=seed)
grid = GridSearchCV(estimator=model, param_grid=param_grid, scoring=scoring, \
  cv=kfold)
grid_result = grid.fit(X_train_new, Y_train_new)
print("Best: %f using %s" % (grid_result.best_score_, grid_result.best_params_))
```

Output

```
Best: 0.936992 using {'max_depth': 5, 'n_estimators': 1000}
```

下一步是準備最終模型，並檢查測試集的結果：

```
# prepare model
model = GradientBoostingClassifier(max_depth= 5, n_estimators = 1000)
```

```
model.fit(X_train_new, Y_train_new)
# estimate accuracy on Original validation set
predictions = model.predict(X_validation)
print(accuracy_score(Y_validation, predictions))
```

Output

> 0.9668199852533268

結果顯示模型精確度很高。接著我們來看看混淆矩陣：

Output

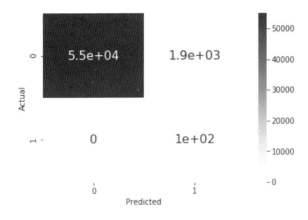

測試結果令人讚嘆，具有很高的準確度，重要的是，沒有假陰性。然而，我們發現使用抽樣不足的資料的結果是，在非欺詐交易被錯誤分類為欺詐的情況下，容易出現誤報。這是金融機構必須考慮的一個折衷方案。處理誤報造成的營運開銷，和可能的客戶體驗影響與漏報欺詐案件造成的財務損失之間存在固有的成本平衡。

結論

在本案例研究中，我們對信用卡交易進行了欺詐偵測，並說明了不同的分類機器學習模型是如何相互疊加的，而且證明了選擇正確的衡量指標可以在模型評估中造成重大的差異。降維抽樣使得結果有顯著的改善，因為在應用降維抽樣後，測試集中的所有欺詐案例都得到了正確的識別。不過，這需要權衡，假陰性的減少所伴隨的是假陽性的增加。

總括來說，透過使用不同的機器學習模型、選擇正確的評估指標、並處理不平衡的資料，我們展示了如何建立一個簡單的基於分類的模型，並且可以產生魯棒的欺詐偵測結果。

案例研究 2：貸款違約機率

貸款是金融業最重要的活動之一。貸款人向借款人提供貸款，以換取還本付息的承諾。這意味著只有借款人還清貸款，貸款人才能獲利。因此，貸款行業最關鍵的兩個問題是：

1. 借款人的風險有多大？

2. 考慮到借款人的風險，我們應該貸款給他們嗎？

違約預測可以說是機器學習的完美工作，因為演算法可以在數百萬個消費者資料範例上進行訓練。演算法可以自動執行任務，例如匹配資料記錄、識別異常以及計算申請人是否符合貸款條件。基本趨勢可以透過演算法進行評估，並持續分析，以偵測未來可能影響貸款和承銷風險的趨勢。

本案例研究的目的是建立一個機器學習模型來預測貸款違約的機率。

在大多數實際案例中，包括貸款違約建模，我們無法取得乾淨、完整的資料。我們必然會遇到的一些潛在問題是缺少值、不完整的分類資料和不相關的特徵。儘管資料清理可能不常被提及，但它對於機器學習應用的成功至關重要。我們使用的演算法可能很強大，但如果沒有相關或適當的資料，系統可能無法產生理想的結果。因此，本案例研究的重點之一將是資料準備和清理。資料處理、特徵選擇和探索性分析的各種技術和概念可用來清理資料和組織特徵空間。

在本案例研究中，我們將著重在：

- 資料準備、資料清理和處理大量特徵。

- 資料離散化和分類資料處理。

- 特徵選擇和資料轉換。

建立用於預測貸款違約機率的機器學習模型的藍圖

1、問題定義

在本案例研究的分類框架中,目標變數被**轉呆帳**(*charge-off*)是指在借款人拖欠還款數月後,債權人放棄收取的債務。目標變數在轉呆帳時取 1,否則取 0。

我們將分析 Lending Club 從 2007 年至 2017 年第 3 季度的貸款資料,該資料可從 Kaggle Lending Club(一家美國點對點貸款公司)取得(*https://oreil.ly/DG9j5*)。 Lending Club 經營著一個線上貸款平台,讓借款人能夠獲得貸款,投資人可以購買由這些貸款支付支援的票據。該資料集包含了內含 150 個變數、887,000 多個觀測值,包括指定時段內發放的所有完整貸款資料。這些特徵包括收入、年齡、信用評等、房屋所有權、借款人所在地、收款等。我們將調查這 150 個預測變數的特徵選擇。

在本案例研究的最後,讀者將熟悉貸款違約建模的一般方法,從收集和清理資料到建構和調校分類器。

2、預備:載入資料和 Python 套件

2.1、載入 Python 套件。 這個步驟是載入標準 Python 套件,這些細節已在先前的案例研究中介紹,請參閱 Jupyter Notebook 以瞭解更多細節。

2.2、載入資料。 載入 2007 年至 2017Q3 期間的貸款資料:

```
# load dataset
dataset = pd.read_csv('LoansData.csv.gz', compression='gzip', \
low_memory=True)
```

3、資料準備和特徵選擇

第一步,我們看看資料的大小:

```
dataset.shape
```

Output

```
(1646801, 150)
```

既然每筆貸款有 150 個特徵,我們將把注意力放在限制特徵空間,然後進行探索性分析。

3.1、準備目標變數。 在這裡,我們先觀察一下目標變數的細節並準備它。目標變數可從 loan_status（貸款狀態）欄得出。我們檢視一下值的分佈情形[2]:

```
dataset['loan_status'].value_counts(dropna=False)
```

Output
```
Current                                             788950
Fully Paid                                          646902
Charged Off                                         168084
Late (31-120 days)                                   23763
In Grace Period                                      10474
Late (16-30 days)                                     5786
Does not meet the credit policy. Status:Fully Paid    1988
Does not meet the credit policy. Status:Charged Off    761
Default                                                 70
NaN                                                     23
Name: loan_status, dtype: int64
```

從資料定義文件得知:

全額付訖（*Fully Paid*）

貸款已全額償還。

違約（*Default*）

貸款逾期 121 天或以上未支付。

轉呆帳（*Charged Off*）

預期貸款不會再有合理的還款。

絕大多數的觀察結果顯示了 Current（如期支付）的狀態,我們不知道這些狀態在未來是會變成 Charged off, Fully Paid 或 Default。與 Fully Paid 或 Charged Off 相較之下,所觀察到 Default 的數量很少,因此不予以考慮。loan status 的其餘類別對於本分析而言並不重要。因此,為了將其轉化為二元分類問題,並詳細分析重要變數對貸款狀況的影響,我們將只考慮兩大類:Charged Off 和 Fully Paid:

```
dataset = dataset.loc[dataset['loan_status'].isin(['Fully Paid', 'Charged Off'])]
dataset['loan_status'].value_counts(normalize=True, dropna=False)
```

---

2 目標變數會進一步用在基於相關性的特徵約簡。

Output

```
Fully Paid      0.793758
Charged Off     0.206242
Name: loan_status, dtype: float64
```

剩餘貸款中約 79% 已全額付訖，21% 已轉呆帳，因此我們有個稍微不平衡的分類問題，但它不像我們在之前的案例研究中看到的欺詐偵測資料集那樣不平衡。

在下一步中，我們將在資料集中建立一個新的二進位欄位，在該欄位中，分類為 0 表示「全額付訖」，而分類為 1 表示「轉呆帳」。此欄表示此分類問題的目標變數，欄位值為 1 表示借款人已違約：

```
dataset['charged_off'] = (dataset['loan_status'] == 'Charged Off').apply(np.uint8)
dataset.drop('loan_status', axis=1, inplace=True)
```

3.2、特徵選擇：限制特徵空間。 完整的資料集為每筆貸款提供了 150 個特徵，但並非所有特徵都對目標變數有貢獻。去除低重要性特徵可以提高精確度，並降低模型複雜度和過度擬合。對於非常大的資料集，訓練時間也可以減少。我們將用三種不同的方法在以下步驟中消除特徵：

- 消除缺失值超過 30% 的特徵。
- 消除基於主觀判斷的非直觀特徵。
- 消除與目標變數相關性低的特徵。

3.2.1、基於明顯缺失值的特徵消除。 首先，我們計算每個特徵缺失資料的百分比：

```
missing_fractions = dataset.isnull().mean().sort_values(ascending=False)

#Drop the missing fraction
drop_list = sorted(list(missing_fractions[missing_fractions > 0.3].index))
dataset.drop(labels=drop_list, axis=1, inplace=True)
dataset.shape
```

Output

```
(814986, 92)
```

一旦刪除某些有很多缺失值的欄位，此資料集只剩下 92 個欄位。

3.2.2、基於直覺的特徵消除。 為了進一步過濾特徵，我們檢查資料字典中的描述，並保留那些直觀地有助於違約預測的特徵。我們保留了包含借款人相關信用詳細資訊的特徵，包括年收入、FICO 得分和債務收入比，我們還保留了投資人考慮將貸款用於投資時的特徵。這些包括貸款申請中的特徵以及 Lending Club 在收到貸款清單時所添加的任何特徵，例如貸款評等和利率。

保留的特徵清單如以下程式碼片段所示：

```
keep_list = ['charged_off','funded_amnt','addr_state', 'annual_inc', \
'application_type','dti', 'earliest_cr_line', 'emp_length',\
'emp_title', 'fico_range_high',\
'fico_range_low', 'grade', 'home_ownership', 'id', 'initial_list_status', \
'installment', 'int_rate', 'loan_amnt', 'loan_status',\
'mort_acc', 'open_acc', 'pub_rec', 'pub_rec_bankruptcies', \
'purpose', 'revol_bal', 'revol_util', \
'sub_grade', 'term', 'title', 'total_acc',\
'verification_status', 'zip_code','last_pymnt_amnt',\
'num_actv_rev_tl', 'mo_sin_rcnt_rev_tl_op',\
'mo_sin_old_rev_tl_op',"bc_util","bc_open_to_buy",\
"avg_cur_bal","acc_open_past_24mths" ]

drop_list = [col for col in dataset.columns if col not in keep_list]
dataset.drop(labels=drop_list, axis=1, inplace=True)
dataset.shape
```

Output

```
(814986, 39)
```

刪除此步驟中的特徵後，仍保留了 39 行。

3.2.3、基於相關性的特徵消除。 下一步是檢查與目標變數的相關性。相關性能告訴我們目標變數和特徵之間的相互依賴關係。我們選擇與目標變數的關係為中等到強的特徵，並刪除與目標變數相關性小於 3% 的特徵：

```
correlation = dataset.corr()
correlation_chargeOff = abs(correlation['charged_off'])
drop_list_corr = sorted(list(correlation_chargeOff\
  [correlation_chargeOff < 0.03].index))
print(drop_list_corr)
```

Output

```
['pub_rec', 'pub_rec_bankruptcies', 'revol_bal', 'total_acc']
```

把低相關性的欄位將從資料集中刪除後，只剩下 35 行：

```
dataset.drop(labels=drop_list_corr, axis=1, inplace=True)
```

4、特徵選擇和探索性分析

這個步驟將進行特徵選擇的探索性資料分析。鑑於許多特徵必須被消除，我們最好在特徵選擇之後進行探索性資料分析，以便更好地視覺化相關特徵。我們還將透過視覺篩選並刪除那些被認為不相關的特徵來繼續消除特徵。

4.1、特徵分析和探索。 以下將深入研究資料集特徵。

4.1.1、分析分類特徵。 我們來看看資料集中的一些分類特徵。

首先，我們來看看 id、emp_title、title 和 zip_code 特徵：

```
dataset[['id','emp_title','title','zip_code']].describe()
```

Output

	id	emp_title	title	zip_code
count	814986	766415	807068	814986
unique	814986	280473	60298	925
top	14680062	Teacher	Debt consolidation	945xx
freq	1	11351	371874	9517

識別碼（id）都是唯一的，與建模無關。職稱（emp_title）和職位（title）有太多不同的值。職業和職稱可能會為違約建模提供一些資訊；但是，我們假設這些資訊大部分都嵌入在客戶的已驗證收入中。此外，還需要對這些特徵執行額外的清理步驟，例如對 title 進行標準化或分組，以提取任何邊緣資訊。這項工作超出了本案例研究的範圍，但可以在模型的後續反覆運算中進行探索。

地理位置可以在信用決定中發揮作用，郵遞區號提供了這個維度的詳細視圖。同樣，需要額外的工作來準備此特徵以進行建模，而且我們認為這不在本案例研究的範圍內。

```
dataset.drop(['id','emp_title','title','zip_code'], axis=1, inplace=True)
```

接著來看看 term 特徵。

期數（Term） 是指貸款的付款次數，其值以月為單位，可以是 36 或 60。60 個月的貸款比較有可能轉呆帳。

我們將期數轉換為整數，並按期數分組，以便進一步分析：

```
dataset['term'] = dataset['term'].apply(lambda s: np.int8(s.split()[0]))
dataset.groupby('term')['charged_off'].value_counts(normalize=True).loc[:,1]
```

Output

```
term
36    0.165710
60    0.333793
Name: charged_off, dtype: float64
```

五年期貸款轉呆帳的可能性是三年期貸款的兩倍多。這一特徵似乎對預測很重要。

我們來看看 emp_length 特徵：

```
dataset['emp_length'].replace(to_replace='10+ years', value='10 years',\
  inplace=True)

dataset['emp_length'].replace('< 1 year', '0 years', inplace=True)

def emp_length_to_int(s):
    if pd.isnull(s):
        return s
    else:
        return np.int8(s.split()[0])

dataset['emp_length'] = dataset['emp_length'].apply(emp_length_to_int)
charge_off_rates = dataset.groupby('emp_length')['charged_off'].value_counts\
  (normalize=True).loc[:,1]
sns.barplot(x=charge_off_rates.index, y=charge_off_rates.values)
```

Output

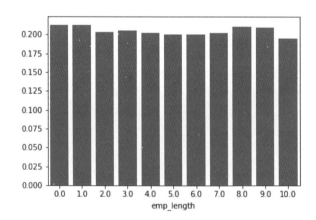

（平均）貸款狀況似乎不會隨就業年限而有太大變化；所以此特徵將予以排除：

```
dataset.drop(['emp_length'], axis=1, inplace=True)
```

來看看 sub_grade 特徵：

```
charge_off_rates = dataset.groupby('sub_grade')['charged_off'].value_counts\
(normalize=True).loc[:,1]
sns.barplot(x=charge_off_rates.index, y=charge_off_rates.values)
```

Output

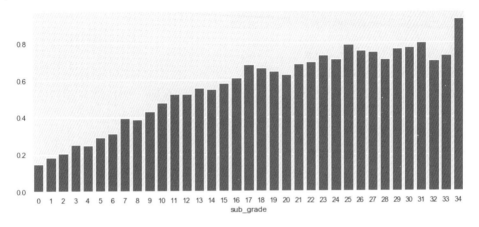

如圖所示，隨著貸款等級之子級變差，轉呆帳的可能性明顯增加，因此這被視為一個關鍵特徵。

4.1.2、分析連續特徵。 我們來看看 annual_inc（年收入）特徵：

```
dataset[['annual_inc']].describe()
```

Output

	annual_inc
count	8.149860e+05
mean	7.523039e+04
std	6.524373e+04
min	0.000000e+00
25%	4.500000e+04
50%	6.500000e+04
75%	9.000000e+04
max	9.550000e+06

年收入從 0 美元到 95,50,000 美元不等，中位數為 65,000 美元。由於收入範圍較大，我們對年收入變數進行對數變換：

```
dataset['log_annual_inc'] = dataset['annual_inc'].apply(lambda x: np.log10(x+1))
dataset.drop('annual_inc', axis=1, inplace=True)
```

我們來看看 FICO 得分（fico_range_low, fico_range_high）特徵：

```
dataset[['fico_range_low','fico_range_high']].corr()
```

Output

	fico_range_low	fico_range_high
fico_range_low	1.0	1.0
fico_range_high	1.0	1.0

鑒於 FICO low 和 high 之間的相關性為 1，我們最好只保留一個特徵，即 FICO 得分的平均值：

```
dataset['fico_score'] = 0.5*dataset['fico_range_low'] +\
  0.5*dataset['fico_range_high']

dataset.drop(['fico_range_high', 'fico_range_low'], axis=1, inplace=True)
```

4.2、對分類資料進行編碼。 為了在分類模型中使用特徵，我們需要將分類資料（即文字特徵）轉換成以數值表示，這個過程叫做編碼（encode）。編碼方式不只一種，但是本案例將使用一個值介於 0 和 n 之間的標籤編碼器（label encoder），其中 n 是不同標籤的個數。以下步驟中用 sklearn 的 LabelEncoder 函式把所有分類會用到的欄位一起編碼：

```
from sklearn.preprocessing import LabelEncoder
# Categorical boolean mask
categorical_feature_mask = dataset.dtypes==object
# filter categorical columns using mask and turn it into a list
categorical_cols = dataset.columns[categorical_feature_mask].tolist()
```

來看看用來分類的欄位：

```
categorical_cols
```

Output

```
['grade',
 'sub_grade',
 'home_ownership',
 'verification_status',
```

```
                'purpose',
                'addr_state',
                'initial_list_status',
                'application_type']
```

4.3、抽樣資料。 　假設貸款資料為非常態分佈，則對其進行抽樣，以獲得相等數量的轉呆帳和無轉呆帳觀測值。抽樣可產生更平衡的資料集，並避免過度擬合[3]：

```
loanstatus_0 = dataset[dataset["charged_off"]==0]
loanstatus_1 = dataset[dataset["charged_off"]==1]
subset_of_loanstatus_0 = loanstatus_0.sample(n=5500)
subset_of_loanstatus_1 = loanstatus_1.sample(n=5500)
dataset = pd.concat([subset_of_loanstatus_1, subset_of_loanstatus_0])
dataset = dataset.sample(frac=1).reset_index(drop=True)
print("Current shape of dataset :",dataset.shape)
```

雖然抽樣可能有其優點，但也有一些缺點。抽樣可能會排除一些可能與採集的資料不一致的資料，這會影響結果的準確性。另外，選擇合適的樣本大小也是一項困難的工作。因此，應謹慎進行抽樣，並且通常應避免在資料集相對平衡的情況下進行抽樣。

5、評估演算法和模型

5.1、拆分為訓練集和測試集。 　下一步是拆分用於模型評估的驗證資料集：

```
Y= dataset["charged_off"]
X = dataset.loc[:, dataset.columns != 'charged_off']
validation_size = 0.2
seed = 7
X_train, X_validation, Y_train, Y_validation = \
train_test_split(X, Y, test_size=validation_size, random_state=seed)
```

5.2、測試選項和評估指標。 　此步驟為選擇測試選項和評估指標，本案例選擇 roc_auc 為分類的評估指標，有關這個指標的細節請參閱第 4 章。這個指標表示模型區分陽性和陰性的能力。roc_auc 值為 1.0 表示一個模型可以完美地做出所有預測，而值為 0.5 表示一個模型與隨機模型一樣。

```
num_folds = 10
scoring = 'roc_auc'
```

這個模型無法接受大量的誤報，因為這會對投資人和公司的信譽造成負面影響。所以我們可以像在欺詐偵測案例中那樣使用召回。

3　第 150 頁的「案例研究 1：欺詐偵測」詳細介紹了抽樣。

5.3、比較模型和演算法。 我們抽查一下分類演算法,將 ANN 和集成模型納入要檢查的模型清單中:

```
models = []
models.append(('LR', LogisticRegression()))
models.append(('LDA', LinearDiscriminantAnalysis()))
models.append(('KNN', KNeighborsClassifier()))
models.append(('CART', DecisionTreeClassifier()))
models.append(('NB', GaussianNB()))
# Neural Network
models.append(('NN', MLPClassifier()))
# Ensemble Models
# Boosting methods
models.append(('AB', AdaBoostClassifier()))
models.append(('GBM', GradientBoostingClassifier()))
# Bagging methods
models.append(('RF', RandomForestClassifier()))
models.append(('ET', ExtraTreesClassifier()))
```

在對上述模型執行 *k*-fold 交叉驗證後,總體績效如下:

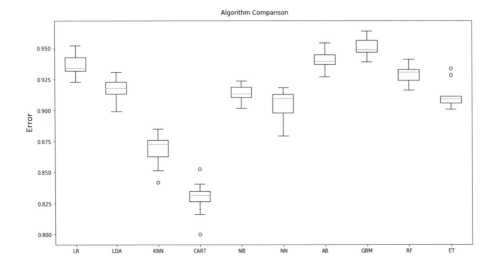

梯度提升法(GBM)模型的績效最好,我們在下一步選擇它進行網格搜尋。GBM 的細節和模型參數已在第 4 章中描述。

6、模型調校和網格搜尋

接下來是調校估計器和最大深度超參數的數量，這已在第 4 章中討論過：

```
# Grid Search: GradientBoosting Tuning
n_estimators = [20,180]
max_depth= [3,5]
param_grid = dict(n_estimators=n_estimators, max_depth=max_depth)
model = GradientBoostingClassifier()
kfold = KFold(n_splits=num_folds, random_state=seed)
grid = GridSearchCV(estimator=model, param_grid=param_grid, scoring=scoring, \
  cv=kfold)
grid_result = grid.fit(X_train, Y_train)
print("Best: %f using %s" % (grid_result.best_score_, grid_result.best_params_))
```

Output

```
Best: 0.952950 using {'max_depth': 5, 'n_estimators': 180}
```

一個 max_depth 為 5、估計特徵數為 150 的 GBM 模型所得到的模型表現最佳。

7、模型確立

現在，我們執行選擇模型的最後步驟。

7.1、測試資料集的結果。 我們用在網格搜尋步驟中找到的參數來準備 GBM 模型，並檢查測試資料集上的結果：

```
model = GradientBoostingClassifier(max_depth= 5, n_estimators= 180)
model.fit(X_train, Y_train)

# estimate accuracy on validation set
predictions = model.predict(X_validation)
print(accuracy_score(Y_validation, predictions))
```

Output

```
0.889090909090909
```

在測試集上，模型的準確率為 89%。我們檢查一下混淆矩陣：

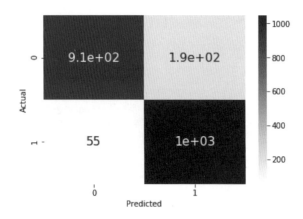

從混淆矩陣和測試集的總體結果來看，誤報率和漏報率都較低；總體模型績效看起來不錯，與訓練集結果一致。

7.2、變數直覺 / 特徵重要性。 此步驟是計算並顯示訓練模型的變數重要性：

```
print(model.feature_importances_) #use inbuilt class feature_importances
feat_importances = pd.Series(model.feature_importances_, index=X.columns)
#plot graph of feature importances for better visualization
feat_importances.nlargest(10).plot(kind='barh')
pyplot.show()
```

Output

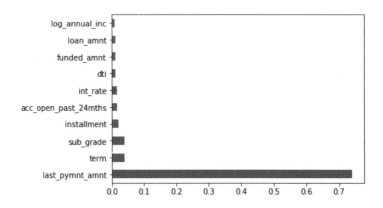

模型重要性的結果符合直覺；最後一筆付款金額似乎是最重要的特徵，其次是貸款期數和貸款等級之子級。

結論

本案例研究介紹了基於分類的樹演算法應用於貸款違約預測。我們解說了資料準備是最重要的步驟之一。我們透過使用不同的技術執行特徵消除來解決這個問題,例如特徵直覺、相關性分析、視覺化和特徵的資料品質檢查。我們說明了可以用不同的方法來處理和分析分類資料,並將分類資料轉換為模型的可用格式。

我們強調執行資料處理和建立對變數重要性的瞭解是模型建立過程中的關鍵。著重在這些步驟的結果建立了一個簡單的基於分類的模型,該模型為違約預測產生了魯棒的結果。

案例研究 3:比特幣交易策略

比特幣於 2009 年首次由一個化名中本聰(Satoshi Nakamoto)的人以開放原始碼形式發行,是執行時間最長、最知名的加密貨幣。

加密貨幣交易的一個主要缺點是市場的波動性。由於加密貨幣市場 24/7 全天候交易,在快速變化的市場動態追蹤加密貨幣倉位可能很快成為一項無法管理的任務。這就是自動交易演算法和交易機器人可以提供協助的地方。

各種機器學習演算法可以用來產生交易訊號,並試圖預測市場的走勢。人們可以用機器學習演算法將第二天的走勢分為三類:市場將上漲(多頭倉位)、市場將下跌(空頭倉位)或市場將橫向移動(無倉位)。既然我們知道市場走向,就可以決定最佳的進場點和出場點。

機器學習有一個關鍵的層面,稱之為**特徵工程**(*feature engineering*),它意味著我們可以建立新的、直觀的特徵,並將它們提供給機器學習演算法,以獲得更好的結果。我們可以導入不同的技術指標作為特徵,以幫助預測資產的未來價格。有許多不同類別的技術指標,包括**趨勢、成交量、波動性**和**動量**指標。這些技術指標源自於價格或成交量等市場變數,並包含了額外的資訊或訊號。

本案例研究將用各種基於分類的模型來預測目前倉位的訊號是買進還是賣出。我們將從市場價格中建立額外的**趨勢**和**動量**指標,作為預測中的額外特徵。

本案例的重點將放在：

- 利用分類（多空訊號分類）建立交易策略。

- 建構趨勢、動量和均值迴歸的特徵工程和技術指標。

- 為交易策略結果的回溯測試建立一個框架。

- 選擇正確的評估指標來決定交易策略的好壞。

 ## 以基於分類的模型預測比特幣市場買賣的藍圖

1、問題定義

我們用分類框架來定義預測交易策略的買進或賣出訊號問題，其中目標變數的值為 1 表示買進、0 表示賣出。這個訊號是透過比較短期和長期的價格趨勢而決定。

所使用的資料來自一家最大的比特幣交易所（按平均日交易量計算）Bitstamp（*https://www.bitstamp.com*），資料涵蓋了 2012 年 1 月至 2017 年 5 月的價格。從資料中建立不同的趨勢和動量指標，並將其加到特徵中，以提升預測模型的績效。

在本案例研究結束時，讀者將熟悉通用的交易策略建構方法，包括從清理資料和特徵工程到模型調校和建立回溯測試框架。

2、預備：載入資料和 Python 套件

我們先載入套件和資料。

2.1、載入 Python 套件。 此步驟會載入標準 Python 套件。這些細節已在先前的案例研究中介紹。有關更多細節，請參閱本案例研究的 Jupyter Notebook。

2.2、載入資料。 從 Bitstamp 網站取得的比特幣資料在此步驟中載入：

```
# load dataset
dataset = pd.read_csv('BitstampData.csv')
```

3、探索性資料分析

此步驟將詳細檢視這些資料。

3.1、敘述性統計。 首先，我們來看看資料的形狀：

```
dataset.shape
```

Output

```
(2841377, 8)

# peek at data
set_option('display.width', 100)
dataset.tail(2)
```

Output

	Timestamp	Open	High	Low	Close	Volume_(BTC)	Volume_(Currency)	Weighted_Price
2841372	1496188560	2190.49	2190.49	2181.37	2181.37	1.700166	3723.784755	2190.247337
2841373	1496188620	2190.50	2197.52	2186.17	2195.63	6.561029	14402.811961	2195.206304

資料集包含每分鐘的 OHLC（開盤、最高價、最低價、收盤）資料和比特幣交易量。資料集很大，總共有大約 280 萬個觀測值。

4、資料準備

在這一部分中，我們將清理資料以準備建模。

4.1、資料清理。 我們把上一個可用的值填入到 NaN 來清理資料：

```
dataset[dataset.columns.values] = dataset[dataset.columns.values].ffill()
```

Timestamp 這一欄對於建模沒有用處，因此從資料集中刪除：

```
dataset=dataset.drop(columns=['Timestamp'])
```

4.2、準備分類資料。 第一步是為模型建立目標變數。這一欄將顯示交易訊號是買進還是賣出。我們把短期價格定義為 10 天滾動平均值，長期價格則是定義為 60 天滾動平均值。如果短期價格高於（低於）長期價格，我們會貼上 1 (0) 的標籤：

```
# Create short simple moving average over the short window
dataset['short_mavg'] = dataset['Close'].rolling(window=10, min_periods=1,\
center=False).mean()
```

```
# Create long simple moving average over the long window
dataset['long_mavg'] = dataset['Close'].rolling(window=60, min_periods=1,\
center=False).mean()

# Create signals
dataset['signal'] = np.where(dataset['short_mavg'] >
dataset['long_mavg'], 1.0, 0.0)
```

4.3、特徵工程。 我們從分析可能影響預測模型績效的特徵開始進行特徵工程。基於
對驅動投資策略關鍵因素概念上的瞭解，目前的任務是要識別和建構新的特徵，這些特
徵可以捕捉這些報酬驅動因素所體現的風險或特徵。對於本案例研究，我們將探討特定
動量技術指標的有效性。

目前比特幣的資料包括日期、開盤、最高價、最低價、收盤和成交量。利用這些資料，
我們計算出以下動量指標：

移動平均線（*Moving average*）

移動平均線透過減少序列中的雜訊來指出價格的趨勢。

隨機指標（*Stochastic oscillator*）%K

隨機指標是一種動量振盪指標，它將證券的收盤價與其在過去一段時間內的價格區
間做比較。%K 和 %D 分別是快速和慢速指標。快速指標比慢速指標對底層證券價格
的變化更為敏感，可能會產生許多交易訊號。

相對強度指數（*Relative strength index, RSI*）

這也是一個動量振盪指標，衡量的是最近價格變化的幅度，以評估股票或其他資產
價格的超買或超賣情況。RSI 的值介於 0 到 100 之間。一旦 RSI 接近 70，一項資產
就被視為超買，這表示著該資產可能被高估，很有機會回檔。同樣地，如果 RSI 接
近 30，則表示資產可能被超賣，因此可能被低估。

變化率（*Rate of change, ROC*）

這也是一個動量振盪指標，用來測量目前價格和過去一段時間價格之間的百分比變
化。ROC 值越高的資產越可能被超買；ROC 值越低的資產越可能被超賣。

動量（*Momentum, MOM*）

這是證券價格或成交量的加速率，也就是價格變化的速度。

以下步驟示範了如何產生一些有用的預測特徵。趨勢和動量特徵可用於其他交易策略模型：

```python
#calculation of exponential moving average
def EMA(df, n):
    EMA = pd.Series(df['Close'].ewm(span=n, min_periods=n).mean(), name='EMA_'\
    + str(n))
    return EMA
dataset['EMA10'] = EMA(dataset, 10)
dataset['EMA30'] = EMA(dataset, 30)
dataset['EMA200'] = EMA(dataset, 200)
dataset.head()

#calculation of rate of change
def ROC(df, n):
    M = df.diff(n - 1)
    N = df.shift(n - 1)
    ROC = pd.Series(((M / N) * 100), name = 'ROC_' + str(n))
    return ROC
dataset['ROC10'] = ROC(dataset['Close'], 10)
dataset['ROC30'] = ROC(dataset['Close'], 30)

#calculation of price momentum
def MOM(df, n):
    MOM = pd.Series(df.diff(n), name='Momentum_' + str(n))
    return MOM
dataset['MOM10'] = MOM(dataset['Close'], 10)
dataset['MOM30'] = MOM(dataset['Close'], 30)

#calculation of relative strength index
def RSI(series, period):
 delta = series.diff().dropna()
 u = delta * 0
 d = u.copy()
 u[delta > 0] = delta[delta > 0]
 d[delta < 0] = -delta[delta < 0]
 u[u.index[period-1]] = np.mean( u[:period] ) #first value is sum of avg gains
 u = u.drop(u.index[:(period-1)])
 d[d.index[period-1]] = np.mean( d[:period] ) #first value is sum of avg losses
 d = d.drop(d.index[:(period-1)])
 rs = u.ewm(com=period-1, adjust=False).mean() / \
 d.ewm(com=period-1, adjust=False).mean()
 return 100 - 100 / (1 + rs)
```

```
dataset['RSI10'] = RSI(dataset['Close'], 10)
dataset['RSI30'] = RSI(dataset['Close'], 30)
dataset['RSI200'] = RSI(dataset['Close'], 200)

#calculation of stochastic osillator.

def STOK(close, low, high, n):
 STOK = ((close - low.rolling(n).min()) / (high.rolling(n).max() - \
 low.rolling(n).min())) * 100
 return STOK

def STOD(close, low, high, n):
 STOK = ((close - low.rolling(n).min()) / (high.rolling(n).max() - \
 low.rolling(n).min())) * 100
 STOD = STOK.rolling(3).mean()
 return STOD

dataset['%K10'] = STOK(dataset['Close'], dataset['Low'], dataset['High'], 10)
dataset['%D10'] = STOD(dataset['Close'], dataset['Low'], dataset['High'], 10)
dataset['%K30'] = STOK(dataset['Close'], dataset['Low'], dataset['High'], 30)
dataset['%D30'] = STOD(dataset['Close'], dataset['Low'], dataset['High'], 30)
dataset['%K200'] = STOK(dataset['Close'], dataset['Low'], dataset['High'], 200)
dataset['%D200'] = STOD(dataset['Close'], dataset['Low'], dataset['High'], 200)

#calculation of moving average
def MA(df, n):
    MA = pd.Series(df['Close'].rolling(n, min_periods=n).mean(), name='MA_'\
     + str(n))
    return MA
dataset['MA21'] = MA(dataset, 10)
dataset['MA63'] = MA(dataset, 30)
dataset['MA252'] = MA(dataset, 200)
```

定義完特徵後，我們將準備使用它們。

4.4、資料視覺化。 此步驟將特徵和目標變數的不同屬性視覺化：

```
dataset[['Weighted_Price']].plot(grid=True)
plt.show()
```

Output

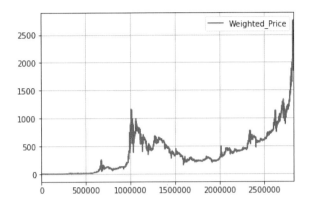

圖表顯示，比特幣價格大幅上漲，2017 年從接近 0 美元上漲至 2,500 美元左右。此外，價格的高波動性是顯而易見的。

我們看看目標變數的分佈：

```
fig = plt.figure()
plot = dataset.groupby(['signal']).size().plot(kind='barh', color='red')
plt.show()
```

Output

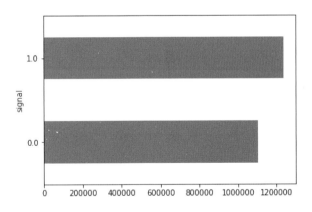

預測變數在 52% 的時間裡是 1，這意味著買進訊號多於賣出訊號。預測變數是相對平衡的，尤其是與我們在第一個案例研究中看到的欺詐資料集相比。

5、評估演算法和模型

這個步驟將評估不同的演算法。

5.1、拆分為訓練集和測試集。 我們首先將資料集分成訓練集（80%）和測試集（20%）。在本案例研究中，我們只用了 100,000 個觀測值以縮短計算的時間。如果要使用整個資料集，接下來的步驟是一樣的：

```
# split out validation dataset for the end
subset_dataset= dataset.iloc[-100000:]
Y= subset_dataset["signal"]
X = subset_dataset.loc[:, dataset.columns != 'signal']
validation_size = 0.2
seed = 1
X_train, X_validation, Y_train, Y_validation =\
train_test_split(X, Y, test_size=validation_size, random_state=1)
```

5.2、測試選項和評估指標。 由於資料中沒有明顯的類別不平衡，因此可將準確度用來當作評估指標：

```
# test options for classification
num_folds = 10
scoring = 'accuracy'
```

5.3、比較模型和演算法。 為了知道哪種演算法最適合我們的策略，我們評估了線性、非線性和集成模型。

5.3.1、模型。 檢查分類演算法：

```
models = []
models.append(('LR', LogisticRegression(n_jobs=-1)))
models.append(('LDA', LinearDiscriminantAnalysis()))
models.append(('KNN', KNeighborsClassifier()))
models.append(('CART', DecisionTreeClassifier()))
models.append(('NB', GaussianNB()))
#Neural Network
models.append(('NN', MLPClassifier()))
# Ensemble Models
# Boosting methods
models.append(('AB', AdaBoostClassifier()))
models.append(('GBM', GradientBoostingClassifier()))
# Bagging methods
models.append(('RF', RandomForestClassifier(n_jobs=-1)))
```

在執行 *k*-fold 交叉驗證後，模型的比較如下：

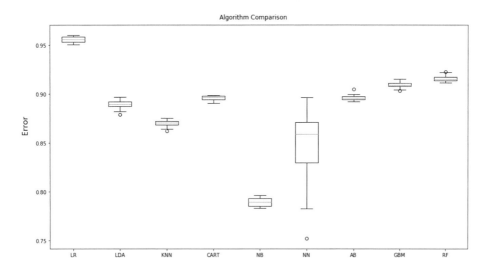

儘管有些模型顯示出了很好的結果，但是考慮到資料集的規模非常大、大量的特徵以及預測變數和特徵之間預期的非線性關係，我們更傾向於集成模型，其中隨機森林模型是集成模型中績效最好的。

6、模型調校和網格搜尋

透過改變估計量的個數和最大深度，對隨機森林模型進行網格搜尋。隨機森林模型的細節和要調校的參數已在第 4 章討論過：

```
n_estimators = [20,80]
max_depth= [5,10]
criterion = ["gini","entropy"]
param_grid = dict(n_estimators=n_estimators, max_depth=max_depth, \
  criterion = criterion )
model = RandomForestClassifier(n_jobs=-1)
kfold = KFold(n_splits=num_folds, random_state=seed)
grid = GridSearchCV(estimator=model, param_grid=param_grid, \
  scoring=scoring, cv=kfold)
grid_result = grid.fit(X_train, Y_train)
print("Best: %f using %s" % (grid_result.best_score_,\
  grid_result.best_params_))
```

Output
```
Best: 0.903438 using {'criterion': 'gini', 'max_depth': 10, 'n_estimators': 80}
```

7、模型確立

我們用在調校步驟中找到的最佳參數確定最終的模型,並執行變數直覺。

7.1、測試資料集的結果。 在此步驟中,我們在測試集上評估選定的模型:

```
# prepare model
model = RandomForestClassifier(criterion='gini', n_estimators=80,max_depth=10)

#model = LogisticRegression()
model.fit(X_train, Y_train)

# estimate accuracy on validation set
predictions = model.predict(X_validation)
print(accuracy_score(Y_validation, predictions))
```

Output

```
    0.9075
```

所選定的模型績效良好,準確率為 90.75%。我們再看看混淆矩陣:

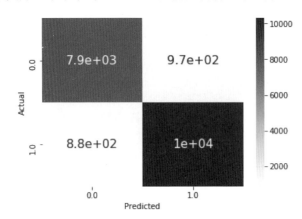

總體模型績效合理,與訓練集結果一致。

7.2、變數直覺 / 特徵重要性。 我們來看看模型的特徵重要性:

```
Importance = pd.DataFrame({'Importance':model.feature_importances_*100},\
 index=X.columns)
Importance.sort_values('Importance', axis=0, ascending=True).plot(kind='barh', \
color='r' )
plt.xlabel('Variable Importance')
```

Output

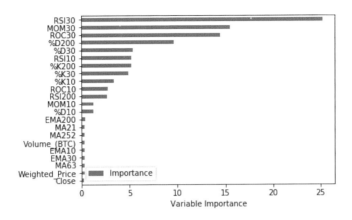

變數重要性的結果看起來很直觀，RSI 和 MOM 在過去 30 天的動量指標似乎是兩個最重要的特徵。特徵重要性的圖證實了一個事實：引進新特徵可以提高模型績效。

7.3、回溯測試結果。 在這個附加步驟中，我們對我們建立的模型進行回溯測試，透過將每日報酬乘以前一天營業結束時持有的倉位來建立策略報酬欄位，並將其與實際報酬進行比較。

 回溯測試交易策略

用類似本案例研究中提出的回溯測試方法可快速回測任何交易策略。

```
backtestdata = pd.DataFrame(index=X_validation.index)
backtestdata['signal_pred'] = predictions
backtestdata['signal_actual'] = Y_validation
backtestdata['Market Returns'] = X_validation['Close'].pct_change()
backtestdata['Actual Returns'] = backtestdata['Market Returns'] *\
backtestdata['signal_actual'].shift(1)
backtestdata['Strategy Returns'] = backtestdata['Market Returns'] * \
backtestdata['signal_pred'].shift(1)
backtestdata=backtestdata.reset_index()
backtestdata.head()
backtestdata[['Strategy Returns','Actual Returns']].cumsum().hist()
backtestdata[['Strategy Returns','Actual Returns']].cumsum().plot()
```

Output

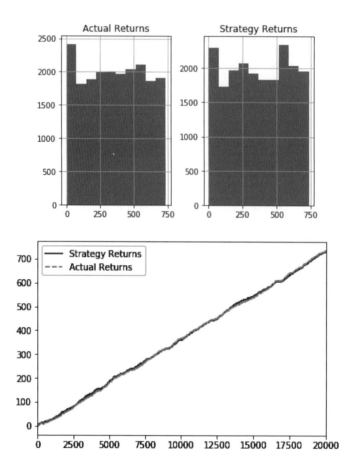

從回溯測試結果來看，我們並沒有明顯偏離實際的市場報酬。事實上，所實現的動量交易策略使我們更善於預測能夠獲利的價格方向來執行買進或賣出。然而，由於我們的準確率不是 100%（但超過 96%），與實際回報相比，我們的損失相對較少。

結論

本案例研究的結果顯示，當涉及到用機器學習解決金融方面的問題時，框架的問題是一個關鍵步驟。在這樣做的過程中，已決定了此交易策略必須根據投資標的和執行特徵工程來轉換標籤。我們示範了使用與價格走勢和動量相關的直觀特徵的效率。這有助於提高模型的預測能力。最後，我們介紹了一個回溯測試框架，它允許我們使用歷史資料模擬交易策略，讓我們能夠在把任何實際資本進行風險投資之前產生結果，並分析風險和獲利能力。

本章摘要

在第 150 頁的「案例研究 1：欺詐偵測」中，我們探討了資料集不平衡的問題，以及擁有正確評估指標的重要性。在第 164 頁的「案例研究 2：貸款違約機率」中，涵蓋了資料處理、特徵選擇和探索性分析的各種技術和概念。

在第 177 頁的「案例研究 3：比特幣交易策略」中，我們研究了建立技術指標來當作特徵的方法，以便將其用於模型增強。我們還為交易策略準備了一個回溯測試框架。

大體上，本章介紹的 Python、機器學習和金融相關的概念可以作為金融領域中任何其他基於分類問題的藍圖。

練習

- 利用與股票或總體經濟變數相關的特徵來預測股票價格是上漲還是下跌（使用本章基於比特幣的案例研究的概念）。

- 建立一個利用交易特徵偵測洗錢的模型。此練習的範例資料集可以從 Kaggle 取得（*https://oreil.ly/GcinN*）。

- 利用與信用可靠程度相關的特徵對公司進行信用評等分析。

## 第三部分

非監督式學習

## 第七章

非監督式學習：降維

在前面的章節中，我們用監督式學習技術來建立機器學習模型，使用的是已知答案的資料（也就是說，類別標籤在輸入的資料中）。現在在我們將探討**非監督式學習**，在非監督式學習中，當答案未知時，我們從由輸入資料組成的資料集中進行推斷。非監督式學習演算法試圖從資料中推斷出模式，而不知道資料要產生的輸出。非監督式學習無需標記資料（建立或取得這些資料既費時又不切實際），這類模型可以輕易地使用較大的資料集進行分析和模型建立。

降維（*Dimensionality reduction*）是非監督式學習中的一項關鍵技術。它透過找到一組更小、不同的變數來壓縮資料，這些變數捕獲了原始特徵中最重要的內容，同時最大限度地減少了資訊的丟失。降維有助於緩解與高維相關的問題，並讓高維資料一些重要而難以發掘的層面得以視覺化。

在金融領域中，資料集往往很大，而且包含許多維度，降維技術被證明是非常切合實際和有用的。降維使我們能夠減少資料集中的雜訊和冗餘，並使用較少的特徵找到資料集的近似版本。由於要考慮的變數較少，資料集的探索和視覺化變得更加簡單。降維技術還透過減少特徵的數量或發現新的特徵來增強基於監督式學習的模型。從業者用這些降維技術在資產類別和個人投資中分配資金、確定交易策略和信號、貫徹投資組合對沖和風險管理，並建立可交易資產的定價模型。

本章將討論基本的降維技術，並逐步詳細解釋投資組合管理、利率建模、交易策略建立等領域的三個案例。這些案例不僅以金融領域的角度涵蓋了不同的主題，而且強調了多種機器學習和資料科學的概念，包括以 Python 建模的詳細實作步驟，以及機器學習和金融概念的標準化範本等，可以作為金融領域任何其他降維問題的藍圖。

在第 200 頁的「案例研究 1：投資組合管理：尋找特徵投資組合」中，我們利用降維演算法將資本分配到不同的資產類別，以最大化風險調整後的報酬。我們還介紹了一個回溯測試框架來評估我們建構的投資組合績效。

在第 215 頁的「案例研究 2：收益率曲線建構和利率建模」中，我們利用降維技術產生典型的報酬率移動曲線。這將說明如何利用降維技術來降低多個資產類別中市場變數的維度，以促進更快、更有效的投資組合管理、交易、對沖和風險管理。

在第 225 頁的「案例研究 3：比特幣交易：提高速度和準確性」中，我們使用了演算法交易的降維技術。這個案例示範了如何在低維度進行資料探索。

除上述幾點外，讀者在本章結束時還將瞭解以下幾點：

- 用於降維的模型和技術的基本概念以及如何用 Python 實作。

- 主成分分析（Principal Component Analysis, PCA）中特徵值和特徵向量的概念、選擇合適的主成分個數、擷取主成分的因數權重等。

- 利用奇異值分解（singular value decomposition, SVD）和 t-SNE 等降維技術對高維資料進行匯總，實現有效的資料採擷和視覺化。

- 如何利用降維後的主成分重構原始資料。

- 如何透過降維提高監督式學習演算法的速度和精確度。

- 用於投資組合績效計算和分析投資組合績效指標（如夏普比率和投資組合年化報酬率）的回溯測試框架。

本章的程式庫

用來降維的 Python 主範本，以及本章中所有案例研究的 Jupyter Notebook，已包含在本書程式庫的「*Chapter 7 - Unsup. Learning - Dimensionality Reduction*」資料夾中（*https://oreil.ly/tI-KJ*）。為了解決 Python 中涉及本章介紹的降維模型（例如 PCA、SVD、Kernel PCA 或 t-SNE）的任何利用降維來為機器學習建模的問題，讀者需要稍微修改範本，使其與問題敘述保持一致。本章中介紹的所有案例都使用標準 Python 主範本和第 3 章中介紹的標準化模型建立步驟。對於降維案例研究，與監督式學習模型相比，步驟 6（即模型調校）和步驟 7（即模型確立）相對較單純，因此這些步驟已與步驟 5 合併。如果有不相關的情況，可以跳過這些步驟，或者把它們跟其他步驟合併，讓案例研究的流程更為直觀。

降維技術

降維透過較少的特徵來更有效率地表示給定資料集中的資訊，這些技術將資料投影到低維空間，方法是要麼丟棄資料中不具資訊性的變化，要麼在資料所在的位置或附近識別低維子空間。

降維技術有很多種，本章將介紹以下幾種最常用的降維技術：

- 主成分分析（Principal component analysis, PCA）
- 核主成分分析（Kernel principal component analysis, KPCA）
- t- 分佈隨機鄰域嵌入（t-distributed stochastic neighbor embedding, t-SNE）

應用這些降維技術後，低維特徵子空間可以是相對應高維特徵子空間的線性或非線性函數。因此，廣義而言這些降維演算法可以分為線性降維演算法和非線性降維演算法。線性演算法，如主成分分析，迫使新的變數是原始特徵的線性組合。

非線性演算法（例如 KPCA 和 t-SNE）可以捕獲資料中更複雜的結構。然而，由於要考慮的選項數量是無限的，演算法仍然需要做出假設才能得到一個解。

主成分分析

主成分分析（Principal component analysis, PCA）的概念是不但要降低具有大量變數的資料集的維度，而且同時要能保留的變異數越多越好。PCA 可以讓我們瞭解是否有一種不同的資料表示法可以解釋大多數原始資料點。

PCA 發現一組新的變數，能藉由線性組合產生原始變數。這些新的變數稱為 **主 成 分**（*principal components*, PCs）。這些主成分為正交（或獨立），而且可以代表原始資料。分量個數是 PCA 演算法的一個超參數，用來設定目標維度。

PCA 演算法的原理是把原始資料投影到主成分空間，然後識別一系列主成分，每個主成分與資料中最大變異數的方向一致（在考量之前計算的成分所捕獲的變異數之後），循序最佳化也確保了新成分與現有成分不相關。因此，所得到的集合構成了向量空間的正交基底。

由每個主成分所解釋的原始資料變異數下降反映了原始特徵之間相關性的程度。例如，捕獲相對於特徵總數 95% 原始變化的成分數量提供了可洞悉原始資料的線性獨立資訊。為了瞭解主成分分析如何運作，我們考慮圖 7-1 的資料分佈。

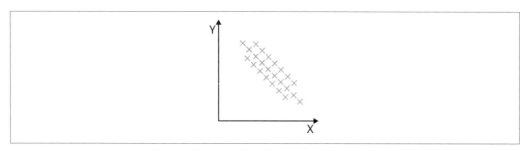

圖 7-1　PCA-1

PCA 透過平移和旋轉從原始象限得到一個新的象限系統（*y'* 和 *x'* 坐標軸），並將坐標系的中心從原點（*0, 0*）移動到資料點分佈的中心，然後將 x 軸移動到變化的主軸，即相對於資料點變化最大的主軸（即，最大擴展方向），再移動另一個軸到垂直於主軸的方向，成為一個比較不重要的變化方向。

圖 7-2 顯示了主成分分析的一個例子，其中兩個維度解釋了基本資料的幾乎所有變異數。

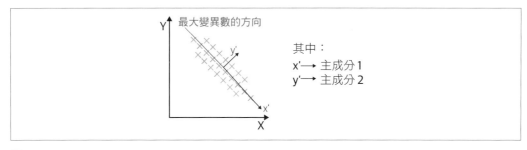

圖 7-2　PCA-2

這些包含最大變異數的新方向稱為主成分，並且與其他主成分互為正交。

尋找主成分有兩種方法：**特徵分解**和**奇異值分解**（*singular value decomposition*, SVD）。

特徵分解

特徵分解的步驟如下：

1. 首先，為特徵建立共變異數矩陣。

2. 一旦計算了共變異數矩陣，就可以計算共變異數矩陣的**特徵向量**（*eigenvectors*）[1]，這些是最大變異數的方向。

3. 然後建立**特徵值**（*eigenvalues*），定義主成分的大小。

所以，對於 n 維而言，會有一個 $n \times n$ 的變異數共變異數矩陣，因此我們會有一個 n 個值的特徵向量和 n 個特徵值。

Python 的 sklearn 提供了實作 PCA 的強大函式庫。sklearn.decomposition.PCA 函式計算所需的主成分個數，並將資料投影到成分空間中。以下的程式碼片段示範了如何從資料集建立兩個主成分。

Implementation

```
# Import PCA Algorithm
from sklearn.decomposition import PCA
# Initialize the algorithm and set the number of PC's
pca = PCA(n_components=2)
# Fit the model to data
pca.fit(data)
```

1　特徵向量和特徵值（*https://oreil.ly/fDaLg*）是線性代數的概念。

```
# Get list of PC's
pca.components_
# Transform the model to data
pca.transform(data)
# Get the eigenvalues
pca.explained_variance_ratio
```

還有一些額外項目，例如可以用 sklearn 函式庫中的函式獲得的**因素負荷量**（*factor loading*），它們的用法將在案例研究中加以說明。

奇異值分解

奇異值分解（SVD）是將一個矩陣分解為三個矩陣的方法，適用於更一般的 $m \times n$ 矩形矩陣。

如果 A 是 $m \times n$ 矩陣，則 SVD 可以將矩陣表示為：

$$A = U\Sigma V^T$$

其中 A 是 $m \times n$ 矩陣、U 是 $m \times m$ 正交矩陣、Σ 是 $(m \times n)$ 非負矩形對角線矩陣、V 是 $(n \times n)$ 正交矩陣。給定矩陣的 SVD 能夠精確地告訴我們如何分解矩陣。Σ 是一個對角線矩陣，其 m 個對角線值稱為**奇異值**（*singular values*），表示它們對保留原始資料的資訊有多重要。V 為包含主成分的行向量。

如上所示，特徵分解和 SVD 都告訴我們，使用主成分分析可以從不同的角度有效地觀察原始資料。兩者總是給出相同的答案；然而，SVD 比特徵分解更為有效，因為它能夠處理稀疏矩陣（包含很少非零元素的矩陣）。此外，SVD 具有較好的數值穩定性，尤其是當某些特徵具有很強的相關性時。

截斷奇異值分解（*Truncated SVD*）是 SVD 的一個變形，它只計算最大的奇異值，其中計算次數是由使用者指定的參數。這種方法不同於一般的 SVD，因為它會產生一個分解，其中行數等於指定的截斷。例如，給定一個 $n \times n$ 矩陣，SVD 會產生 n 行的矩陣，而截斷 SVD 則會產生指定行數小於 n 的矩陣。

Implementation

```
from sklearn.decomposition import TruncatedSVD
svd = TruncatedSVD(ncomps=20).fit(X)
```

至於 PCA 技術的弱點，在於雖然 PCA 技術在減少維度方面非常有效，但是所得到的主成分可能比原始特徵的可解釋性差。此外，結果可能對選定的主成分個數很敏感。例如，與原始特徵清單相比，太少的主成分可能會丟失一些資訊。此外，對於很強的非線性資料，主成分分析可能無法運作得很好。

核主成分分析

PCA 的主要限制是它只應用到線性變換。核主成分分析（Kernel principal component analysis, KPCA）讓 PCA 得以拓展到處理非線性的問題。首先是把原始資料映射到非線性特徵空間（通常是高維特徵空間）。然後應用 PCA 擷取該空間的主成分。

圖 7-3 顯示了何時適用 KPCA 的簡單範例。線性變換適用於左圖中的黑色和灰色資料點。然而，如果所有的點都按照右圖排列，結果就不是線性可分的，於是我們需要應用 KPCA 來分離成分。

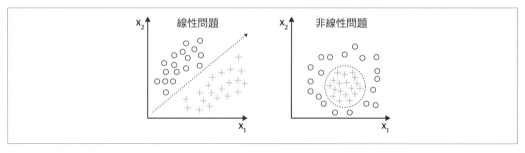

圖 7-3　核主成分分析

Implementation

```
from sklearn.decomposition import KernelPCA
kpca = KernelPCA(n_components=4, kernel='rbf').fit_transform(X)
```

在 Python 程式碼中，我們指定 kernel='rbf' 這是徑向基函數（radial basis function, RBF）的核函數（*https://oreil.ly/zCo-X*），通常用來當作機器學習技術（例如 SVM）中的核函數（見第 4 章）。

KPCA 可讓高維空間中的成分分離變得更為容易，因為映射到高維空間通常提供更大的分類能力。

t 分佈隨機鄰域嵌入法

t 分佈隨機鄰域嵌入法（t-distributed stochastic neighbor embedding, t-SNE）是一種降維演算法，透過對每個點周圍鄰域的機率分佈進行建模來降低維度。在這裡，**鄰域**（*neighbor*）指的是最接近給定點的一組點。t-SNE 演算法強調在低維空間中保持相似點在一起，而不是在高維空間中保持分離點之間的距離。

t-SNE 演算法首先計算資料點在相對應的高維和低維空間中的相似機率。點的相似性是指在以 *A* 為中心的常態分佈下，若根據機率密度按比例選取鄰域，點 *A* 會選點 *B* 為鄰域的條件機率。t-SNE 演算法接下來會儘量減小這些條件機率（或相似性）在高維和低維空間中的差異，以完美地表示低維空間中的資料點。

Implementation

```
from sklearn.manifold import TSNE
X_tsne = TSNE().fit_transform(X)
```

本章所介紹的第三個案例示範了 t-SNE 的實作。

案例研究 1：投資組合管理：尋找特徵投資組合

投資組合管理的主要目標是將資本分配到不同的資產類別，以使風險調整後的報酬最大化。均值變異數投資組合最佳化是資產配置中最常用的技術。這種方法需要估計共變異數矩陣和所考慮資產的預期報酬。然而，財務報酬的不穩定性導致這些投入的估計錯誤，尤其是當報酬的樣本規模與所分配的資產數量相對不足時。這些錯誤極大地破壞了最終投資組合的最佳性，導致糟糕和不穩定的結果。

這個問題可以用降維技術來解決。利用 PCA 可以得到 $n \times n$ 的資產共變異數矩陣，並建立一組由資產及其相對應變異數所組成、線性不相關的主要投資組合（有時在文獻中稱為**特徵投資組合**（*eigen portfolio*）），共變異數矩陣的主成分捕獲了資產之間大部分彼此不相關的共變異數。此外，我們可以用標準化的主成分作為投資組合的權重，在統計上保證這些主要投資組合的報酬是線性不相關的。

在本案例研究結束時，讀者將熟悉一種尋找資產配置特徵投資組合的一般方法，從瞭解主成分分析的概念到針對不同主成分的回溯測試。

本案例研究的重點是：

- 瞭解 PCA 的特徵值和特徵向量，並利用主成分推導投資組合權重。

- 建立回溯測試框架以評估投資組合績效。

- 瞭解如何從頭到尾解決降維建模問題。

 ## 利用降維進行資產分配的藍圖

1、問題定義

本案例研究的目標是在股票報酬資料集上，利用 PCA 來最大化股票投資組合的風險調整報酬。

本案例所使用的資料集是道瓊工業平均指數（Dow Jones Industrial Average, DJIA）及其 30 檔成分股。使用的報酬率資料將從 2000 年開始算起，這些資料可從雅虎財經（Yahoo Finance）下載。

我們還將把我們假定的投資組合績效與基準進行比較，並對模型進行回溯測試，以評估該方法的有效性。

2、預備：載入資料和 Python 套件

2.1、載入 Python 套件。 用於資料載入、資料分析、資料準備、模型評估和模型調校的函式庫列表如下所示，這些套件和函式的大部分細節可以在第 2 章和第 4 章中找到。

```
Packages for dimensionality reduction
    from sklearn.decomposition import PCA
    from sklearn.decomposition import TruncatedSVD
    from numpy.linalg import inv, eig, svd
    from sklearn.manifold import TSNE
    from sklearn.decomposition import KernelPCA
```

Packages for data processing and visualization

```
import numpy as np
import pandas as pd
import matplotlib.pyplot as plt
from pandas import read_csv, set_option
from pandas.plotting import scatter_matrix
import seaborn as sns
from sklearn.preprocessing import StandardScaler
```

2.2、載入資料。 首先導入 DJIA 指數中所有公司調整後收盤價的資料框：

```
# load dataset
dataset = read_csv('Dow_adjcloses.csv', index_col=0)
```

3、探索性資料分析

接下來是檢查資料集。

3.1、敘述性統計。 我們看看資料的形狀：

```
dataset.shape
```

Output

```
(4804, 30)
```

資料由 30 行和 4,804 列所組成，包含自 2000 年以來道瓊指數 30 檔股票的每日收盤價。

3.2、資料視覺化。 我們必須要做的第一件事是對所收集的資料有基本的認識，來看看報酬率的相關性：

```
correlation = dataset.corr()
plt.figure(figsize=(15, 15))
plt.title('Correlation Matrix')
sns.heatmap(correlation, vmax=1, square=True,annot=True, cmap='cubehelix')
```

由繪圖結果（GitHub 上提供的全尺寸版本（*https://oreil.ly/yFwu-*））可以看出，日報酬率之間存在顯著正相關的關係，該圖也指出了資料中嵌入的資訊可以由較少的變數表示（即，小於現在的 30 維）。在進行降維之後，我們將對資料執行另一個詳細的檢查。

Output

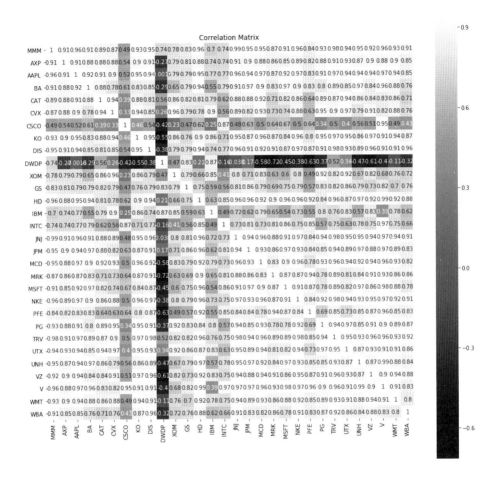

4、資料準備

我們在下面幾節中將為建模準備資料。

4.1、資料清理。 首先,我們檢查資料列中是否有 NAs,如果有的話就刪除它們或者填入行的平均值:

```
#Checking for any null values and removing the null values'''
print('Null Values =',dataset.isnull().values.any())
```

Output

```
Null Values = True
```

有一些股票在我們的開始日期之後被加入指數。為了確保正確的分析，我們將刪除那些超過 30% 缺失值的成分股。有兩檔股票符合這個標準：陶氏化學（Dow Chemicals）和 Visa：

```
missing_fractions = dataset.isnull().mean().sort_values(ascending=False)
missing_fractions.head(10)
drop_list = sorted(list(missing_fractions[missing_fractions > 0.3].index))
dataset.drop(labels=drop_list, axis=1, inplace=True)
dataset.shape
```

Output

```
(4804, 28)
```

我們最後得到 28 家公司和 DJIA 指數的報酬率資料。現在用行的平均值來填入 NAs：

```
# Fill the missing values with the last value available in the dataset.
dataset=dataset.fillna(method='ffill')
```

4.2、資料轉換。　除了處理缺失值之外，我們還希望將資料集特性標準化為一個單位尺度（平均值 =0，變異數 =1）。在應用 PCA 之前，所有變數應該使用相同的尺度；否則，一個具有較大值的特徵將主導結果。我們利用 sklearn 中的 StandardScaler 來將資料集標準化，如下所示：

```
from sklearn.preprocessing import StandardScaler
scaler = StandardScaler().fit(datareturns)
rescaledDataset = pd.DataFrame(scaler.fit_transform(datareturns),columns =\
 datareturns.columns, index = datareturns.index)
# summarize transformed data
datareturns.dropna(how='any', inplace=True)
rescaledDataset.dropna(how='any', inplace=True)
```

總括來說，資料的清理和標準化對於建立一個有意義的、可靠的資料集以用於無錯誤的降維非常重要。

我們來看看其中一檔股票在經過清理和標準化的資料集的報酬情況：

```
# Visualizing Log Returns for the DJIA
plt.figure(figsize=(16, 5))
plt.title("AAPL Return")
rescaledDataset.AAPL.plot()
plt.grid(True);
plt.legend()
plt.show()
```

Output

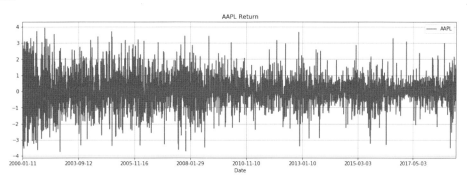

5、評估演算法和模型

5.1、拆分為訓練集和測試集。 投資組合被分為訓練集和測試集,以執行有關最佳投資組合的分析並執行回溯測試:

```
# Dividing the dataset into training and testing sets
percentage = int(len(rescaledDataset) * 0.8)
X_train = rescaledDataset[:percentage]
X_test = rescaledDataset[percentage:]

stock_tickers = rescaledDataset.columns.values
n_tickers = len(stock_tickers)
```

5.2、模型評估:應用主成分分析。 下一步,我們用 sklearn 函式庫建立一個函式來執行 PCA,此函式從資料中產生主成分,用於進一步分析:

```
pca = PCA()
PrincipalComponent=pca.fit(X_train)
```

5.2.1、用 PCA 來解釋變異數。 此步驟將檢視用 PCA 來解釋的變異數。由每個主成分解釋的原始資料變異數個數的下降反映了原始特徵之間的相關性程度。第一個主成分捕獲原始資料中最大的變異數,第二個主成分表示第二大變異數,依此類推。具有最低特徵值的特徵向量描述資料集中的最小變化量,因此可以刪除這些值。

下圖顯示了主成分個數以及每個主成分所解釋的變異數。

```
NumEigenvalues=20
fig, axes = plt.subplots(ncols=2, figsize=(14,4))
Series1 = pd.Series(pca.explained_variance_ratio_[:NumEigenvalues]).sort_values()
Series2 = pd.Series(pca.explained_variance_ratio_[:NumEigenvalues]).cumsum()
```

```
Series1.plot.barh(title='Explained Variance Ratio by Top Factors', ax=axes[0]);
Series1.plot(ylim=(0,1), ax=axes[1], title='Cumulative Explained Variance');
```
Output

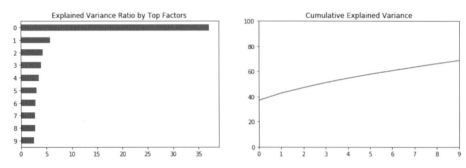

我們發現，最重要的因素解釋了 40% 左右的日報酬率變化，這種決定性的主成分通常被解釋為「市場」因素。稍後檢視投資組合權重時，再來討論這一點和其他因素的解釋。

右邊的曲線圖顯示了累積解釋變異數，並指出大約 10 個因素解釋了所分析的 28 檔股票報酬率 73% 的變異數。

5.2.2、檢視投資組合權重。 此步驟將更仔細地研究各個主成分，這些特徵可能比原始特徵更難解釋。然而，我們可以看看每個主成分的因素權重，以評估與 28 檔股票相關的任何直觀主題。我們建構了五個投資組合，將每檔股票的權重定義為前五個主成分。然後建立一個散點圖，將每家公司在目前所選擇的主成分下的權重，視覺化為一個整齊的降序圖：

```
def PCWeights():
    #Principal Components (PC) weights for each 28 PCs

    weights = pd.DataFrame()
    for i in range(len(pca.components_)):
        weights["weights_{}".format(i)] = \
        pca.components_[i] / sum(pca.components_[i])
    weights = weights.values.T
    return weights
weights=PCWeights()

sum(pca.components_[0])
```

Output

```
-5.247808242068631

NumComponents=5
topPortfolios = pd.DataFrame(pca.components_[:NumComponents],\
    columns=dataset.columns)
eigen_portfolios = topPortfolios.div(topPortfolios.sum(1), axis=0)
eigen_portfolios.index = [f'Portfolio {i}' for i in range( NumComponents)]
np.sqrt(pca.explained_variance_)
eigen_portfolios.T.plot.bar(subplots=True, layout=(int(NumComponents),1),  \
figsize=(14,10), legend=False, sharey=True, ylim= (-1,1))
```

既然繪圖的比例相同，我們還可以檢視一下熱點圖，如下所示：

Output

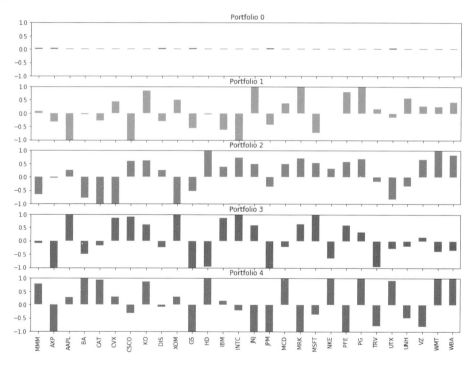

```
# plotting heatmap
sns.heatmap(topPortfolios)
```

Output

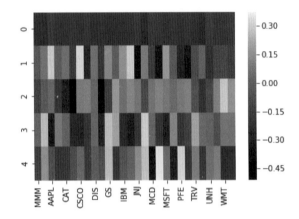

熱點圖和條狀圖顯示了不同股票在每個特徵向量中的貢獻。

傳統上，每個主要投資組合背後的直覺是，它代表某種獨立的風險因素。這些風險因素的表現取決於投資組合中的資產。在本案例中，這些資產都是美國國內股票。變異數最大的主要投資組合通常是一個系統風險因素（即「市場」因素）。觀察第一主成分（**投資組合 0**），我們發現權重均勻地分散於每檔股票，這個幾乎相等的加權投資組合解釋了指中 40% 的變異數，合理地代表了系統風險因素。

其餘的特徵投資組合通常對應於行業或行業因素。例如，**投資組合 1** 將高權重分配給醫療保健類股的 JNJ 和 MRK。同樣地，**投資組合 3** 將高權重分配給科技和電子公司（例如 AAPL、MSFT 和 IBM）。

當投資組合的資產範圍擴大到包括跨國性的全球投資時，我們可以識別國際證券風險、利率風險、商品風險、地理風險和許多其他因素。

在下一步中，我們想要找到最佳特徵投資組合。

5.2.3、尋找最佳特徵投資組合。 我們用夏普比率（*Sharpe ratio*）來決定最佳特徵投資組合，這是對風險調整後的績效評估，它解釋了投資組合的年化報酬率與年化波動率之間的關係。高夏普比率解釋了特定投資組合的較高報酬和 / 或較低波動性。年化夏普比率的計算方法是將年化報酬除以年化波動率。對於年化報酬率，我們採用在每一年期間（一年中交易所的營業天數）所有報酬的幾何平均數。年化波動率的計算方法是：取報酬率的標準差乘以每年週期的平方根。

以下程式碼會計算出投資組合的夏普比率：

```
# Sharpe Ratio Calculation
# Calculation based on conventional number of trading days per year (i.e., 252).
def sharpe_ratio(ts_returns, periods_per_year=252):
    n_years = ts_returns.shape[0]/ periods_per_year
    annualized_return = np.power(np.prod(1+ts_returns), (1/n_years))-1
    annualized_vol = ts_returns.std() * np.sqrt(periods_per_year)
    annualized_sharpe = annualized_return / annualized_vol

    return annualized_return, annualized_vol, annualized_sharpe
```

我們建構一個迴圈來計算每個特徵投資組合的主成分權重，然後利用夏普比率函式尋找夏普比率最高的投資組合。一旦我們知道哪個投資組合的夏普比率最高，我們就可以將其表現與指數進行對比：

```
def optimizedPortfolio():
    n_portfolios = len(pca.components_)
    annualized_ret = np.array([0.] * n_portfolios)
    sharpe_metric = np.array([0.] * n_portfolios)
    annualized_vol = np.array([0.] * n_portfolios)
    highest_sharpe = 0
    stock_tickers = rescaledDataset.columns.values
    n_tickers = len(stock_tickers)
    pcs = pca.components_

    for i in range(n_portfolios):

        pc_w = pcs[i] / sum(pcs[i])
        eigen_prtfi = pd.DataFrame(data ={'weights': pc_w.squeeze()*100}, \
        index = stock_tickers)
        eigen_prtfi.sort_values(by=['weights'], ascending=False, inplace=True)
        eigen_prti_returns = np.dot(X_train_raw.loc[:, eigen_prtfi.index], pc_w)
        eigen_prti_returns = pd.Series(eigen_prti_returns.squeeze(),\
         index=X_train_raw.index)
        er, vol, sharpe = sharpe_ratio(eigen_prti_returns)
        annualized_ret[i] = er
        annualized_vol[i] = vol
        sharpe_metric[i] = sharpe

        sharpe_metric= np.nan_to_num(sharpe_metric)

    # find portfolio with the highest Sharpe ratio
    highest_sharpe = np.argmax(sharpe_metric)

    print('Eigen portfolio #%d with the highest Sharpe. Return %.2f%%,\
```

```
            vol = %.2f%%, Sharpe = %.2f' %
                (highest_sharpe,
                 annualized_ret[highest_sharpe]*100,
                 annualized_vol[highest_sharpe]*100,
                 sharpe_metric[highest_sharpe]))


        fig, ax = plt.subplots()
        fig.set_size_inches(12, 4)
        ax.plot(sharpe_metric, linewidth=3)
        ax.set_title('Sharpe ratio of eigen-portfolios')
        ax.set_ylabel('Sharpe ratio')
        ax.set_xlabel('Portfolios')

        results = pd.DataFrame(data={'Return': annualized_ret,\
        'Vol': annualized_vol,
        'Sharpe': sharpe_metric})
        results.dropna(inplace=True)
        results.sort_values(by=['Sharpe'], ascending=False, inplace=True)
        print(results.head(5))

        plt.show()

    optimizedPortfolio()
```

Output

```
Eigen portfolio #0 with the highest Sharpe. Return 11.47%, vol = 13.31%, \
Sharpe = 0.86
    Return    Vol   Sharpe
0   0.115   0.133   0.862
7   0.096   0.693   0.138
5   0.100   0.845   0.118
1   0.057   0.670   0.084
```

Sharpe ratio of eigen-portfolios

如以上結果所示，**投資組合 0** 表現最好，具有最高的報酬率和最低的波動性。我們來看看這個投資組合的權重分配：

```python
weights = PCWeights()
portfolio = portfolio = pd.DataFrame()

def plotEigen(weights, plot=False, portfolio=portfolio):
    portfolio = pd.DataFrame(data ={'weights': weights.squeeze() * 100}, \
    index = stock_tickers)
    portfolio.sort_values(by=['weights'], ascending=False, inplace=True)
    if plot:
        portfolio.plot(title='Current Eigen-Portfolio Weights',
            figsize=(12, 6),
            xticks=range(0, len(stock_tickers), 1),
            rot=45,
            linewidth=3
            )
        plt.show()


    return portfolio

# Weights are stored in arrays, where 0 is the first PC's weights.
plotEigen(weights=weights[0], plot=True)
```

Output

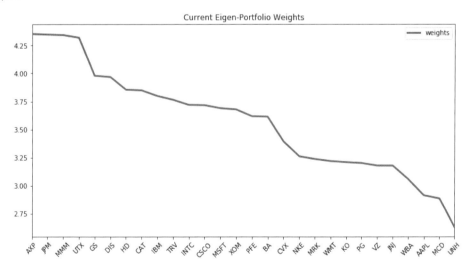

回想一下，這是解釋 40% 變異數的投資組合，代表了系統風險因素。從投資組合權重（y 軸上的百分比）來看，它們變化不大，所有股票的權重都在 2.7% 到 4.5% 之間。然而，金融業的權重似乎比較高，AXP、JPM 和 GS 等股票的權重都高於平均水準。

5.2.4、特徵投資組合回測。　我們現在將試著在測試集上對該演算法進行回溯測試，再來看看幾個表現最好的和表現最差的。對於表現最好的投資組合，我們將檢視排名第 3 和第 4 位的特徵投資組合（*投資組合 5 和 1*），而在表現最差的投資組合中，我們將檢視排名第 19 位的特徵投資組合（*投資組合 14*）：

```python
def Backtest(eigen):

    '''
    Plots principal components returns against real returns.
    '''

    eigen_prtfi = pd.DataFrame(data ={'weights': eigen.squeeze()}, \
    index=stock_tickers)
    eigen_prtfi.sort_values(by=['weights'], ascending=False, inplace=True)

    eigen_prti_returns = np.dot(X_test_raw.loc[:, eigen_prtfi.index], eigen)
    eigen_portfolio_returns = pd.Series(eigen_prti_returns.squeeze(),\
     index=X_test_raw.index)
    returns, vol, sharpe = sharpe_ratio(eigen_portfolio_returns)
    print('Current Eigen-Portfolio:\nReturn = %.2f%%\nVolatility = %.2f%%\n\
    Sharpe = %.2f' % (returns * 100, vol * 100, sharpe))
    equal_weight_return=(X_test_raw * (1/len(pca.components_))).sum(axis=1)
    df_plot = pd.DataFrame({'EigenPorfolio Return': eigen_portfolio_returns, \
    'Equal Weight Index': equal_weight_return}, index=X_test.index)
    np.cumprod(df_plot + 1).plot(title='Returns of the equal weighted\
     index vs. First eigen-portfolio',
                             figsize=(12, 6), linewidth=3)
    plt.show()

Backtest(eigen=weights[5])
Backtest(eigen=weights[1])
Backtest(eigen=weights[14])
```

Output

```
Current Eigen-Portfolio:
Return = 32.76%
Volatility = 68.64%
Sharpe = 0.48
```

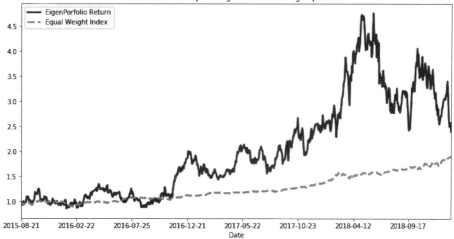

Current Eigen-Portfolio:
Return = 99.80%
Volatility = 58.34%
Sharpe = 1.71

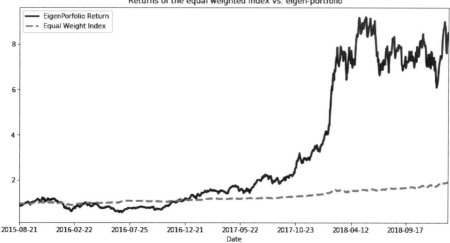

Current Eigen-Portfolio:
Return = -79.42%
Volatility = 185.30%
Sharpe = -0.43

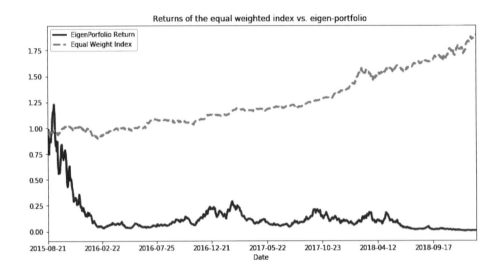

Returns of the equal weighted index vs. eigen-portfolio

如以上圖表所示，最佳投資組合的特徵投資組合報酬率優於權重分配都一樣的指數。在測試集中，排名第 19 位的特徵投資組合表現明顯遜於市場。股票或類股的權重決定了特徵投資組合表現的優劣。我們可以進一步深入瞭解每個投資組合的個別驅動因素。例如，如前所述，**投資組合 1** 將高權重分配給醫療保健類股。該行業在 2017 年以後出現了顯著增長，並且反映在該年**特徵投資組合 1** 的圖表中。

由於這些特徵投資組合是獨立的，它們也提供了多樣化的機會。因此，我們可以跨組合來投資這些不相關的特徵投資組合，提供了其他潛在的投資組合管理的好處。

結論

在本案例研究中，我們把降維技術應用到投資組合管理中，利用 PCA 的特徵值和特徵向量進行資產配置。

我們證明了雖然失去了一些可解釋性，但結果投資組合背後的初始值可以與風險因素相匹配。本例的第一個特徵投資組合代表了一個系統的風險因素，而其他的則表現出集中於某類股或行業的結果。

透過回溯測試，我們發現在訓練集上成績最好的投資組合在測試集上的表現也最強。其中一些投資組合的表現優於以夏普比率為基礎的指數，夏普比率是本研究中所使用的風險調整後的績效指標。

整體來說，我們發現利用 PCA 並分析特徵投資組合可以產生一個穩健的資產配置和投資組合管理方法。

案例研究 2：收益率曲線建構和利率建模

投資組合管理、交易和風險管理中的許多問題都需要對收益率曲線有深入的瞭解和建模。

收益率曲線表示一系列期限內的利率或殖利率，通常用折線圖表示，如第 5 章第 139 頁的「案例研究 4：收益率曲線預測」所述。收益率曲線闡明了在給定時間點的「資金價格」，由於貨幣的時間價值，通常會顯示利率隨著到期日的變化而上升。

金融界的研究人員對收益率曲線進行了研究，發現收益率曲線形狀的變動或改變可歸因於一些不可觀察的因素。具體而言，實證研究顯示，超過 99% 的美國國債收益率的變動是由三個因素所決定的，這三個因素通常被認為是水準（level）、斜率（slope）和曲率（curvature）。這些名稱描述了每一個因素如何影響收益率曲線的形狀，以回應衝擊。水準衝擊會改變所有到期債券的利率，幅度幾乎相同，從而導致平行變動（*parallel shift*）影響整個曲線水準的上下變化。斜率因數的衝擊改變了短期和長期利率的差異。例如，當長期利率的增長幅度大於短期利率時，會導致曲線變得更陡（即，從視覺上看，曲線變得更向上傾斜）。短期和長期利率的變化也可以產生一個更平坦的收益率曲線。曲率因數的衝擊主要影響集中在中期利率上，導致駝峰、扭曲或 U 形特徵。

降維可將收益率曲線的變動分解為這三個因素。將收益率曲線縮減為較少的成分意味著我們可以專注在收益率曲線中的幾個直觀維度。交易者和風險管理者利用這種技術來壓縮風險因素曲線，以對沖利率風險。同樣，投資組合經理在分配資金時，需要分析的維度也更少。利率架構師利用這種技術來對收益率曲線建模並分析其形狀。總的來說，它促進了更快更有效的投資組合管理、交易、對沖和風險管理。

本案例研究，使用主成分分析來產生一條收益率曲線的典型變動，並顯示前三個主成分分別對應於一條收益率曲線的水準、斜率和曲率。

本案例研究的重點是：

- 瞭解特徵向量背後的直覺。

- 使用降維後的維度來重現原始資料。

利用降維產生收益率曲線的藍圖

1、問題定義

本案例研究的目標是利用降維技術來產生收益率曲線的典型變動。

本案例所使用的資料來自 Quandl（*https://www.quandl.com*），Quandl 是金融、經濟和非傳統資料集的主要來源。我們使用 11 個期限（或到期日）的資料，從一個月到 30 年的國債曲線，這些都是從 1960 年起的每日歷史資料。

2、預備：載入資料和 Python 套件

2.1、載入 Python 套件。 Python 套件的載入類似於前面的降維案例，更多詳情請參閱本案例的 Jupyter Notebook。

2.2、載入資料。 第一步是從 Quandl 載入國債曲線不同期限的資料：

```
# In order to use quandl, ApiConfig.api_key will need to be
# set to identify you to the quandl API. Please see API
# Documentation of quandl for more details
quandl.ApiConfig.api_key = 'API Key'

treasury = ['FRED/DGS1MO','FRED/DGS3MO','FRED/DGS6MO','FRED/DGS1',\
'FRED/DGS2','FRED/DGS3','FRED/DGS5','FRED/DGS7','FRED/DGS10',\
'FRED/DGS20','FRED/DGS30']

treasury_df = quandl.get(treasury)
treasury_df.columns = ['TRESY1mo','TRESY3mo','TRESY6mo','TRESY1y',\
'TRESY2y','TRESY3y','TRESY5y','TRESY7y','TRESY10y',\'TRESY20y','TRESY30y']
dataset = treasury_df
```

3、探索性資料分析

在這裡，我們先檢視一下資料。

3.1、敘述性統計。 下一步是看看資料集的形狀：

```
# shape
dataset.shape
```

Output

```
(14420, 11)
```

該資料集共有 14,420 列，包含了 50 多年的 11 個不同期限的國債曲線資料。

3.2、資料視覺化。 來看看所下載資料的利率變化：

```
dataset.plot(figsize=(10,5))
plt.ylabel("Rate")
plt.legend(bbox_to_anchor=(1.01, 0.9), loc=2)
plt.show()
```

Output

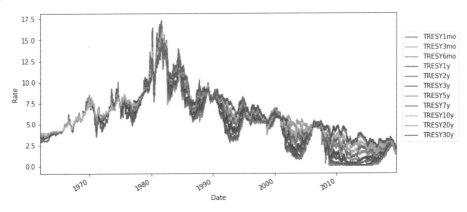

下一步，我們將研究不同期限的相關性：

```
# correlation
correlation = dataset.corr()
plt.figure(figsize=(15, 15))
plt.title('Correlation Matrix')
sns.heatmap(correlation, vmax=1, square=True, annot=True, cmap='cubehelix')
```

Output

Correlation Matrix

正如您在輸出中所看到的（GitHub 上提供的全尺寸版本（*https://oreil.ly/hjQG7*）），期限之間存在顯著正相關的關係，這表示在使用資料建模時，減少數字維度可能會有用。在建立降維模型之後，將執行額外的資料視覺化。

4、資料準備

在本案例研究中，資料清理和轉換是建模之前必要的步驟。

4.1、資料清理。 在這裡，我們檢查資料中是否有 NAs，要麼刪除它們，要麼用該行的平均值來填入它們。

4.2、資料轉換。 在應用 PCA 之前，我們在同一尺度上對變數進行標準化，以防止一個具有較大值的特徵主導了整個結果。我們利用 sklearn 中的 StandardScaler 函式將資料集的特徵標準化為單位尺度（平均值 =0，變異數 =1）：

```
from sklearn.preprocessing import StandardScaler
scaler = StandardScaler().fit(dataset)
rescaledDataset = pd.DataFrame(scaler.fit_transform(dataset),\
columns = dataset.columns,
index = dataset.index)
# summarize transformed data
dataset.dropna(how='any', inplace=True)
rescaledDataset.dropna(how='any', inplace=True)
```

Visualizing the standardized dataset

```
rescaledDataset.plot(figsize=(14, 10))
plt.ylabel("Rate")
plt.legend(bbox_to_anchor=(1.01, 0.9), loc=2)
plt.show()
```

Output

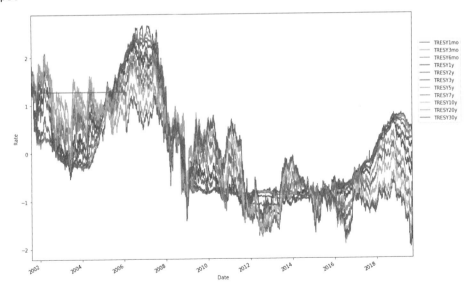

5、評估演算法和模型

5.1、模型評估：應用主成分分析。　下一步，我們用 sklearn 函式庫建立一個函式來執行 PCA。此函式從資料中產生主成分，用於進一步分析：

```
pca = PCA()
PrincipalComponent=pca.fit(rescaledDataset)
```

5.1.1、用 PCA 來解釋變異數。

```
NumEigenvalues=5
fig, axes = plt.subplots(ncols=2, figsize=(14, 4))
pd.Series(pca.explained_variance_ratio_[:NumEigenvalues]).sort_values().\
plot.barh(title='Explained Variance Ratio by Top Factors',ax=axes[0]);
pd.Series(pca.explained_variance_ratio_[:NumEigenvalues]).cumsum()\
.plot(ylim=(0,1),ax=axes[1], title='Cumulative Explained Variance');
# explained_variance
pd.Series(np.cumsum(pca.explained_variance_ratio_)).to_frame\
('Explained Variance_Top 5').head(NumEigenvalues).style.format('{:,.2%}'.format)
```

Output

	Explained Variance_Top 5
0	84.36%
1	98.44%
2	99.53%
3	99.83%
4	99.94%

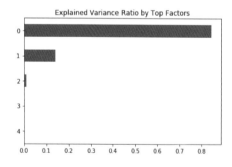

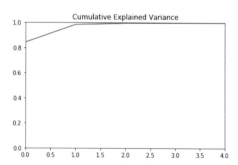

前三個主成分分別占了差異的 84.4%、14.08% 和 1.09%。累計起來，它們描述了資料中 99.5% 以上的變動。這是一個非常有效的維度縮減。回想一下，在第一個案例中，我們看到前 10 個成分只占了差異的 73%。

5.1.2、主成分背後的直覺。 理想情況下，對於這些主成分我們可以有一些直覺和解釋。為了探索這一點，我們首先用一個函式來決定每個主成分的權重，然後執行主成分的視覺化：

```python
def PCWeights():
    '''
    Principal Components (PC) weights for each 28 PCs
    '''
    weights = pd.DataFrame()

    for i in range(len(pca.components_)):
        weights["weights_{}".format(i)] = \
        pca.components_[i] / sum(pca.components_[i])

    weights = weights.values.T
    return weights

weights=PCWeights()

weights = PCWeights()
NumComponents=3

topPortfolios = pd.DataFrame(weights[:NumComponents], columns=dataset.columns)
topPortfolios.index = [f'Principal Component {i}' \
for i in range(1, NumComponents+1)]

axes = topPortfolios.T.plot.bar(subplots=True, legend=False, figsize=(14, 10))
plt.subplots_adjust(hspace=0.35)
axes[0].set_ylim(0, .2);
```

Output

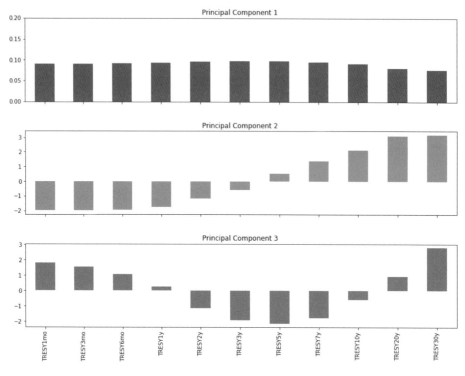

```
pd.DataFrame(pca.components_[0:3].T).plot(style= ['s-','o-','^-'], \
                        legend=False, title="Principal Component")
```

Output

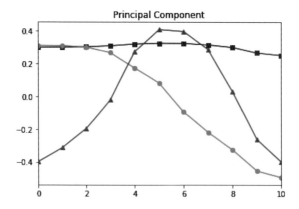

透過繪製特徵向量的成分，我們可以做出以下解釋：

主成分 1

該特徵向量所有的值都是正的，而且所有期限的加權方向都一樣，這表示第一個主成分反映了造成所有到期日朝著與收益率曲線的**方向走勢**（*directional movement*）同方向的變動，可見這些變動使得整個收益率曲線呈現上下移動。

主成分 2

第二特徵向量的前半部分為負，後半部分為正，而國債利率曲線短期（長期）權重為正（負）。這表示第二個主成分反映了導致短期利率權重朝一個方向變動、而長期則朝另一個方向變動的現象。因此，它代表了收益率曲線的**斜率走勢**（*slope movements*）。

主成分 3

第三個特徵向量的前三分之一為負，中間三分之一為正，最後三分之一為負。這表示著第三個主成分反映了導致短期和長期朝同一個方向移動，而中期則朝另一個方向移動，從而形成收益率曲線的**曲率走勢**（*curvature movements*）。

5.1.3、利用主成分重建曲線。 PCA 的主要特徵之一是利用 PCA 的輸出重建初始資料集的能力。使用簡單的矩陣重建，我們可以產生幾乎跟初始資料一模一樣的副本：

```
pca.transform(rescaledDataset)[:, :2]
```

Output

```
array([[ 4.97514826, -0.48514999],
       [ 5.03634891, -0.52005102],
       [ 5.14497849, -0.58385444],
       ...,
       [-1.82544584,  2.82360062],
       [-1.69938513,  2.6936174 ],
       [-1.73186029,  2.73073137]])
```

從機制上來看，PCA 只是矩陣乘法：

$$Y = XW$$

其中 Y 是主成分、X 是輸入資料、W 是係數矩陣，我們可以用它來恢復原始矩陣，如下式所示：

$$X = YW'$$

其中 W' 是係數矩陣 W 的逆矩陣。

```
nComp=3
reconst= pd.DataFrame(np.dot(pca.transform(rescaledDataset)[:, :nComp],\
pca.components_[:nComp,:]),columns=dataset.columns)
plt.figure(figsize=(10,8))
plt.plot(reconst)
plt.ylabel("Treasury Rate")
plt.title("Reconstructed Dataset")
plt.show()
```

此圖顯然複製了之前的國債利率圖，並且證明了僅使用前三個主成分，就能夠複製出原始圖表。儘管我們將資料從 11 維減少到了三維，但是仍然保留了 99% 以上的資訊，並且可以很容易地重現原始資料。此外，我們對收益率曲線矩的這三個驅動因素也有直覺。將收益率曲線縮減為較少的成分意味著實務上可以著重於較少的影響利率的因素。例如，為了對沖投資組合，保護投資組合不受前三個主成分變動的影響就足夠了。

Output

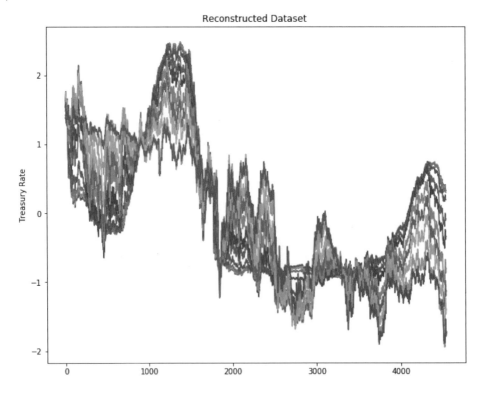

結論

在本案例中，我們引入了降維方法，將國債利率曲線分解為較少的成分。我們可以看到，本案例研究的主成分非常直觀。前三個主成分解釋了 99.5% 以上的變化，分別代表了方向走勢、斜率走勢和曲率走勢。

透過利用主成分分析、分析特徵向量、並瞭解其背後的直覺，我們示範了如何利用降維導出較少的收益率曲線的直覺維度。這樣降低收益率曲線的維度可引發更快更有效的投資組合管理、交易、對沖和風險管理。

案例研究 3：比特幣交易：提高速度和準確性

隨著交易變得越來越自動化，交易者將繼續尋求使用盡可能多的功能和技術指標，讓策略更加準確和有效。這方面的許多挑戰之一是，增加更多的變數會導致越來越複雜的情況，以致於越來越難以得出可靠的結論。使用降維技術，可將許多特徵和技術指標壓縮成幾個邏輯的集合，同時仍然保持原始資料的顯著差異。這有助於加快模型訓練和調校。此外，它還可以透過去除會造成弊大於利的相關變數來防止過度擬合。降維還增強了資料集的探索和視覺化，以瞭解分組或關係，這是建構和持續監控交易策略時的一項重要任務。

在本案例研究中，我們將使用降維來增強第 6 章第 177 頁的「案例研究 3：比特幣交易策略」。本案例研究為比特幣設計了一個交易策略，考慮了短期和長期價格之間的關係來預測買進或賣出信號。我們建立了幾個新的直觀的技術指標特徵，包括趨勢、成交量、波動率和動量。我們把降維技術應用在這些特徵上，以獲得更好的結果。

本案例研究的重點在於：

- 減少資料集的維度，為監督式學習提供更好更快的結果。
- 利用 SVD 和 t-SNE 來視覺化低維資料。

利用降維加強交易策略的藍圖

1、問題定義

本案例研究的目標是利用降維技術來加強演算法交易策略。本案例所使用的資料和變數與第 177 頁的「案例研究 3：比特幣交易策略」中的資料和變數相同。我們用 2012 年 1 月至 2017 年 10 月的比特幣價格日內資料、交易量和加權比特幣價格作為參考。本案例的步驟 3 和步驟 4 與第 6 章的案例相同。因此，這些步驟在本案例研究中被濃縮，以避免重複。

2、預備：載入資料和 Python 套件

2.1、載入 Python 套件。 本案例所使用的 Python 套件與本章前面兩個案例所介紹的套件相同。

3、探索性資料分析

請參閱第 179 頁的「3、探索性資料分析」，以瞭解此步驟的更多細節。

4、資料準備

以下幾節將為建模準備資料。

4.1、資料清理。 透過將前一個可用的值填入 NAs 來清理資料：

```
dataset[dataset.columns] = dataset[dataset.columns].ffill()
```

4.2、準備分類資料。 我們把每一個變動都貼上以下標籤：如果短期價格上漲得比長期價格多則標籤為 1；如果短期價格下跌比長期價格多則標籤為 0。這個標籤被指派給一個我們稱之為信號（*signal*）的變數，這是本案例的目標變數。我們來看看要預測的資料：

```
dataset.tail(5)
```

Output

	Open	High	Low	Close	Volume_(BTC)	Volume_(Currency)	Weighted_Price	short_mavg	long_mavg	signal
2841372	2190.49	2190.49	2181.37	2181.37	1.700	3723.785	2190.247	2179.259	2189.616	0.0
2841373	2190.50	2197.52	2186.17	2195.63	6.561	14402.812	2195.206	2181.622	2189.877	0.0
2841374	2195.62	2197.52	2191.52	2191.83	15.663	34361.024	2193.792	2183.605	2189.943	0.0
2841375	2195.82	2216.00	2195.82	2203.51	27.090	59913.493	2211.621	2187.018	2190.204	0.0
2841376	2201.70	2209.81	2196.98	2208.33	9.962	21972.309	2205.649	2190.712	2190.510	1.0

這個資料集包含了信號欄位和所有其他欄位。

4.3、特徵工程。 這個步驟建構了一個包含預測因數的資料集，這些預測因數將用來進行信號預測。根據比特幣日內價格資料，包括每日開盤價、最高價、最低價、收盤價和成交量，我們計算出以下技術指標：

- 移動平均線（Moving Average）
- 隨機振盪指標（Stochastic Oscillator）%K 和 %D
- 相對強度指標（Relative Strength Index, RSI）
- 變化率（Rate of Change, ROC）
- 動量（Momentum, MOM）

建構所有指標的程式碼及其描述請參閱第 6 章。最後的資料集和有用到的欄位如下：

	Close	Volume_(BTC)	Weighted_Price	signal	EMA10	EMA30	EMA200	ROC10	ROC30	MOM10	...	RSI200	%K10	%D10	%K30
2841372	2181.37	1.700	2190.247	0.0	2181.181	2182.376	2211.244	0.431	-0.649	8.42	...	46.613	56.447	73.774	47.883
2841373	2195.63	6.561	2195.206	0.0	2183.808	2183.231	2211.088	1.088	-0.062	23.63	...	47.638	93.687	71.712	93.805
2841374	2191.83	15.663	2193.792	0.0	2185.266	2183.786	2210.897	1.035	-0.235	19.83	...	47.395	80.995	77.043	81.350
2841375	2203.51	27.090	2211.621	0.0	2188.583	2185.058	2210.823	1.479	0.297	34.13	...	48.213	74.205	82.963	74.505
2841376	2208.33	9.962	2205.649	1.0	2192.174	2186.560	2210.798	1.626	0.516	36.94	...	48.545	82.810	79.337	84.344

4.4、資料視覺化。 我們來看看目標變數的分佈：

```
fig = plt.figure()
plot = dataset.groupby(['signal']).size().plot(kind='barh', color='red')
plt.show()
```

Output

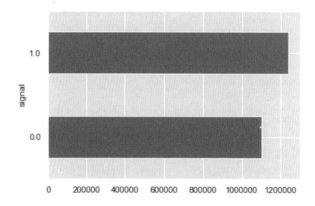

所預測的信號是 52.9% 的時間為「買進」。

5、評估演算法和模型

接下來是對模型進行降維和評估。

5.1、拆分為訓練集和測試集。 　此步驟將資料集分為訓練集和測試集：

```
Y= subset_dataset["signal"]
X = subset_dataset.loc[:, dataset.columns != 'signal'] validation_size = 0.2
X_train, X_validation, Y_train, Y_validation = train_test_split\
(X, Y, test_size=validation_size, random_state=1)
```

在應用降維之前，我們利用以下 Python 程式碼將變數資料標準化為同一尺度：

```
from sklearn.preprocessing import StandardScaler
scaler = StandardScaler().fit(X_train)
rescaledDataset = pd.DataFrame(scaler.fit_transform(X_train),\
columns = X_train.columns, index = X_train.index)
# summarize transformed data
X_train.dropna(how='any', inplace=True)
rescaledDataset.dropna(how='any', inplace=True)
rescaledDataset.head(2)
```

Output

	Close	Volume_(BTC)	Weighted_Price	EMA10	EMA30	EMA200	ROC10	ROC30	MOM10	MOM30	...	RSI200	%K10	%D10	%K30	%D30
2834071	1.072	-0.367	1.040	1.064	1.077	1.014	0.005	-0.159	0.009	-0.183	...	-0.325	1.322	0.427	-0.205	-0.412
2836517	-1.738	1.126	-1.714	-1.687	-1.653	-1.733	-0.533	-0.597	-0.066	-0.416	...	-0.465	-1.620	-0.511	-1.283	-0.970

5.2、奇異值分解（特徵約簡）。 這裡我們將利用 SVD 來執行 PCA。具體來說，是利用 sklearn 套件中的 TruncatedSVD 方法將完整的資料集轉換為用前五個成分來表示：

```
ncomps = 5
svd = TruncatedSVD(n_components=ncomps)
svd_fit = svd.fit(rescaledDataset)
Y_pred = svd.fit_transform(rescaledDataset)
ax = pd.Series(svd_fit.explained_variance_ratio_.cumsum()).plot(kind='line', \
figsize=(10, 3))
ax.set_xlabel("Eigenvalues")
ax.set_ylabel("Percentage Explained")
print('Variance preserved by first 5 components == {:.2%}'.\
format(svd_fit.explained_variance_ratio_.cumsum()[-1]))
```

Output

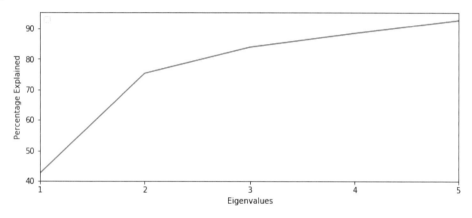

在計算之後，我們僅用了五個成分（而不是全部超過 25 個以上的原始特徵）來保留 92.75% 的變異，這對於模型的分析和反覆運算是非常有用的壓縮。

為了方便起見，我們會專門為以下五大成分建立一個 Python 資料框：

```
dfsvd = pd.DataFrame(Y_pred, columns=['c{}'.format(c) for \
c in range(ncomps)], index=rescaledDataset.index)
print(dfsvd.shape)
dfsvd.head()
```

Output

```
(8000, 5)
```

	c0	c1	c2	c3	c4
2834071	−2.252	1.920	0.538	−0.019	−0.967
2836517	5.303	−1.689	−0.678	0.473	0.643
2833945	−2.315	−0.042	1.697	−1.704	1.672
2835048	−0.977	0.782	3.706	−0.697	0.057
2838804	2.115	−1.915	0.475	−0.174	−0.299

5.2.1、約簡後特徵的基本視覺化。　我們將壓縮的資料集視覺化：

```
svdcols = [c for c in dfsvd.columns if c[0] == 'c']
```

成對圖（*Pairs-plots*）

成對圖是一組二維散點圖的簡單表示法，每個成分對應其他成分進行繪製，再把資料點根據其信號分類進行著色：

```
plotdims = 5
ploteorows = 1
dfsvdplot = dfsvd[svdcols].iloc[:, :plotdims]
dfsvdplot['signal']=Y_train
ax = sns.pairplot(dfsvdplot.iloc[::ploteorows, :], hue='signal', size=1.8)
```

Output

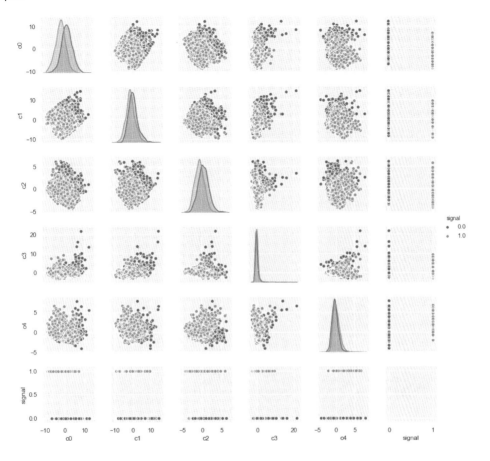

我們可以看到不同顏色的點之間有明顯的分離（GitHub 上提供的全彩版本（*https://oreil. ly/GWfug*）），這表示來自同一信號的資料點傾向於聚集在一起。第一個成分的分離較為明顯，從第一個成分到第五個成分的信號分佈特徵變得較為相似。也就是說，該圖提供了支持我們在模型中使用所有五個成分的想法。

5.3、t-SNE 視覺化。　這個步驟是實作 t-SNE 並檢視相關的視覺化，我們將使用 Scikit-learn 所提供的基本實作：

```
tsne = TSNE(n_components=2, random_state=0)

Z = tsne.fit_transform(dfsvd[svdcols])
dftsne = pd.DataFrame(Z, columns=['x','y'], index=dfsvd.index)

dftsne['signal'] = Y_train

g = sns.lmplot('x', 'y', dftsne, hue='signal', fit_reg=False, size=8
             , scatter_kws={'alpha':0.7,'s':60})
```

Output

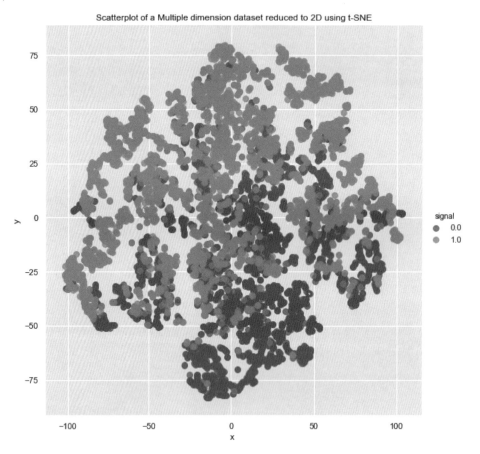

Scatterplot of a Multiple dimension dataset reduced to 2D using t-SNE

該圖表明交易信號具有很好的聚類別性。長信號和短信號有一些重疊，但使用減少的特徵數可以很好地區分它們。

5.4、比較有降維和沒有降維的模型。 這個步驟是分析降維對分類的影響，以及對整體精確度和計算時間的影響：

```
# test options for classification
scoring = 'accuracy'
```

5.4.1、模型。 我們先來看一下模型在沒有降維的情況下所使用的時間，其中我們用到了所有技術指標：

```
import time
start_time = time.time()

# spot-check the algorithms
models =  RandomForestClassifier(n_jobs=-1)
cv_results_XTrain= cross_val_score(models, X_train, Y_train, cv=kfold, \
   scoring=scoring)
print("Time Without Dimensionality Reduction--- %s seconds ---" % \
(time.time() - start_time))
```

Output

```
Time Without Dimensionality Reduction
7.781347990036011 seconds
```

不降維的總時間約為 8 秒。我們來看看當只使用截斷 SVD 的五個主成分時，降維後所需的時間：

```
start_time = time.time()
X_SVD= dfsvd[svdcols].iloc[:, :5]
cv_results_SVD = cross_val_score(models, X_SVD, Y_train, cv=kfold, \
   scoring=scoring)
print("Time with Dimensionality Reduction--- %s seconds ---" % \
(time.time() - start_time))
```

Output

```
Time with Dimensionality Reduction
2.281977653503418 seconds
```

降維後所用的總時間約為 2 秒，比不降維的時間減少了 4 倍，這是一個顯著的改進。我們來調查一下使用精簡資料集時，準確率是否下降：

```python
print("Result without dimensionality Reduction: %f (%f)" %\
 (cv_results_XTrain.mean(), cv_results_XTrain.std()))
print("Result with dimensionality Reduction: %f (%f)" %\
 (cv_results_SVD.mean(), cv_results_SVD.std()))
```

Output

```
Result without dimensionality Reduction: 0.936375 (0.010774)
Result with dimensionality Reduction: 0.887500 (0.012698)
```

準確率從 93.6% 下降到 88.7%，減少了大約 5%。速度的提高必須與準確率的損失取得平衡。準確率的損失是否可以接受取決於所要解決的問題。如果這是一個需要非常頻繁地重新校準的模型，那麼較低的計算時間將是必不可少的，特別是在處理大型高速資料集時。計算時間的改進確實還有其他好處，特別是在交易策略建立的早期階段。它使我們能夠在更短的時間內測試更多的特徵（或技術指標）。

結論

本案例研究示範了在擬定交易策略時，降維和主成分分析在降低維度的數量方面的效率。透過降維，我們在建模速度提高四倍的情況下獲得了相當的準確率。在建立涉及大量資料集的交易策略時，這樣的速度增強可以導致整個過程的改進。

我們證明了 SVD 和 t-SNE 都產生了簡化的資料集，可以很容易地視覺化用於評估交易信號資料。這使得我們能夠以原來的特徵個數無法做到的方式來區分該交易策略的多空信號。

本章摘要

本章的案例研究側重於瞭解不同降維方法的概念，圍繞主成分發展直覺，並將濃縮的資料集視覺化。

總括來說，本章透過案例研究提出的 Python、機器學習和金融業的概念可以當作金融領域中任何其他基於降維的問題的藍圖。

在下一章中，我們將探討另一種非監督式學習的叢集概念和案例。

練習

1. 利用降維，從不同指數的股票中擷取不同的因數，並利用這些因數建構交易策略。

2. 選第 5 章中任何一個基於迴歸的案例，利用降維並檢視計算時間是否有任何改進。使用因數負荷量來解釋成分，並建立對它們的一些高級直覺。

3. 對於本章介紹的案例研究 3，執行主成分的因數負荷量，並瞭解不同成分的直覺。

4. 取得不同貨幣對或不同商品價格的主成分。識別出最主要的主成分驅動因素，並將其與一些直觀的宏觀經濟變數產生關聯。

第八章

非監督式學習：分群

上一章我們探討了非監督式學習中的降維方法，本章將探討**分群**（*clustering*），這是一種非監督式學習技術，讓我們能夠發現資料中隱藏的結構。

分群和降維都對資料進行了摘要。降維透過利用新的、較少的特徵表示壓縮的資料，同時仍然捕獲最相關的資訊，而分群也同樣是減少資料量和發現模式的一種方法，只不過是透過對原始資料進行分類而非建立新的變數。分群演算法將觀測值指派給由相似資料點所組成的子群集。分群的目的是在資料中找到一個自然的群集，使得同一個分群中的項目比不同分群中的項目更相似。分群透過建立多個類別或群集來更進一步瞭解資料，並且允許根據學習的標準自動分類新的物件。

在金融領域中，交易者和投資管理者利用分群法，根據相似的特徵，尋找資產、類別、部門和國家的同質群體。分群分析透過提供對交易信號類別的洞察來改進交易策略。該技術已被用來把客戶或投資人分成若干組，以便深入瞭解他們的行為並進行額外的分析。

本章將討論基本的分群技術，並介紹投資組合管理與交易策略建立領域的三個案例研究。

在第 243 頁的「案例研究 1：配對交易的分群」中，我們用分群方法選擇成對股票作為交易策略。**配對交易策略**涉及在兩種密切相關的金融工具中將多頭部位和空頭部位相互搭配。在金融工具數量較多的情況下，找到合適的配對可能是一個挑戰。在本案例研究中，我們說明了為什麼分群在交易策略建立和其他類似情況下會是一種有用的技術。

在第 260 頁的「案例研究 2：投資組合管理：投資人分群」中，我們以具有相似能力和承擔風險意願的投資人來分群，我們示範了分群技術如何用於有效的資產分配和投資組合的調整，並說明了如何將部分投資組合管理的過程自動化，這對投資經理和機器人投資顧問都非常有用。

在第 268 頁的「案例研究 3：階層式風險平價」中，我們用基於分群的演算法將資本分配到不同的資產類別，並將結果與其他投資組合分配技術進行比較。

本章的學習重點為以下與分群技術相關的概念：

- 用於分群的模型和技術的基本概念。

- 如何在 Python 中實作不同的分群技術。

- 如何有效地將分群的結果視覺化。

- 瞭解分群結果的直觀含義。

- 如何為問題選擇正確的分群技術。

- 在不同的分群演算法中選擇合適的分群數目。

- 用 Python 建構階層式分群樹。

本章的程式庫

一個基於 Python 的分群主要範本，以及本章案例研究的 Jupyter notebook 在「*Chapter 8 - Unsup. Learning - Clustering*」資料夾中（*https://oreil.ly/uzbaH*）。為了解決 Python 中任何涉及本章介紹的分群模型（例如 k 均值、階層式分群等）的機器學習問題，讀者只需修改範本，使其與問題敘述保持一致即可。與前幾章類似，本章所介紹的案例研究使用標準 Python 主要範本和第 2 章中介紹的標準化模型建立步驟。對於分群案例研究，步驟 6（模型調校和網格搜尋）和步驟 7（模型確立）已併入步驟 5（評估演算法和模型）。

分群技術

分群技術有很多種類型，它們在識別分群的策略上有所不同，選擇應用哪種技術取決於資料的性質和結構，本章將介紹以下三種分群技術：

- k 均值分群

- 階層式分群

- 親和傳播分群

以下小節略釋了這些分群技術，包括它們的優點和缺點，在案例研究中將介紹每種分群方法的更多細節。

k 均值分群

k 均值（k-means）是最著名的分群技術。k-means 演算法的目標是發現資料點並將其分為具有高度相似度的類別。這種相似度與資料點之間的距離成反比；資料點越接近，它們就越有可能屬於同一個群組。

k-means 演算法找到 k 個中心（centroids），並將每個資料點精確地指派給一個群，其目標是最小化群組內的變異數（稱為慣性（*inertia*）），通常是用歐氏距離（兩點之間的普通距離），但也可以用其他距離衡量。k-means 演算法為給定的 k 提供了一個區域最佳解，並進行以下步驟：

1. 此演算法指定有幾個群組。

2. 隨機選擇資料點作為分群中心。

3. 每個資料點都指派給離它最近的分群中心。

4. 分群中心更新為指定點的平均值。

5. 重複步驟 3 ～ 4，直到所有分群中心保持不變。

簡而言之，我們在每次疊代中隨機移動所指定的幾個中心，將每個資料點指派給最接近的 centroid，然後計算每個 centroid 上所有點的平均距離。一旦無法再縮小從資料點到各自 centroid 的最小距離，就找到了我們的分群。

k-means 超參數

k-means 超參數包括：

群聚數

要產生的 cluster 和 centroid 的個數。

最大疊代次數

執行一次演算法最多反覆運算幾次。

初始化次數

以不同的 centroid 種子執行演算法的次數，最終結果將是以 inertia 為單位的連續執行次數的最佳輸出。

在 *k*-means 演算法中，分群中心的不同隨機起點往往會導致不同的分群。因此，*k*-means 演算法在 sklearn 中以至少 10 種不同的隨機初始化執行，並且選擇出現次數最多的解。

k-means 的優點包括其簡單性、廣泛的適用性、快速的收斂性和對大量資料的線性可伸縮性，同時產生均勻大小的分群。當我們事先知道確切的群聚個數時，它是最有用的。事實上，*k*-means 的主要缺點是必須調校這個超參數。其他缺點包括無法保證能找到全域最佳解，以及對異常值的敏感性。

用 Python 實作

Python 的 sklearn 提供了一個強大的 *k*-means 實作。以下的程式碼片段示範了如何在資料集上應用 *k*-means 分群：

```
from sklearn.cluster import KMeans
#Fit with k-means
k_means = KMeans(n_clusters=nclust)
k_means.fit(X)
```

群聚的個數是需要調整的關鍵超參數。我們將在本章的案例研究 1 和案例研究 2 中探討 *k*-means 分群技術，並說明關於選擇正確分群個數和視覺化的更多細節。

階層式分群

階層式分群（*Hierarchical clustering*）涉及了建立順序為由上到下的分群，階層式分群的主要優點是不需要指定分群的個數，而是由模型本身來決定。這種分群技術分為兩類：聚合式階層分群（agglomerative hierarchical clustering）和分裂式階層分群（divisive hierarchical clustering）。

聚合式階層分群是最常見的階層式分群，採取「由下而上」的方式，根據物件的相似度來分群，先從自己的群聚開始觀察，當一個群聚往階層的上面移動時，會將一對群聚合併。聚合式階層分群演算法會產生區域最佳解，其操作步驟如下：

1. 令每個資料點都是單一點的群聚，以形成 N 個群聚。

2. 把最接近的兩個資料點合併，形成 N-1 個群聚。

3. 把最接近的兩個群聚合併，形成 N-2 個群聚。

4. 重複步驟 3，直到只剩下一個群聚。

分裂式階層分群以「由上而下」方式運作，並按照順序拆分剩餘的群聚以產生區別最明顯的子群。

這兩種方法都會產生 N-1 個層次的結構，也都有助於建立把資料分割成最佳同質組的階層式分群，不過我們會把重點放在討論較常見的聚合式分群方法。

階層式分群可繪製成**樹形結構圖**（*dendrograms*），樹形結構圖是二元階層式分群的視覺化，是樹狀圖的一種，可顯示不同資料集之間的層次關係。它們提供了階層式分群結果的有趣且資訊豐富的視覺化。樹形結構圖有助於記憶分層分群演算法的過程，因此您可以透過檢視該圖來判斷分群是如何形成的。

圖 8-1 為基於階層式分群的樹形結構圖範例，資料點之間的距離表示差異的大小，而區塊的高度則表示群聚之間的距離。

底部匯合的觀察結果是相似的，而頂部匯合的情況則完全不同。由此可知，樹形結構圖是根據垂直軸的位置而不是水平軸的位置來得出結論。

階層式分群的優點是它很容易實作，不需要指定分群的數目，而且所產生的樹形結構圖對理解資料非常有用。然而，與其他演算法（例如 *k*-means）相比，階層式分群的時間複雜度會導致較長的計算時間。如果我們有一個大的資料集，透過觀察樹形結構圖來確定正確的分群數目是很困難的。階層式分群對異常值非常敏感，當存在異常值時，模型績效會顯著降低。

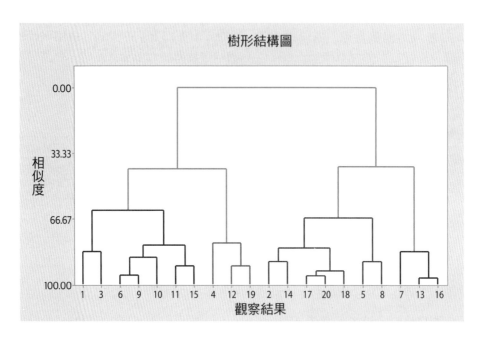

圖 8-1　階層式分群

用 Python 實作

以下程式碼片段示範了如何在一個資料集上應用具有四個群聚的聚合式階層分群：

```
from sklearn.cluster import AgglomerativeClustering
model = AgglomerativeClustering(n_clusters=4, affinity='euclidean',\
  linkage='ward')
clust_labels1 = model.fit_predict(X)
```

有關更多聚合式階層分群的超參數細節可以在 sklearn 網站上找到（*https://scikit-learn. org*），本章的案例研究 1 和案例研究 3 中將探討階層式分群技術。

親和傳播分群

親和傳播（*Affinity propagation*）是透過一直在資料點之間傳送訊息直到收斂為止來建立分群。和 *k*-means 等分群演算法不同的地方是，親和傳播不需要在執行演算法之前確定或估計群聚個數。在親和傳播中使用兩個重要參數來確定群聚的數量：偏好（*preference*）控制所使用的群聚 範例（*exemplars*）（或雛型）數量；以及 阻尼因子（*damping factor*）抑制訊息的責任和可用性，以避免在更新這些訊息時出現數值振盪。

資料集是用少量的範例來描述的，這些是代表分群輸入集的成員。親和傳播演算法利用資料點之間的一組配對相似度，透過最大化資料點與其樣本之間的總相似度來發現分群。配對之間所傳送的訊息表示一個樣本是否適合作為另一個樣本的範例，該樣本將根據來自其他配對的值進行更新。這種更新會反覆運算進行直到收斂，此時可選擇最終的範例，以得到最後的分群。

親和傳播的優點是不需要在執行演算法之前確定群聚的個數。該演算法速度快，適用於大型相似矩陣。然而，該演算法往往收斂到次佳解，有時甚至無法收斂。

用 Python 實作

以下程式碼片段說明了如何實作資料集的親和傳播演算法：

```
from sklearn.cluster import AffinityPropagation
# Initialize the algorithm and set the number of PC's
ap = AffinityPropagation()
ap.fit(X)
```

有關更多親和傳播分群超參數的細節可以在 sklearn 網站上找到（*https://scikit-learn. org*），本章的案例研究 1 和案例研究 2 將會進一步探討親和傳播技術。

案例研究 1：配對交易的分群

配對交易策略建構了暴露於相似市場風險因素的相關資產組合。這些資產的暫時價格差異可以透過做多一種金融工具同時做空另一種金融工具來創造獲利機會。配對交易策略是設計來消除市場風險，並利用股票相對收益的暫時性差異來賺取價差。

配對交易的基本前提是資產的預期動態為**均值迴歸**（*mean reversion*），這種均值迴歸現象理應形成長期的均衡關係，我們嘗試透過統計方法來逼近這種關係。當長期趨勢出現偏離（可能是暫時的）時，交易者可從中獲利。配對交易成功的關鍵是能夠選擇合適的資產配對來進行交易。

傳統上，配對的選擇是採取試錯法，只有屬於同一類股或行業的股票或金融工具能被組合在一起。當時的想法是，如果這些股票是針對類似行業的公司，它們的股票也應該有類似的走勢。然而，過去是如此，並不代表現在也會一樣。此外，在可選擇的股票數量很多的情況下，找到合適的配對是一項困難的任務，因為總共有 *n(n–1)/2* 種可能的配對，其中 *n* 是金融工具的數量。此時，分群是一種很有用的技術。

在本案例中，我們將利用分群演算法來選擇成對的股票進行配對交易策略。

本案例研究的重點是：

- 評價三種主要的分群法：*k*-means、階層式分群和親和傳播分群。

- 瞭解在 *k*-means 和階層式分群中找到正確分群數的方法。

- 視覺化分群中的資料，包括查看樹形結構圖。

- 選擇合適的分群演算法。

 ## 利用分群選擇配對的藍圖

1、問題定義

本案例的目的是對 S&P 500 指數成份股進行分群分析，得出成份股交易策略。S&P 500 指數的股票資料是利用 pandas_datareader 從雅虎財經取得，包括 2018 年起的價格資料。

2、預備：載入資料和 Python 套件

用來資料載入、資料分析、資料準備和模型評估的函式庫清單如下。

2.1、載入 Python 套件。 第 2 章和第 4 章提供了這些套件和功能的大部分細節，這些套件的使用方式將在模型建立過程的不同步驟中說明。

Packages for clustering

```
from sklearn.cluster import KMeans, AgglomerativeClustering, AffinityPropagation
from scipy.cluster.hierarchy import fcluster
from scipy.cluster.hierarchy import dendrogram, linkage, cophenet
from scipy.spatial.distance import pdist
from sklearn.metrics import adjusted_mutual_info_score
from sklearn import cluster, covariance, manifold
```

Packages for data processing and visualization

```
# Load libraries
import numpy as np
import pandas as pd
import matplotlib.pyplot as plt
from pandas import read_csv, set_option
from pandas.plotting import scatter_matrix
import seaborn as sns
from sklearn.preprocessing import StandardScaler
import datetime
import pandas_datareader as dr
import matplotlib.ticker as ticker
from itertools import cycle
```

2.2、載入資料。 股票資料載入如下[1]。

```
dataset = read_csv('SP500Data.csv', index_col=0)
```

3、探索性資料分析

我們快速檢視一下本節中的資料。

3.1、敘述性統計。 首先看看資料的形狀：

```
# shape
dataset.shape
```

Output

```
(448, 502)
```

每一列資料包含 502 個欄位，總共 448 個觀測值。

---

1 請參閱 Jupyter Notebook，以瞭解如何用 pandas_datareader 取得價格資料。

3.2、資料視覺化。 我們將詳細研究視覺化後分群。

4、資料準備

以下幾節中將為建模準備資料。

4.1、資料清理。 在這一步中,我們檢查資料列中是否有 NA,如果有的話就刪除它們或填入該行的平均值:

```
#Checking for any null values and removing the null values'''
print('Null Values =',dataset.isnull().values.any())
```

Output

```
Null Values = True
```

我們去掉缺失值超過 30% 的行:

```
missing_fractions = dataset.isnull().mean().sort_values(ascending=False)
missing_fractions.head(10)
drop_list = sorted(list(missing_fractions[missing_fractions > 0.3].index))
dataset.drop(labels=drop_list, axis=1, inplace=True)
dataset.shape
```

Output

```
(448, 498)
```

如果還有空值的話,就填入前一個非 NA 的值:

```
# Fill the missing values with the last value available in the dataset.
dataset=dataset.fillna(method='ffill')
```

資料清理步驟識別並填補那些缺少值的資料,這個步驟對於建立一個有意義的、可靠的、乾淨的資料集非常重要,這樣在將資料集分群時才不會發生錯誤。

4.2、資料轉換。 為了要分群,我們將以年報酬率和變異數當作變數,因為它們是股票表現和波動性的主要指標。以下程式碼準備這些變數:

```
#Calculate average annual percentage return and volatilities
returns = pd.DataFrame(dataset.pct_change().mean() * 252)
returns.columns = ['Returns']
returns['Volatility'] = dataset.pct_change().std() * np.sqrt(252)
data = returns
```

在應用分群之前，所有變數應該在相同的尺度上；否則，一個具有大值的特徵將主導結果。我們用 sklearn 中的 StandardScaler 將資料集特徵標準化為單位尺度（平均值 =0，變異數 =1）：

```
from sklearn.preprocessing import StandardScaler
scaler = StandardScaler().fit(data)
rescaledDataset = pd.DataFrame(scaler.fit_transform(data),\
  columns = data.columns, index = data.index)
# summarize transformed data
rescaledDataset.head(2)
```

Output

	Returns	Volatility
ABT	0.794067 –0.702741	ABBV

準備好資料後，我們就可以來探索分群演算法。

5、評估演算法和模型

我們將研究以下模型：

- *k*-means

- 階層式分群（聚合式分群）

- 親和傳播

5.1、k-means 分群。 我們在這裡用 *k*-means 建模並評估兩種方法來尋找最佳的分群個數。

5.1.1、找到最佳分群個數。 我們知道 *k*-means 一開始會隨機地將資料點分配給群集，然後計算中心點或平均值。此外，它還會計算每個群集內的距離，對這些距離進行平方運算，然後將它們加總，以求得誤差平方和。

其基本概念是定義 *k* 個群集，以使群集內的總變化（或誤差）最小化。以下兩種方法可用來找出 *k*-means 中的群集個數：

手肘法（*Elbow method*）

　基於群集內誤差平方和（sum of squared error, SSE）

輪廓法（*Silhouette method*）

根據輪廓分數

首先，我們來研究一下手肘法。每個點的 SSE 是該點與其代表點（即其預測的群集中心）的距離的平方。將誤差平方和繪製為一個範圍內的群集個數。第一個群集會增加很多資訊（解釋很多差異），但在圖的角度固定的時候，最終邊際收益會下降，此時可選擇群集的個數；因此稱為「手肘準則」。

我們用 Python 的 sklearn 函式庫實作出來，並為一個範圍的 k 值繪製 SSE：

```python
distortions = []
max_loop=20
for k in range(2, max_loop):
    kmeans = KMeans(n_clusters=k)
    kmeans.fit(X)
    distortions.append(kmeans.inertia_)
fig = plt.figure(figsize=(15, 5))
plt.plot(range(2, max_loop), distortions)
plt.xticks([i for i in range(2, max_loop)], rotation=75)
plt.grid(True)
```

Output

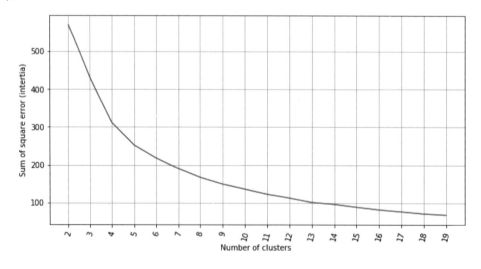

檢視平方誤差和圖表，可發現似乎手肘扭結發生在這個資料的五到六個分群附近。當然，我們也可以看出，當分群個數超過 6 個時，分群內的 SSE 開始趨於平緩。

現在我們來看一下輪廓法。輪廓分數可衡量一個點與其所屬的群集（**內聚**）和其他群集（**分離**）的相似程度。輪廓值的範圍介於 1 和 –1 之間，值越高越好，表示該點位於正確的群集中。如果許多點的輪廓值為負值，則表示我們可能建立了太多或太少的群集。

我們用 sklearn 函式庫來實作這一點，並為一個範圍的 k 值繪製輪廓分數：

```
from sklearn import metrics

silhouette_score = []
for k in range(2, max_loop):
        kmeans = KMeans(n_clusters=k,  random_state=10, n_init=10, n_jobs=-1)
        kmeans.fit(X)
        silhouette_score.append(metrics.silhouette_score(X, kmeans.labels_, \
          random_state=10))
fig = plt.figure(figsize=(15, 5))
plt.plot(range(2, max_loop), silhouette_score)
plt.xticks([i for i in range(2, max_loop)], rotation=75)
plt.grid(True)
```

Output

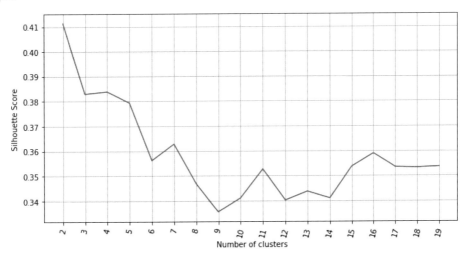

觀察輪廓分數圖，我們可以看到圖的很多地方都有扭結。由於六個分群後的 SSE 沒有太大差異，這表示在這個 k-means 模型中，分成六個群是首選。

結合兩種方法得到的資訊，我們推斷出最佳分群數為 6。

5.1.2、分群和視覺化。 我們用 6 個分群建立 k-means 模型，並將結果視覺化：

```
nclust=6
#Fit with k-means
k_means = cluster.KMeans(n_clusters=nclust)
k_means.fit(X)
#Extracting labels
target_labels = k_means.predict(X)
```

當資料集的變數個數很多時，要視覺化分群是如何形成的並不容易。基本散點圖是在二維空間中視覺化分群的一種方法，以下建立一個散點圖來確定資料中固有的關係：

```
centroids = k_means.cluster_centers_
fig = plt.figure(figsize=(16,10))
ax = fig.add_subplot(111)
scatter = ax.scatter(X.iloc[:,0],X.iloc[:,1], c=k_means.labels_, \
  cmap="rainbow", label = X.index)
ax.set_title('k-means results')
ax.set_xlabel('Mean Return')
ax.set_ylabel('Volatility')
plt.colorbar(scatter)

plt.plot(centroids[:,0],centroids[:,1],'sg',markersize=11)
```

Output

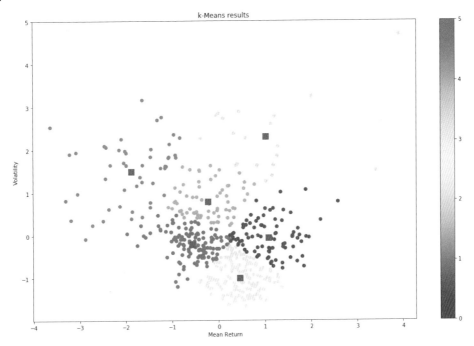

在上面的圖中，我們可以看到不同的分群被不同的顏色分開（GitHub 上提供了全彩版本
（*https://oreil.ly/8RvSp*）），圖中的資料分群似乎分得很開。分群的中心（以方點表示）
也有一定程度的分離。

我們來看看每個群集當中的股票個數：

```
# show number of stocks in each cluster
clustered_series = pd.Series(index=X.index, data=k_means.labels_.flatten())
# clustered stock with its cluster label
clustered_series_all = pd.Series(index=X.index, data=k_means.labels_.flatten())
clustered_series = clustered_series[clustered_series != -1]

plt.figure(figsize=(12,7))
plt.barh(
    range(len(clustered_series.value_counts())), # cluster labels, y axis
    clustered_series.value_counts()
)
plt.title('Cluster Member Counts')
plt.xlabel('Stocks in Cluster')
```

```
plt.ylabel('Cluster Number')
plt.show()
```

Output

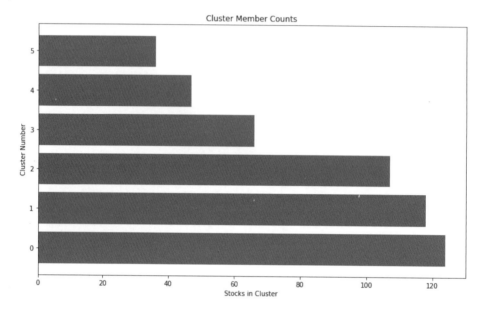

每個群集的股票個數在 40 到 120 之間。雖然分佈不均勻,但我們在每個群集中都有相當數量的股票。

我們來看看階層式分群。

5.2、階層式分群(聚合分群)。 第一步是檢視階層結構圖並檢查分群的個數。

5.2.1、建構階層圖 / 樹形結構圖。 樹狀結構圖可以用來表示階層類別,這個方法接受同一類別的**連結方法**(*linkage method*)所傳回的值。連結方法以資料集和距離最小化方法為參數。我們採用 *ward* 方法,因為它將群集之間距離的變異數最小化:

```
from scipy.cluster.hierarchy import dendrogram, linkage, ward

#Calculate linkage
Z= linkage(X, method='ward')
Z[0]
```

Output

```
array([3.30000000e+01, 3.14000000e+02, 3.62580431e-03, 2.00000000e+00])
```

視覺化聚合式分群演算法最好的辦法是透過樹狀結構圖，樹狀結構圖顯示一個分群樹，葉子是個股，根是最後的單一分群。每個分群之間的距離顯示在 y 軸上。分支越長，兩個分群的相關性越小：

```
#Plot Dendrogram
plt.figure(figsize=(10, 7))
plt.title("Stocks Dendrograms")
dendrogram(Z,labels = X.index)
plt.show()
```

Output

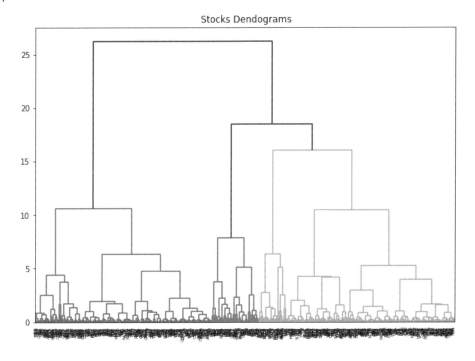

這個圖表可用來直觀地檢查所選定距離閾值建立的群集個數（儘管橫軸上的股票名稱不太清楚，但我們可以看到它們被分為多個群集）。如果在圖中畫一條假想的水平線，則穿過該線的垂直線個數即為該距離閾值所建立的分群個數。例如，值為 20 時，水平線將穿過樹形結構圖的兩個垂直分支，這意味著在該距離閾值處有兩個分群。來自該分支的所有資料點（葉）都將標記為水平線所穿過的分群。

選擇距離閾值為 13 將產生四個分群，可用以下的 Python 程式碼確認：

```
distance_threshold = 13
clusters = fcluster(Z, distance_threshold, criterion='distance')
chosen_clusters = pd.DataFrame(data=clusters, columns=['cluster'])
chosen_clusters['cluster'].unique()
```

Output

```
array([1, 4, 3, 2], dtype=int64)
```

5.2.2、分群和視覺化。 我們用四個群集建立階層式分群模型，並將結果視覺化：

```
nclust = 4
hc = AgglomerativeClustering(n_clusters=nclust, affinity='euclidean', \
linkage='ward')
clust_labels1 = hc.fit_predict(X)

fig = plt.figure(figsize=(16,10))
ax = fig.add_subplot(111)
scatter = ax.scatter(X.iloc[:,0],X.iloc[:,1], c=clust_labels1, cmap="rainbow")
ax.set_title('Hierarchical Clustering')
ax.set_xlabel('Mean Return')
ax.set_ylabel('Volatility')
plt.colorbar(scatter)
```

與 *k*-means 分群圖類似，我們看到有一些不同的分群被不同的顏色分開（GitHub 上提供了全尺寸版本（*https://oreil.ly/8RvSp*））。

Output

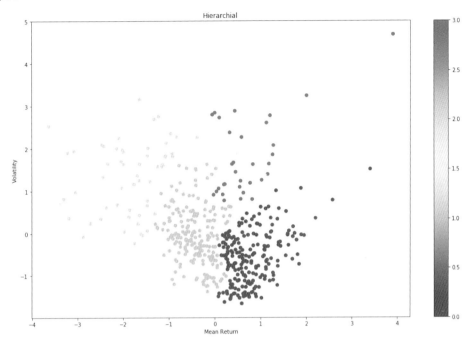

現在我們來看看親和傳播分群。

5.3、親和傳播。 首先建構親和傳播模型並將結果視覺化：

```
ap = AffinityPropagation()
ap.fit(X)
clust_labels2 = ap.predict(X)

fig = plt.figure(figsize=(10,8))
ax = fig.add_subplot(111)
scatter = ax.scatter(X.iloc[:,0],X.iloc[:,1], c=clust_labels2, cmap="rainbow")
ax.set_title('Affinity')
ax.set_xlabel('Mean Return')
ax.set_ylabel('Volatility')
plt.colorbar(scatter)
```

Output

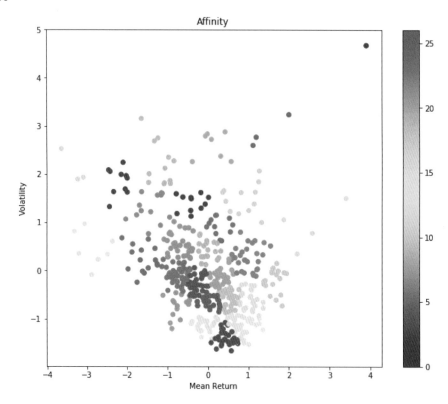

可選定超參數的親和傳播模型會產生比 *k*-means 和階層式分群模型更多的分群，具有明確的分群，但由於群集數量較多（GitHub 上提供了全尺寸版本（*https://oreil.ly/8RvSp*）），也有較多的重疊。下一步，我們將評估分群技術。

5.4、分群評估。 如果真實有效值的標籤未知，就必須用模型本身進行評估。輪廓係數（`sklearn.metrics.silhouette_score`）是我們可以使用的一個例子。輪廓係數得分越高，表示模型可以把分群定義得越好。以下程式碼為上述每種分群方法計算輪廓係數：

```
from sklearn import metrics
print("km", metrics.silhouette_score(X, k_means.labels_, metric='euclidean'))
print("hc", metrics.silhouette_score(X, hc.fit_predict(X), metric='euclidean'))
print("ap", metrics.silhouette_score(X, ap.labels_, metric='euclidean'))
```

Output

```
km 0.3350720873411941
hc 0.3432149515640865
ap 0.3450647315156527
```

看起來親和傳播的效果最好,我們後續以親和傳播所指定的 27 個群集來進行。

視覺化群集內的報酬率。 我們已經決定了分群技術和分群個數,但是我們需要檢查分群是否產生了合理的輸出。為此,我們將股票的歷史行為視覺化為幾個群集:

```
# all stock with its cluster label (including -1)
clustered_series = pd.Series(index=X.index, data=ap.fit_predict(X).flatten())
# clustered stock with its cluster label
clustered_series_all = pd.Series(index=X.index, data=ap.fit_predict(X).flatten())
clustered_series = clustered_series[clustered_series != -1]
# get the number of stocks in each cluster
counts = clustered_series_ap.value_counts()
# let's visualize some clusters
cluster_vis_list = list(counts[(counts<25) & (counts>1)].index)[::-1]
cluster_vis_list
# plot a handful of the smallest clusters
plt.figure(figsize=(12, 7))
cluster_vis_list[0:min(len(cluster_vis_list), 4)]

for clust in cluster_vis_list[0:min(len(cluster_vis_list), 4)]:
    tickers = list(clustered_series[clustered_series==clust].index)
    # calculate the return (lognormal) of the stocks
    means = np.log(dataset.loc[:"2018-02-01", tickers].mean())
    data = np.log(dataset.loc[:"2018-02-01", tickers]).sub(means)
    data.plot(title='Stock Time Series for Cluster %d' % clust)
plt.show()
```

Output

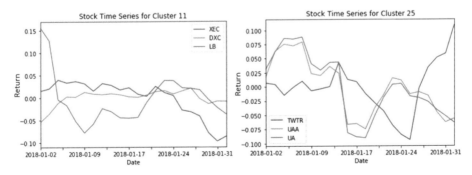

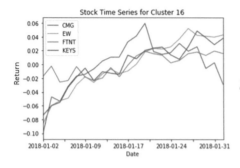

由以上圖表可以看出，在所有股票個數較少的群集當中，不同群集之下的股票具有相似的走勢，這證實了分群技術的有效性。

6、配對選擇

一旦建立了分群，一些基於共整合的統計技術可以應用於群集內的股票來建立配對的組合。如果兩個或兩個以上的時間序列是非平穩的並且傾向於一起移動，則將它們視為是共整合的[2]。時間序列之間是否存在共整合可以透過幾種統計技術來驗證，包括擴增 Dickey-Fuller 檢定（*https://oreil.ly/5xKZy*）和 Johansen 檢定（*https://oreil.ly/9zbnC*）。

在這個步驟中，我們掃描群集內的股票清單，並測試這對股票之間的共整合關係。首先，我們撰寫一個函式，傳回共整合檢定得分矩陣、p 值矩陣和 p 值小於 0.05 的任何配對。

共整合與配對選擇函式。

```
def find_cointegrated_pairs(data, significance=0.05):
    # This function is from https://www.quantopian.com
    n = data.shape[1]
    score_matrix = np.zeros((n, n))
    pvalue_matrix = np.ones((n, n))
    keys = data.keys()
    pairs = []
    for i in range(1):
        for j in range(i+1, n):
            S1 = data[keys[i]]
            S2 = data[keys[j]]
            result = coint(S1, S2)
```

---

2 詳見第 5 章。

```
        score = result[0]
        pvalue = result[1]
        score_matrix[i, j] = score
        pvalue_matrix[i, j] = pvalue
        if pvalue < significance:
            pairs.append((keys[i], keys[j]))
return score_matrix, pvalue_matrix, pairs
```

接下來，我們用上面建立的函式來檢查幾個群集內不同配對的共整合，並傳回找到的配對：

```
from statsmodels.tsa.stattools import coint
cluster_dict = {}
for i, which_clust in enumerate(ticker_count_reduced.index):
    tickers = clustered_series[clustered_series == which_clust].index
    score_matrix, pvalue_matrix, pairs = find_cointegrated_pairs(
        dataset[tickers]
    )
    cluster_dict[which_clust] = {}
    cluster_dict[which_clust]['score_matrix'] = score_matrix
    cluster_dict[which_clust]['pvalue_matrix'] = pvalue_matrix
    cluster_dict[which_clust]['pairs'] = pairs

pairs = []
for clust in cluster_dict.keys():
    pairs.extend(cluster_dict[clust]['pairs'])

print ("Number of pairs found : %d" % len(pairs))
print ("In those pairs, there are %d unique tickers." % len(np.unique(pairs)))
```

Output

```
Number of pairs found : 32
In those pairs, there are 47 unique tickers.
```

現在，我們將配對選擇過程的結果視覺化。請參閱本案例研究的 Jupyter Notebook，以瞭解與使用 t-SNE 技術的配對視覺化相關步驟的細節。

下圖顯示了 k-means 在尋找非傳統配對時的強度（用視覺化中的箭頭指出）。DXC 是 DXC Technology 的股票代碼，XEC 是 Cimarex Energy 的股票代碼。這兩檔股票來自不同的行業，表面上看起來沒有什麼共同點，但是透過 k-means 分群和共整合檢定，它們被確定是成對的，這表示它們的股價走勢之間存在著長期穩定的關係。

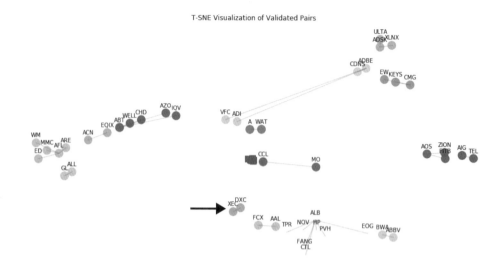

T-SNE Visualization of Validated Pairs

一旦建立了配對，它們就可以用於配對交易策略中。當兩者的股價偏離所確定的長期關係時，投資人會尋求適當時機在表現不佳的證券中持有多頭部位，並賣空表現優異的證券。如果股價迴歸到它們的歷史關係，那麼價差的收斂就產生了利潤。

結論

在本案例中，我們透過尋找小的股票池來證明分群技術的有效性，在這些股票池中，我們可以識別配對交易策略中要使用的成對股票。本案例研究的下一步將是探索和回溯來自股票群集的成對股票的各種長／短線交易策略。

分群可用於將股票和其他類型的資產拆分為具有類似特徵的群集，用於其他幾種交易策略。它還可以有效地建構投資組合，有助於確保我們選擇一個資產池，在這些資產之間有足夠的多樣化。

案例研究 2：投資組合管理：投資人分群

資產管理和投資分配是一個繁瑣而耗時的過程，投資經理通常必須為每個客戶或投資人設計客製化的方法。

如果我們能夠將這些客戶組織成特定的投資人檔案或分群，其中每個群體都代表具有類似特徵的投資人，那會怎麼樣？

基於相似特徵對投資人進行分群可以使投資管理過程簡單化和標準化。這些演算法可以根據年齡、收入和風險承受能力等不同因素對投資人進行分群。它可以幫助投資經理在他們的投資人群體中識別不同的族群。此外，透過使用這些技術，管理者可以避免引入任何可能對決策產生不利影響的偏見。透過分群分析的因素可以對資產配置和再平衡產生重大影響，使其成為快速有效投資管理的寶貴工具。

在本案例研究中，我們將利用分群的方法來辨識出不同類型的投資人。

本案例研究所使用的資料來自美國聯邦儲備委員會（Federal Reserve Board）所進行的消費者金融調查（Survey of Consumer Finances）。第 5 章第 123 頁的「案例研究 3：投資人風險承受能力和機器人投資顧問」中也使用了相同的資料集。

在本案例研究中，我們將著重於：

- 瞭解分群所產生的群集的直觀含義。

- 選擇正確的分群技術。

- 視覺化分群結果，選擇正確的分群個數。

 ## 利用分群對投資人進行分群的藍圖

1、問題定義

本案例研究的目的是建立一個分群模型，根據與風險承擔能力和意願相關的參數對個人或投資人進行分群。我們將重點利用共同的人口和金融特徵來實現這個目標。

我們所使用的調查資料包括 2007 年（金融危機前）和 2009 年（金融危機後）10000 多人的回答。有超過 500 個特徵。由於資料有很多變數，我們將首先減少變數的數量，選擇與投資人承擔風險的能力和意願直接相關的最直觀的特徵。

2、預備：載入資料和 Python 套件

2.1、載入 Python 套件。 本案例研究中所載入的套件與第 5 章的案例所載入的套件相似。但是，以下程式碼片段中顯示了一些與群聚技術相關的額外套件：

```
#Import packages for clustering techniques
from sklearn.cluster import KMeans, AgglomerativeClustering,AffinityPropagation
from sklearn.metrics import adjusted_mutual_info_score
from sklearn import cluster, covariance, manifold
```

2.2、載入資料。 這些資料（同樣，之前在第 5 章中有用過）被進一步處理，以給出代表個人風險承受能力和意願的屬性。此預處理資料用於 2007 年調查，載入如下：

```
# load dataset
dataset = pd.read_excel('ProcessedData.xlsx')
```

3、探索性資料分析

接下來，我們將更仔細地查看資料中的不同行和特性。

3.1、敘述性統計。 首先，看看資料的形狀：

```
dataset.shape
```

Output

```
(3866, 13)
```

該資料包含了 13 個欄位的個人資訊，總共有 3,886 筆：

```
# peek at data
set_option('display.width', 100)
dataset.head(5)
```

	ID	AGE	EDUC	MARRIED	KIDS	LIFECL	OCCAT	RISK	HHOUSES	WSAVED	SPENDMOR	NWCAT	INCCL
0	1	3	2	1	0	2	1	3	1	1	5	3	4
1	2	4	4	1	2	5	2	3	0	2	5	5	5
2	3	3	1	1	2	3	2	2	1	2	4	4	4
3	4	3	1	1	2	3	2	2	1	2	4	3	4
4	5	4	3	1	1	5	1	2	1	3	3	5	5

正如我們在上表中所看到的，每個投資人有 12 個屬性。這些屬性可以分為人口統計屬性、財務屬性和行為屬性，並總結在圖 8-2 中。

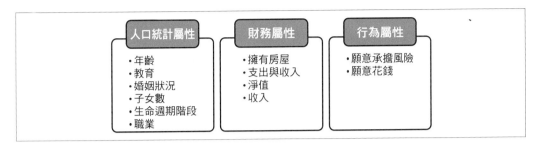

圖 8-2　分群中個體的屬性

其中許多以前在第 5 章案例研究中使用和定義過。本案例研究中使用了幾個額外屬性
（LIFECYCL、HHOUSES 和 SPENDMOR），定義如下：

生命週期（*LIFECYCL*）

　　這是一個生命週期變數，用於估計一個人承受風險的能力。風險承受能力分為六類，值 1 表示「55 歲以下，未結婚，無子女」，值 6 表示「55 歲以上，無工作」。

房產（*HHOUSES*）

　　這是一個標誌，註記人是否是擁有房產。值為 1（0）表示個人有（沒有）自己的房子。

支出偏好（*SPENDMOR*）

　　如果資產按 1 到 5 的比例升值，這代表更高的支出偏好。

3.2、資料視覺化。　　稍後將詳細研究視覺化後分群。

4、資料準備

在這裡，我們對資料執行任何必要的更改，為建模做準備。

4.1、資料清理。　　在這一步中，我們檢查列中是否有 NA，然後刪除它們或用行的平均值來填入：

```
print('Null Values =', dataset.isnull().values.any())
```

Output

```
Null Values = False
```

如果沒有任何缺失的資料，並且資料已經是分類格式，則不會執行進一步的資料清理。
ID 這一欄是不必要的，將被刪除：

```
X=X.drop(['ID'], axis=1)
```

4.2、資料轉換。 正如我們在 3.1 中所看到的，所有欄位都表示具有相似數值刻度的分類資料，沒有異常值。因此，分群不需要資料轉換。

5、評估演算法和模型

我們將分析 *k*-means 和親和傳播的績效。

5.1、k-means 分群。 我們在這個步驟中查看 *k*-means 分群的細節。首先，找到最佳的分群個數，然後建立一個模型。

5.1.1、找到最佳分群個數。 我們透過以下兩個指標來評估 *k*-means 模型中的分群個數。取得這兩個指標的 Python 程式碼與案例研究 1 中的程式碼相同：

1. 誤差平方和（SSE）

2. 輪廓分數

Sum of squared errors (SSE) within clusters

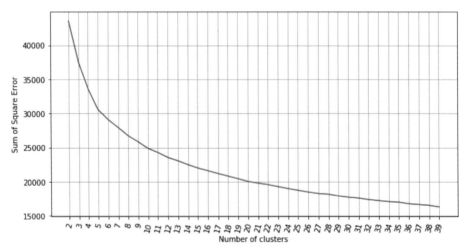

Silhouette score

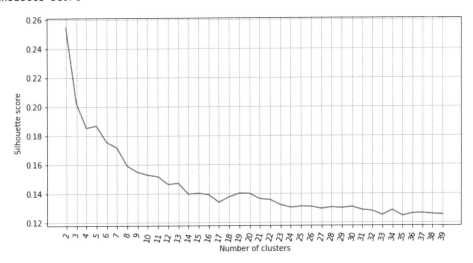

從以上兩張圖來看,最佳分群數似乎在 7 個左右。我們可以看到,隨著分群個數增加超過 6,分群內的 SSE 開始趨於平穩。從第二張圖中,我們可以看到圖的各個部分都有扭結。由於 7 個分群後的 SSE 沒有太大差異,我們繼續在下面的 *k*-means 模型中使用 7 個分群。

5.1.2、分群和視覺化。 我們來建立一個包含 7 個分群的 *k*-means 模型:

```
nclust=7

#Fit with k-means
k_means = cluster.KMeans(n_clusters=nclust)
k_means.fit(X)
```

接著為資料集裡面的每個個體指派一個目標分群,這個指派進一步用於探索性資料分析,以瞭解每個分群的行為:

```
#Extracting labels
target_labels = k_means.predict(X)
```

5.2、親和傳播。 在這裡,我們建構一個親和傳播模型並查看分群的個數:

```
ap = AffinityPropagation()
ap.fit(X)
clust_labels2 = ap.predict(X)

cluster_centers_indices = ap.cluster_centers_indices_
```

```
labels = ap.labels_
n_clusters_ = len(cluster_centers_indices)
print('Estimated number of clusters: %d' % n_clusters_)
```

Output

```
Estimated number of clusters: 161
```

親和傳播產生了 150 多個分群。如此龐大的數字很可能會讓我們難以確定它們之間的適當區別。

5.3、分群評估。 這個步驟用輪廓係數（*sklearn.metrics.silhouette_score*）來檢查分群的績效，較高的輪廓係數分數與具有較好定義的分群的模型相關：

```
from sklearn import metrics
print("km", metrics.silhouette_score(X, k_means.labels_))
print("ap", metrics.silhouette_score(X, ap.labels_))
```

Output

```
km 0.170585217843582
ap 0.09736878398868973
```

k-means 模型的輪廓係數比親和傳播模型高。此外，由親和傳播所產生的大量分群是不可靠的。在目前問題的背景之下，擁有較少的分群或投資人分類，有助於在投資管理過程中建立簡單化和標準化。它為這些資訊的使用者（例如，財務顧問）提供了一些關於分群表示的可管理的直覺。瞭解並能夠與六到八種類型的投資人交談，要比維持並有意義的瞭解 100 多個不同概況的投資人要實際得多。考量到這一點，我們將 *k*-means 作為分群技術優先選項。

6、分群直覺

下一步，我們將分析這些分群並嘗試從中得出結論。我們透過繪製分群中每個變數的平均值並總結發現：

```
cluster_output= pd.concat([pd.DataFrame(X),  pd.DataFrame(k_means.labels_, \
   columns = ['cluster'])],axis=1)
output=cluster_output.groupby('cluster').mean()
```

Demographics Features: Plot for each of the clusters

```
output[['AGE','EDUC','MARRIED','KIDS','LIFECL','OCCAT']].\
plot.bar(rot=0, figsize=(18,5));
```

Output

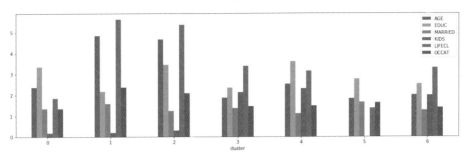

這裡的圖顯示了每個分群屬性的平均值（GitHub 上提供了全尺寸版本（*https://oreil.ly/61d9*）），例如，在比較分群 0 和分群 1 時，分群 0 的平均年齡較低，但平均教育程度較高。然而，這兩類人在婚姻狀況和子女人數上較為相似。因此，基於人口統計學屬性，分群 0 的個人平均而言比分群 1 的個人具有更高的風險承受能力。

Financial and Behavioral Attributes: Plot for each of the clusters

```
output[['HHOUSES','NWCAT','INCCL','WSAVED','SPENDMOR','RISK']].\
plot.bar(rot=0, figsize=(18,5));
```

Output

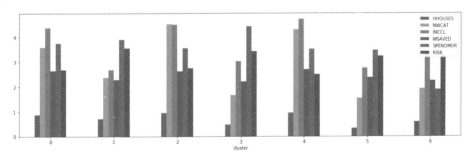

上圖顯示了每個分群的財務和行為屬性的平均值（GitHub 上提供全尺寸版本（*https://oreil.ly/61d9*）），與分群 0 和分群 1 相比，前者擁有的房屋所有權的比例較高、平均淨值和收入較高、承擔風險的意願較低。在儲蓄與收入的比較和儲蓄意願方面，這兩個分群不相上下。因此，我們可以假設，與分群 1 中的個人相比，分群 0 中的個人平均具有較高的風險承受能力，但卻具有較低的風險承受意願。

結合這兩個分群的人口統計、財務和行為屬性的資訊，分群 0 中的個人承擔風險的總體能力高於分群 1 中的人。對所有其他分群執行類似的分析，我們將所得到的結果總結於下表。風險承受能力欄位表示對每個分群的風險承受能力的主觀評估。

分群	特徵	風險承受力
分群 0	年齡低、淨資產和收入高、生活風險低的類別、更願意花錢	高
分群 1	年齡高、淨資產和收入低、生活風險高的類別、願意承受風險、教育程度低	低
分群 2	年齡高、淨資產和收入高、生活風險高的類別、願意承受風險、擁有房產	中
分群 3	年齡低、淨資產和收入非常低、承受風險意願高、有很多子女	低
分群 4	年齡中等、淨資產和收入非常高、承受風險意願高、有很多子女，擁有房產	高
分群 5	年齡低、淨資產和收入非常低、承受風險意願高、沒有子女	中
分群 6	年齡低、淨資產和收入中等、承受風險意願高、有很多子女、擁有房產	低

結論

本案例的一個關鍵重點是理解分群直覺的方法。我們用視覺化技術透過定性地解釋每個分群中變數的平均值來理解群聚成員的預期行為。我們證明了分群在發現不同投資人的自然群體時的有效性。

由於分群演算法可以成功地根據不同的因素（如年齡、收入和風險承受能力）對投資人進行分群，因此投資組合經理可以進一步使用分群演算法來規範投資組合分配和跨分群的再平衡策略，進而使得投資管理過程更快、更有效。

案例研究 3：階層式風險平價

Markowitz 的均值變異數投資組合最佳化是投資組合建構和資產配置最常用的方法。在這種技術中，我們需要估計變異數矩陣和當作輸入的資產的預期報酬。如第 7 章第 200 頁的「案例研究 1：投資組合管理：尋找特徵投資組合」所述，財務報酬的不穩定性會導致預期報酬和變異數矩陣的估計錯誤，尤其是當資產數量與樣本規模相比較大時。這些錯誤極大地破壞了最終投資組合的最佳性，進而導致錯誤和不穩定的結果。此外，假設資產報酬率、波動率或變異數的微小變化可能會對最佳化過程的輸出產生重大影響。從這個意義上說，Markowitz 均值變異數最佳化問題是一個不適定（或病態）反問題。

在 Marcos López de Prado（2016）的「建構優於樣本外的多樣化投資組合」一文中（*https://oreil.ly/2BmW5*），作者提出了一種基於分群的投資組合配置方法，稱為**階層式風險平價**（*hierarchical risk parity*），即對股票報酬的變異數矩陣進行階層式分群，然後透過分佈找到多樣化的權重資本平均分配給每個分群的階層（因此許多相關策略將獲得與單一不相關策略相同的總分配）。這減輕了 Markowitz 均值變異數最佳化中發現的一些問題（如上所述），並提高了數值穩定性。

在本案例研究中，我們將實作基於分群方法的階層式風險平價，並將其與 Markowitz 的均值變異數最佳化方法進行比較。

本案例所使用的資料集與案例研究 1 中使用的資料集相同，是 S&P 500 指數自 2018 年起的股票價格資料，這個資料集可以從雅虎財經下載。

在本案例研究中，我們將著重於：

- 基於分群的投資組合配置技術的應用。
- 建立一個比較投資組合配置方法的框架。

 # 利用分群實作階層式風險平價的藍圖

1、問題定義

本案例研究的目標是利用一個基於分群的演算法來將資本分配到不同的資產類別。為了回溯測試以及將投資組合配置與傳統的 Markowitz 均值最佳化比較，我們將執行視覺化並使用績效指標（例如夏普比率）。

2、預備：載入資料和 Python 套件

2.1、載入 Python 套件。 本案例研究所載入的套件與先前案例研究所載入的套件相似。但是，以下程式碼片段中顯示了一些與分群技術相關的額外套件：

```
#Import Model Packages
import scipy.cluster.hierarchy as sch
from sklearn.cluster import AgglomerativeClustering
from scipy.cluster.hierarchy import fcluster
from scipy.cluster.hierarchy import dendrogram, linkage, cophenet
from sklearn.metrics import adjusted_mutual_info_score
from sklearn import cluster, covariance, manifold
import ffn

#Package for optimization of mean variance optimization
import cvxopt as opt
from cvxopt import blas, solvers
```

由於本案例研究使用與案例研究 1 相同的資料，因此跳過了接下來的一些步驟（即載入資料），以避免重複。不過還是提醒您，該資料包含了大約 500 檔股票和 448 個觀察值。

3、探索性資料分析

在本案例研究的後面，我們將詳細研究視覺化後分群。

4、資料準備

4.1、資料清理。 有關資料清理步驟，請參閱案例研究 1。

4.2、資料轉換。 我們將使用年度報酬進行分群。另外，我們將訓練資料，然後測試資料。在這裡，我們透過分離 20% 的資料集進行測試來準備用於訓練和測試的資料集，並產生所要回傳的序列：

```
X= dataset.copy('deep')
row= len(X)
train_len = int(row*.8)

X_train = X.head(train_len)
X_test = X.tail(row-train_len)

#Calculate percentage return
returns = X_train.to_returns().dropna()
returns_test=X_test.to_returns().dropna()
```

5、評估演算法和模型

這個步驟將研究階層式分群,並執行進一步的分析和視覺化。

5.1、建構階層圖 / 樹狀結構圖。　第一步是利用凝聚階層式分群技術尋找相關分群。階層類別有一個樹狀結構圖方法,該方法接收同一類別的連結方法所傳回的值。連結方法以資料集和距離最小化方法為參數。測量距離有不同的選擇。我們所選擇的選項是 ward,因為它最小化了群集之間距離的變化。其他可能的距離度量包括單點和中心。

連結方法可用一行程式碼來執行實際的分群,並傳回以下格式連接的群集串列:

```
Z= [stock_1, stock_2, distance, sample_count]
```

我們必須先定義一個將相關性轉換為距離的函式:

```
def correlDist(corr):
    # A distance matrix based on correlation, where 0<=d[i,j]<=1
    # This is a proper distance metric
    dist = ((1 - corr) / 2.) ** .5 # distance matrix
    return dist
```

現在我們將股票報酬的相關性轉換為距離,然後在以下的步驟中計算連結,然後透過樹狀結構圖顯示分群。跟之前一樣,葉子是個股,根是最後一個單一的分群。每個群集之間的距離顯示在 y 軸上;分支越長,兩個群集之間的相關性越小。

```
#Calculate linkage
dist = correlDist(returns.corr())
link = linkage(dist, 'ward')

#Plot Dendrogram
plt.figure(figsize=(20, 7))
plt.title("Dendrograms")
dendrogram(link,labels = X.columns)
plt.show()
```

在下圖中,橫軸表示群集。雖然橫軸上的股票名稱不太清楚(由於有 500 檔股票,這並不奇怪),但我們可以看到它們被分為幾個群集。根據所需的距離閾值等級,適當的群集數似乎為 2、3 或 6。下一步,我們將利用從該步驟計算出的連結來計算基於階層式風險平價的資產配置。

Output

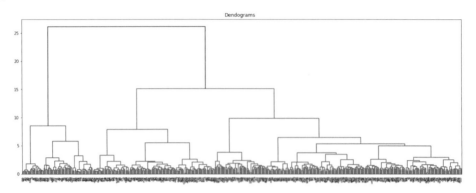

5.2、階層式風險平價的步驟。 階層式風險平價（hierarchical risk parity, HRP）演算法分為三個階段，如 Prado 的論文所述：

樹分群（*Tree clustering*）

根據相關矩陣將類似投資分群。具有層次結構有助於我們改進二次最佳化器在反轉共變異數矩陣時的穩定性問題。

准擬對角化（*Quasi-diagonalization*）

重新組織變異數矩陣，以便將類似的投資放在一起。這種矩陣對角化允許我們在逆變異數分配之後最佳地分配權重。

遞迴對分（*Recursive bisection*）

基於分群共變異數的遞迴對分配置演算法。

在執行了上一節中的第一個階段（基於距離度量來識別群集）之後，我們繼續進行準對角化。

5.2.1、準對角化。 準對角化是一個稱為**矩陣序列化**（*matrix seriation*）的過程，重組共變異數矩陣的行和列，使得最大值位於對角線上。如以下程式碼所示，該過程重新組織共變異數矩陣，以便將類似的投資放在一起。此矩陣對角化允許我們在逆變異數分配之後以最佳方式分配權重：

```
def getQuasiDiag(link):
    # Sort clustered items by distance
    link = link.astype(int)
    sortIx = pd.Series([link[-1, 0], link[-1, 1]])
    numItems = link[-1, 3]  # number of original items
    while sortIx.max() >= numItems:
        sortIx.index = range(0, sortIx.shape[0] * 2, 2)  # make space
        df0 = sortIx[sortIx >= numItems]  # find clusters
        i = df0.index
        j = df0.values - numItems
        sortIx[i] = link[j, 0]  # item 1
        df0 = pd.Series(link[j, 1], index=i + 1)
        sortIx = sortIx.append(df0)  # item 2
        sortIx = sortIx.sort_index()  # re-sort
        sortIx.index = range(sortIx.shape[0])  # re-index
    return sortIx.tolist()
```

5.2.2、遞迴對分。　下個步驟將執行遞迴對分,這是一種由上而下的方法,根據與其聚合變異值的反比在子集之間拆分投資組合權重。函式 getClusterVar 計算群集變異數,在這個過程中,需要函式 getIVP 的逆變異數投資組合。函式 getClusterVar 的輸出由函式 getRecBipart 所使用,透過基於群集共變異數的遞迴對分計算最終分配:

```
def getIVP(cov, **kargs):
# Compute the inverse-variance portfolio
ivp = 1. / np.diag(cov)
ivp /= ivp.sum()
return ivp

def getClusterVar(cov,cItems):
    # Compute variance per cluster
    cov_=cov.loc[cItems,cItems] # matrix slice
    w_=getIVP(cov_).reshape(-1, 1)
    cVar=np.dot(np.dot(w_.T,cov_),w_)[0, 0]
    return cVar

def getRecBipart(cov, sortIx):
    # Compute HRP alloc
    w = pd.Series(1, index=sortIx)
    cItems = [sortIx]  # initialize all items in one cluster
    while len(cItems) > 0:
        cItems = [i[j:k] for i in cItems for j, k in ((0,\
            len(i) // 2), (len(i) // 2, len(i))) if len(i) > 1]  # bi-section
```

```
        for i in range(0, len(cItems), 2):  # parse in pairs
            cItems0 = cItems[i]  # cluster 1
            cItems1 = cItems[i + 1]  # cluster 2
            cVar0 = getClusterVar(cov, cItems0)
            cVar1 = getClusterVar(cov, cItems1)
            alpha = 1 - cVar0 / (cVar0 + cVar1)
            w[cItems0] *= alpha  # weight 1
            w[cItems1] *= 1 - alpha  # weight 2
        return w
```

以下的函式 getHRP 結合了三個階段：分群、準正交化和遞迴對分來產生最終的權重：

```
def getHRP(cov, corr):
    # Construct a hierarchical portfolio
    dist = correlDist(corr)
    link = sch.linkage(dist, 'single')
    #plt.figure(figsize=(20, 10))
    #dn = sch.dendrogram(link, labels=cov.index.values)
    #plt.show()
    sortIx = getQuasiDiag(link)
    sortIx = corr.index[sortIx].tolist()
    hrp = getRecBipart(cov, sortIx)
    return hrp.sort_index()
```

5.3、與其他資產配置方法的比較。 本案例研究的一個主要焦點是利用分群建立一個取代 Markowitz 的均值變異數投資組合最佳化。在這個步驟中，我們定義了一個函式來計算基於 Markowitz 均值變異數技術的投資組合配置。此函式（getMVP）將資產的共變異數矩陣當作輸入，執行均值變異數最佳化，並產生投資組合配置：

```
def getMVP(cov):
    cov = cov.T.values
    n = len(cov)
    N = 100
    mus = [10 ** (5.0 * t / N - 1.0) for t in range(N)]

    # Convert to cvxopt matrices
    S = opt.matrix(cov)
    #pbar = opt.matrix(np.mean(returns, axis=1))
    pbar = opt.matrix(np.ones(cov.shape[0]))

    # Create constraint matrices
    G = -opt.matrix(np.eye(n))  # negative n x n identity matrix
    h = opt.matrix(0.0, (n, 1))
    A = opt.matrix(1.0, (1, n))
    b = opt.matrix(1.0)
```

```
# Calculate efficient frontier weights using quadratic programming
solvers.options['show_progress'] = False
portfolios = [solvers.qp(mu * S, -pbar, G, h, A, b)['x']
              for mu in mus]
## Calculate risk and return of the frontier
returns = [blas.dot(pbar, x) for x in portfolios]
risks = [np.sqrt(blas.dot(x, S * x)) for x in portfolios]
## Calculate the 2nd degree polynomial of the frontier curve.
m1 = np.polyfit(returns, risks, 2)
x1 = np.sqrt(m1[2] / m1[0])
# CALCULATE THE OPTIMAL PORTFOLIO
wt = solvers.qp(opt.matrix(x1 * S), -pbar, G, h, A, b)['x']

return list(wt)
```

5.4、取得所有類型資產配置的投資組合權重。 這個步驟利用上述的函式，以兩種資產配置的方法來計算資產分配，然後將資產配置結果視覺化：

```
def get_all_portfolios(returns):

    cov, corr = returns.cov(), returns.corr()
    hrp = getHRP(cov, corr)
    mvp = getMVP(cov)
    mvp = pd.Series(mvp, index=cov.index)
    portfolios = pd.DataFrame([mvp, hrp], index=['MVP', 'HRP']).T
    return portfolios

#Now getting the portfolios and plotting the pie chart
portfolios = get_all_portfolios(returns)

portfolios.plot.pie(subplots=True, figsize=(20, 10),legend = False);
fig, (ax1, ax2) = plt.subplots(1, 2,figsize=(30,20))
ax1.pie(portfolios.iloc[:, 0], );
ax1.set_title('MVP',fontsize=30)
ax2.pie(portfolios.iloc[:, 1]);
ax2.set_title('HRP',fontsize=30)
```

下面的圓形圖顯示了 MVP 與 HRP 的資產配置。我們清楚地看到人力資源規劃更加多樣化。現在我們來看看回溯測試結果。

Output

MVP   HRP

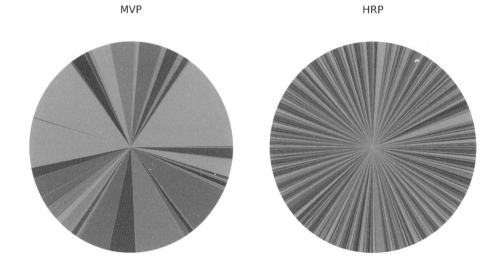

6、回溯測試

我們現在將回溯測試演算法所產生的投資組合績效，查看樣本內和樣本外的結果：

```
Insample_Result=pd.DataFrame(np.dot(returns,np.array(portfolios)), \
'MVP','HRP'], index = returns.index)
OutOfSample_Result=pd.DataFrame(np.dot(returns_test,np.array(portfolios)), \
columns=['MVP', 'HRP'], index = returns_test.index)

Insample_Result.cumsum().plot(figsize=(10, 5), title ="In-Sample Results",\
                                style=['--','-'])
OutOfSample_Result.cumsum().plot(figsize=(10, 5), title ="Out Of Sample Results",\
                                style=['--','-'])
```

Output

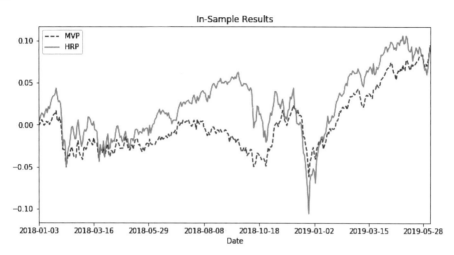

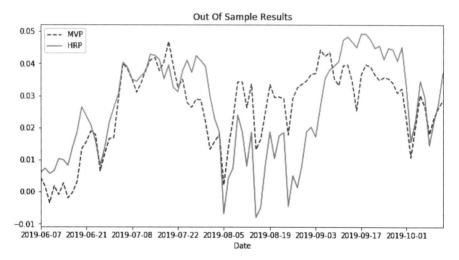

從圖表上看，MVP 在抽樣測試中有相當長一段時間表現不佳。在樣本外測試中，在 2019 年 8 月至 2019 年 9 月中旬的一段短暫時間內，MVP 表現優於 HRP。下個步驟將檢查兩種配置方法的夏普比率：

樣本內結果。

```
#In_sample Results
stddev = Insample_Result.std() * np.sqrt(252)
sharp_ratio = (Insample_Result.mean()*np.sqrt(252))/(Insample_Result).std()
Results = pd.DataFrame(dict(stdev=stddev, sharp_ratio = sharp_ratio))
Results
```

Output

	stdev	sharp_ratio
MVP	0.086	0.785
HRP	0.127	0.524

樣本外結果。

```
#OutOf_sample Results
stddev_oos = OutOfSample_Result.std() * np.sqrt(252)
sharp_ratio_oos = (OutOfSample_Result.mean()*np.sqrt(252))/(OutOfSample_Result).\
std()
Results_oos = pd.DataFrame(dict(stdev_oos=stddev_oos, sharp_ratio_oos = \
  sharp_ratio_oos))
Results_oos
```

Output

	stdev_oos	sharp_ratio_oos
MVP	0.103	0.787
HRP	0.126	0.836

雖然 MVP 的樣本內結果看起來很有說服力，但用階層式分群方法建構的投資組合的樣本外夏普比率和總體報酬率都比較好。HRP 在不相關資產上實現的多樣化使該方法更能抵禦衝擊。

結論

在本案例研究中，我們看到基於階層式分群的投資組合配置可以更好地將資產分成具有相似特徵的分群，而不依賴於 Markowitz 均值變異數投資組合最佳化中所使用的經典相關分析。

利用 Markowitz 的技術，投資組合的多樣性較小，集中在少數幾個股票上。HRP 方法，利用基於階層式分群的配置，結果是一個更加多樣化和分佈的投資組合，這種多樣化的結果提供了最好的樣本外表現，並提供了更好的尾部風險管理。

實際上，相對應的階層式風險平價策略解決了基於最小變異數的投資組合配置的缺點。它直觀、靈活，似乎為投資組合分配和投資組合管理提供了一種魯棒的方法。

本章摘要

在本章中，我們學習了不同的分群技術，並利用它們來捕獲資料的自然結構，以增強跨多個金融領域的決策。透過案例分析，我們證明了分群技術可以有效地提高交易策略和投資組合管理。

除了提供解決不同金融問題的方法外，案例研究還側重於理解分群模型的概念、發展直覺和視覺化分群。總的來說，本章透過案例研究介紹的 Python、機器學習和金融中的概念，可以作為金融中任何其他基於分群的問題的藍圖。

在討論了監督式和非監督式學習之後，我們將在下一章探討另一種機器學習，即強化學習。

練習

- 利用階層式分群法，形成不同資產類別（如外匯或大宗商品）的投資分群。
- 對債券市場上的配對交易進行分群分析。

## 第四部分

強化學習與自然語言處理

## 第九章

強化學習

激勵措施幾乎驅動一切，金融界也不例外。人類不會從數以百萬計的有標籤的例子中學習。相反地，我們經常從積極或消極的經歷中學到與我們的行為相關的東西。從經驗中學習以及相關的獎懲是強化學習（reinforcement learning, RL）的核心概念[1]。

強化學習是一種透過最大化獎勵和最小化懲罰的最佳策略來訓練機器找出最好的行動方案的方法。

賦予 *AlphaGo*（第一個打敗職業圍棋玩家的電腦程式）的 RL 演算法也正在金融領域嶄露頭角，強化學習主要的**最大化獎勵**概念與金融學的演算法交易和投資組合管理等領域能夠很好地結合。強化學習特別適用於演算法交易，因為在不確定的動態環境中，**報酬最大化代理**的概念與投資者或與金融市場互動的交易策略有很多共同點。基於強化學習的模型比前幾章討論的基於價格預測的交易策略更進一步，並確定基於規則的操作策略（即下訂單、不做任何事情、取消訂單等）。

同樣地，在投資組合管理和資產配置中，基於強化學習的演算法不會產生預測，也不會隱含地學習市場結構，而是做得更多。它們直接學習在不斷變化的市場中動態改變投資組合分配權重的策略。強化學習模型也適用於訂單執行問題，這涉及到完成市場上金融商品買賣訂單的過程。在這裡，演算法透過嘗試錯誤來學習，自行找出最佳執行途徑。

強化學習演算法具有處理操作環境中更多細微差別和參數的能力，也可以產生衍生性商品避險策略。與傳統的金融避險策略不同的是，這些避險策略在交易成本、市場影響、流動性限制和風險限制等現實市場摩擦下是最佳和有效的。

1　強化學習在本章中也被稱為 RL。

本章將介紹三個基於強化學習的案例研究，涵蓋主要的金融應用：演算法交易、衍生性商品避險和投資組合配置。在模型建立步驟方面，案例研究遵循第 2 章所介紹的標準化七步驟模型建立過程。模型建立和評估是強化學習的關鍵步驟，我們將會強調這些步驟。隨著機器學習和金融領域中的多個概念的實現，這些案例可以當作金融領域中任何其他基於強化學習的問題的藍圖。

在第 300 頁的「案例研究 1：基於強化學習的交易策略」中，我們示範了如何利用 RL 建立演算法交易策略。

在第 320 頁的「案例研究 2：衍生性商品避險」中，我們實作並分析了基於強化學習的技術，以計算市場摩擦下衍生性商品投資組合的最佳避險策略。

在第 338 頁的「案例研究 3：投資組合配置」中，我們說明了在加密貨幣資料集上使用基於強化學習的技術，以便將資本分配到不同的加密貨幣中，讓風險調整後的報酬最大化。我們還引入了一個基於強化學習的**模擬環境**來訓練和測試模型。

除上述幾點外，讀者在本章結束時還將瞭解以下幾點：

- 強化學習的關鍵元件（即獎勵、代理人、環境、行動和政策）。

- 基於模型和無模型的強化學習演算法，以及基於策略和價值的模型。

- 解決強化學習問題的基本方法，例如瑪可夫決策過程（Markov decision processes, MDP）、時間差分（Temporal difference, TD）學習和人工類神經網路（Artificial neural networks, ANN）。

- 利用人工類神經網路和深度學習訓練，測試基於價值和基於策略的強化學習演算法的方法。

- 如何用 Python 為強化學習問題建立代理或模擬環境。

- 如何在基於分類的機器學習框架中設計和實作演算法交易策略、投資組合管理和金融商品避險相關的問題陳述。

本章的程式庫

本書程式庫的「*Chapter 9 - Reinforcement Learning*」資料夾（*https://oreil.ly/Fp0xD*））包含了本章要介紹的所有案例研究的 Python Jupyter Notebook。要用 Python 解決本章所介紹的 RL 模型（例如 DQN 或策略梯度）的任何機器學習問題，讀者需要稍微修改範本，使其與問題敘述保持一致。

強化學習：理論與概念

強化學習是一個廣泛的主題，涵蓋了大量的概念和術語。本章的理論部分涵蓋了圖 9-1 中列出的項目和主題[2]。

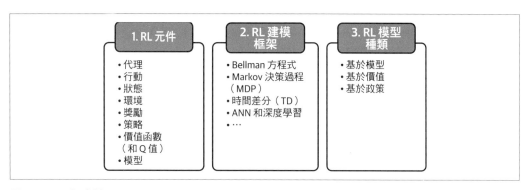

圖 9-1　RL 概念摘要

為了用 RL 來解決任何問題，先瞭解和定義 RL 元件是很重要的。

RL 元件

RL 系統的主要元件是代理、行動、環境、狀態和獎勵。

代理（*agent*）

　執行動作的實體。

2　欲知更多詳情，請參閱 Richard Sutton 和 Andrew Barto 的《強化學習導論》（*Reinforcement Learning: An Introduction*）（MIT 出版社），或 David Silver 在倫敦大學學院（University College London）的免費線上 RL 課程（*https://oreil.ly/niRu-*）。

動作（*action*）

代理可以在其環境中執行的動作。

環境（*environment*）

代理所在的世界。

狀態（*state*）

目前的情況。

獎勵（*reward*）

由環境即時傳回，用來評估代理的上一個行動。

強化學習的目標是透過實驗測試和相對簡單的反饋迴路來學習最佳策略。有了最佳策略，代理能夠主動地適應環境以獲得最大的獎勵。與監督式學習不同的是，這些獎勵訊號不會立即傳遞給模型。而是當作代理執行一系列行動的結果傳回。

代理的行為通常取決於代理對環境的感知。代理所感知到的被稱為對環境的觀察或狀態。圖 9-2 總結了強化學習系統的元件。

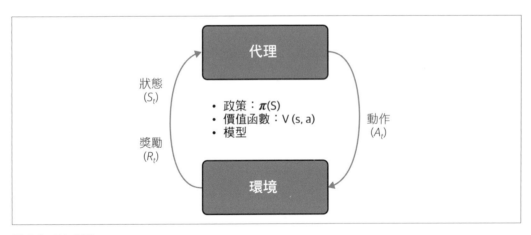

圖 9-2　RL 元件

代理與環境之間的相互作用涉及一系列的行為和觀察到的時間報酬，時間步驟以 $t = 1$, $2...T$ 表示。在此過程中，agent 積累環境知識，學習最佳策略，並對下一步要採取的 action 做出決策，進而有效地學習最佳策略。我們在時間步驟 t 分別標記 state、action 和 reward。因此，交談式序列可以由一個回合（episode）（又稱為「試驗（trial）」或「軌跡（trajectory）」）完全描述，並且該序列結束於終端狀態 $S_T : S_1, A_1, R_2, S_2, A_2...A_T$。

除了到目前為止提到的強化學習的五個元件外，強化學習還有另外三個元件：政策、價值函數（和 Q 值）和環境模型，我們來詳細討論一下這些元件。

政策（Policy）

政策是一種演算法或一組規則，用來描述代理如何做出決策。更正式地說，政策是一個函數，通常以 π 表示狀態（s）和動作（a）之間的映射關係：

$$a_t = \pi(s_t)$$

這意味著 agent 根據其當前狀態決定其 action。政策可以是確定性的，也可以是隨機的。確定性政策將狀態映射到動作，而隨機政策則輸出動作的機率分佈。這表示在給定的狀態下，有機會指派給某個動作（a），而不是確定採取這個動作。

我們在強化學習中的目標是學習一個最佳策略（也可以用 π^* 表示），一個最佳策略可以告訴我們如何在每一個狀態下採取什麼動作才能讓報酬最大化。

價值函數（Value function）（和 Q 值）

強化學習代理的目標是學習如何在環境中把任務執行得很好。從數學上講，這表示最大化未來的 reward，或累計折扣獎勵 G，而 G 可以用以下等式表示為不同時間獎勵函數 R 的函數：

$$G_t = R_{t+1} + \gamma R_{t+2} + ... = \sum_0^\infty y^k R_{t+k+1}$$

貼現因子 γ 是一個介於 0 和 1 之間的值，用來懲罰未來的獎勵，因為未來的獎勵不會提供即時收益，並且可能具有更高的不確定性，而未來報酬則是價值函數的重要輸入。

價值函數（或狀態值）透過對未來獎勵 G_t 的預測來衡量一個狀態的吸引力。狀態 s 的價值函數是預期報酬，如果我們在時間 t 時處於狀態 s，則策略為 π。

$$V(s) = E[G_t \mid S_t = s]$$

同樣地，我們將 state-action 對 (s, a) 的 action-value 函數（Q 值）定義為：

$$Q(s, a) = E[G_t \mid S_t = s, A_t = a]$$

因此，價值函數是狀態依循政策 π 的預期回報，而 Q 值是狀態 - 動作對 (s, a) 依循政策 π 的預期獎勵。

價值函數和 Q 值也是相互有關係的。由於我們依循目標政策 π，我們可以利用可能動作的機率分佈和 Q 值來求出價值函數：

$$V(s) = \sum_{a \in A} Q(s, a)\pi(a \mid s)$$

以上的等式表示價值函數和 Q 值之間的關係。

獎勵函數（R）、未來獎勵（G）、價值函數和 Q 值之間的關係可用來推導 Bellman 方程式（本章稍後討論），這是許多強化學習模型的關鍵元件之一。

模型（Model）

模型是用來描述環境的工具。透過模型，我們可以瞭解或推斷環境如何與代理互動，並向代理提供回饋。我們所說的模型是指透過考慮未來可能的情況來決定行動方針的任何方式。例如，股票市場模型的任務就是預測未來的價格。模型主要由兩個部分所組成：**轉移機率函數（P）**和**獎勵函數**。我們已經討論過獎勵函數。轉移函數記錄了在採取行動後從一種狀態轉移到另一種狀態的機率。

總括而言，RL 代理可以直接或間接地嘗試學習圖 9-3 的政策或價值函數。學習政策的方式因 RL 模型而異。當我們完全瞭解環境時，就可以透過**基於模型**的方式來找到最佳解 [3]。當環境未知時，我們就依照**無模型方式**，並試著明確地把學習模型當成演算法的一部分。

3　有關基於模型和無模型方法的更多細節，請參閱第 295 頁的「強化學習模型」。

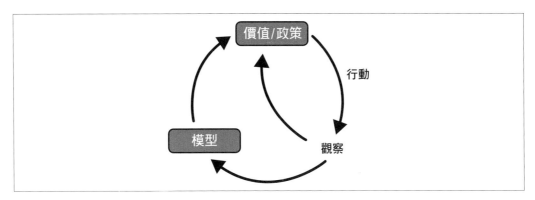

圖 9-3　模型、價值和政策

交易環境中的 RL 元件

一起來試著瞭解在交易環境中，RL 元件對應於什麼：

代理

代理是代表我們交易的人。我們可以把代理看成是一個根據交易所的當前狀態和他們的帳戶做出交易決策的人。

動作

將會有三個動作：**買進**、**持有**、**賣出**。

獎勵函數

一個很顯而易見的獎勵函數是**已實現損益**（*Profit and Loss*, PnL），其他獎勵函數也可以是**夏普比率或最大跌幅**[4]，還有多種複雜的獎勵函數可提供利潤和風險之間的權衡。

環境

對於交易而言，環境就是**交易所**，在交易所進行交易時，我們無法觀察環境的完整狀態。具體來說，我們並不知道其他代理，代理所觀察到的並不是環境的真實狀態，而是由真實狀態所衍生出來的。

4　最大跌幅是指在達到新的峰值之前，從投資組合的峰值到谷底觀察到的最大損失；它是一個特定時間段內下行風險的指標。

這被稱為部分可觀測馬可夫決策過程（*partially observable Markov decision process, POMDP*）。這是我們在金融領域遇到的最常見的環境類型。

RL 建模框架

本節將描述幾個 RL 模型中所使用的強化學習核心框架。

貝爾曼方程式

貝爾曼方程式（Bellman equation）是指將價值函數和 Q 值分解為即時獎勵加上貼現的未來價值的一組方程式。

在 RL 中，代理的主要目標是從其所處的每個狀態獲得最大的期望報酬。為了實現這一點，可以嘗試借助貝爾曼方程式求出最佳價值函數和 Q 值。

我們利用獎勵函數（*R*）、未來獎勵（*G*）、價值函數和 Q 值之間的關係，導出了價值函數的貝爾曼方程，如方程式 9-1 所示。

方程式 9-1　價值函數的貝爾曼方程式

$$V(s) = E\big[R_{t+1} + \gamma V(S_{t+1}) \mid S_t = s\big]$$

在這裡，價值函數被分解為兩部分：立即獎勵 R_{t+1} 和下一個狀態的貼現價值 $\gamma V(S_{t+1})$，如上面的等式所示。因此，我們把這個問題分解為立即獎勵和下一個狀態的貼現。狀態 *s* 在時間 *t* 的狀態價值 *V(s)* 以用目前獎勵 R_{t+1} 和時間 *t*+1 的價值函數來計算，這是價值函數的 Bellman 方程式。將這個方程式最大化可以得到一個價值函數的 Bellman 最佳化方程式（以 *V**(s) 表示）。

我們依照一個非常類似的演算法來估計最佳狀態動作值（Q 值），價值函數和 Q 值的簡化反覆運算演算法如方程式 9-2 和 9-3 所示。

方程式 9-2　價值函數的反覆運算演算法

$$V_{k+1}(s) = \max_a \sum_{s'} P_{ss'}^a \big(R_{ss'}^a + \gamma V_k(s')\big)$$

方程式 9-3　Q 值的反覆運算演算法

$$Q_{k+1}(s, a) = \sum_{s'} P_{ss'}^a [R_{ss'}^a + \gamma * \max_{a'} * Q_k(s', a')]$$

其中

- $P_{ss'}^a$，是假設選擇了動作 a，從狀態 s 到狀態 s' 的轉移機率。

- $R_{ss'}^a$，是假設選擇了動作 a，代理從狀態 s 到狀態 s' 所得到的獎勵。

貝爾曼方程式很重要，因為它讓我們把狀態的值表示為其他狀態的值。這意味著，如果我們知道 s_{t+1} 的價值函數或 Q 值，我們就可以很容易地算出 s_t 的值，這為計算每個狀態的值的反覆運算方法打開了許多大門，因為如果我們知道下一個狀態的值，我們就可以知道目前狀態的值。

如果我們有關於環境的完整資訊，方程 9-2 和 9-3 中的反覆運算演算法將變成一個規劃問題，可以透過動態規劃來解決，我們將在下一節中示範。不幸的是，在大多數情況下，我們不知道 $R_{ss'}$ 或 $P_{ss'}$，因此不能直接應用貝爾曼方程式，不過它們還是為許多 RL 演算法奠定了理論基礎。

馬可夫決策過程

幾乎所有的 RL 問題都可以用馬可夫決策過程（Markov decision processes, MDP）來描述。MDP 正式描述了強化學習的環境。馬可夫決策過程由五個元素組成：$M = S, A, P, R, \gamma$，其中符號的含義與上一節中定義的相同：

- S：狀態所成的集合

- A：動作所成的集合

- P：轉移機率

- R：獎勵函數

- γ：未來獎勵的折現係數

MDPs 將 agent 與環境的互動以一系列時間步驟 t = 1, ..., T 來表達。agent 與環境不斷地相互作用，agent 選擇動作，而環境則對這些動作做出反應，並向 agent 匯報新的情況，目的是提出最佳的政策或策略，而 Bellman 方程式則是整個演算法的基礎。

MDP 中的所有狀態都具有 Markov 特性，即未來只依賴於目前狀態，而不是依賴於歷史。

我們來看一個金融背景下的 MDP 例子，並分析 Bellman 方程式。在市場上交易可以形式化為一個 MDP，這是從一個狀態到另一個狀態時具有特定轉移機率的過程。圖 9-4 為一個金融市場中 MDP 的例子，包括狀態所成的集合、轉移機率、動作和獎勵。

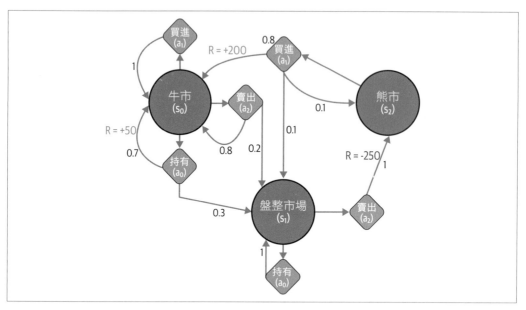

圖 9-4　馬可夫決策過程

這裡所呈現的 MDP 有三種狀態：牛市、熊市和盤整市場，由三種狀態 (s_0, s_1, s_2) 表示。交易者的三個動作是持有、買進和賣出，分別用 a_0, a_1, a_2 表示。這是一個假設性的設定，其中我們假設轉移機率是已知的，交易者的行為導致市場狀態的變化。在接下來的章節中，我們將研究在不做這些假設的情況下解決 RL 問題的方法。圖 9-4 還顯示了不同動作的轉移機率和獎勵。如果我們從狀態 s_0（牛市）開始，代理可以在動作 a_0, a_1, a_2（持有、買進、賣出）之間進行選擇。如果代理選擇了買進的動作（a_1），它仍然會維持在狀態 s_0，而且不會有任何獎勵。因此，如果它願意，它可以決定永遠留在那裡。但是如果它選擇的是持有的動作（a_0），它會有 70% 的機率獲得 +50 的獎勵，並維持在狀態 s_0。然後它可以再次嘗試，盡可能獲得更多的獎勵。但是到了某個時候，它會以狀態 s_1（盤整市場）告終。在狀態 s_1 中，代理只有兩種可能的動作：持有（a_0）或賣出（a_2）。

它可以透過反覆選擇動作 a_0 來維持在原地不動，也可以選擇進入狀態 s_2（熊市），並得到 –250 的負獎勵。在狀態 s_2 時，代理別無選擇，只能採取買進的動作（a_1），這很可能會導致它回到狀態 s_0（牛市），並在途中獲得 +200 的獎勵。

現在，透過研究這個 MDP，我們有可能提出一個最佳的政策或策略來獲得最大的獎勵。在狀態 s_0 時，動作 a_0 顯然是最佳選擇，而在狀態 s_2 時，代理除了採取動作 a_1 之外別無選擇，但是在狀態 s_1 時，代理到底應該維持原有部位（a_0）還是賣出（a_2）並不明顯。

我們根據方程式 9-3 應用以下的 Bellman 方程式，以求出最佳 Q 值：

$$Q_{k+1}(s, a) = \sum_{s'} P_{ss'}^{a} [R_{ss'}^{a} + \gamma * \max_{a'} * Q_k(s', a')]$$

```
import numpy as np
nan=np.nan # represents impossible actions
#Array for transition probability
P = np.array([ # shape=[s, a, s']
[[0.7, 0.3, 0.0], [1.0, 0.0, 0.0], [0.8, 0.2, 0.0]],
[[0.0, 1.0, 0.0], [nan, nan, nan], [0.0, 0.0, 1.0]],
[[nan, nan, nan], [0.8, 0.1, 0.1], [nan, nan, nan]],
])

# Array for the return
R = np.array([ # shape=[s, a, s']
[[50., 0.0, 0.0], [0.0, 0.0, 0.0], [0.0, 0.0, 0.0]],
[[50., 0.0, 0.0], [nan, nan, nan], [0.0, 0.0, -250.]],
[[nan, nan, nan], [200., 0.0, 0.0], [nan, nan, nan]],
])
#Actions
A = [[0, 1, 2], [0, 2], [1]]
#The data already obtained from yahoo finance is imported.

#Now let's run the Q-Value Iteration algorithm:
Q = np.full((3, 3), -np.inf) # -inf for impossible actions
for state, actions in enumerate(A):
    Q[state, actions] = 0.0 # Initial value = 0.0, for all possible actions
discount_rate = 0.95
n_iterations = 100
for iteration in range(n_iterations):
    Q_prev = Q.copy()
    for s in range(3):
        for a in A[s]:
```

```
                Q[s, a] = np.sum([
                    P[s, a, sp] * (R[s, a, sp] + discount_rate * np.max(Q_prev[sp]))
              for sp in range(3)])
        print(Q)
```

Output

```
[[109.43230584 103.95749333  84.274035   ]
 [  5.5402017         -inf   5.83515676]
 [       -inf 269.30353051        -inf]]
```

當貼現率為 0.95 時，這為我們提供了該 MDP 的最佳政策（Q 值）。尋找每個狀態的最高 Q 值：在牛市（s_0）中選擇持有的動作（a_0）；在盤整市場（s_1）中選擇賣出動作（a_2）；在熊市（s_2）中選擇買入動作（a_1）。

以上示範了一個用動態規劃（dynamic programming, DP）演算法來求算出最佳政策的例子。這些方法對完整環境的認知做出了不切實際的假設，但卻是大多數其他方法的概念基礎。

時間差分學習

我們在前述的例子中看到，具有離散動作的強化學習問題通常可以建模為馬可夫決策過程，但是在大多數情況下，代理最初並無從得知轉移機率，也不知道會得到什麼樣的獎勵，這就是時間差分（temporal difference, TD）學習的有用之處。

TD 學習演算法與基於 Bellman 方程式的價值反覆運算演算法（方程式 9-2）非常相似，但考慮到 agent 只知道 MDP 的部分知識這一事實進行了調整。一般來說，我們假設代理最初只知道可能的狀態和動作，其他什麼都不知道。例如，代理使用探索政策（純隨機政策）來探索 MDP，並且隨著 MDP 的進行，TD 學習演算法基於實際觀察到的轉換和獎勵來更新狀態值的估計。

TD 學習的關鍵想法是將價值函數 $V(S_t)$ 更新為估計的報酬 $R_{t+1} + \gamma V(S_{t+1})$（稱為 *TD 目標*），我們希望更新價值函數的程度由學習率超參數 α 控制，α 定義了我們在更新價值時的積極程度。當 α 接近零時，我們的更新不是很積極。當 α 接近 1 時，我們只是用更新後的值來取代舊值：

$$V(s_t) \leftarrow V(s_t) + \alpha(R_{t+1} + \gamma V(s_{t+1}) - V(s_t))$$

對於 Q 值的估計我們也是採用類似的做法：

$$Q(s_t, a_t) \leftarrow Q(s_t, a_t) + \alpha(R_{t+1} + \gamma Q(s_{t+1}, a_{t+1}) - Q(s_t, a_t))$$

許多 RL 模型都有用到 TD 學習演算法，我們將在下一節中看到。

人工類神經網路與深度學習

強化學習模型通常利用人工類神經網路和深度學習方法來逼近一個值或政策函數。也就是說，ANN 可以學習將狀態映射到價值，或者將狀態 / 動作對映射到 Q 值。人工類神經網路利用係數或權重來趨近輸入與輸出之間的函數關係。對於 RL 而言，ANN 的學習意味著要透過反覆運算調整它們來找到合適的權重，進而使得獎勵最大化。有關人工類神經網路（包括深度學習）方法的更多細節，請參閱第 3 章和第 5 章。

強化學習模型

如果以每一個步驟的獎勵和機率是否容易獲得來分，強化學習可以分為**基於模型**和**無模型**演算法。

基於模型的演算法

基於模型的演算法試著瞭解環境並建立一個模型來表示它。當 RL 問題包含明確定義的轉移機率和有限個數的狀態和動作時，它可以被建構成一個動態規劃（DP）可以計算精確解的*有限 MDP*，類似於前述的例子[5]。

無模型演算法

無模型演算法只從實際經驗中獲得最大的期望報酬，而不需要模型或先前知識。當我們有關於模型的不完整資訊時，應使用無模型演算法。agent 的政策 $\pi(s)$ 提供了在某一狀態下以最大化總報酬為目標的最佳動作。每一個狀態都與一個價值函數 $V(s)$ 相關聯，該函數預測我們在該狀態透過執行相對應的政策能夠獲得的未來獎勵的預期金額。換句話說，價值函數量化了狀態的好壞。無模型演算法又分為**基於價值**和**基於政策**兩類，基於價值的演算法透過選擇狀態中的最佳動作來學習狀態，即 Q 值。這些演算法通常基於我們在 RL 框架一節中所討論的時間差分學習。基於政策的演算法（也稱為**直接政策學習**）將狀態映射到動作的最佳策略（如果無法獲得真正的最佳政策，則嘗試近似最佳政策）。

5　如果 MDP 的狀態空間和動作空間是有限的，則稱之為有限馬可夫決策過程（finite MDP）。

在金融領域中，大多數情況下我們並無法完全瞭解環境、報酬或轉移機率，我們必須回到無模型演算法和相關方法[6]。因此，下一節和案例研究的重點將是無模型方法及其相關演算法。

圖 9-5 顯示了無模型強化學習的分類。我們強烈建議讀者參閱《強化學習導論》（*Reinforcement Learning: An Introduction*）這本書，以更深入瞭解演算法和概念。

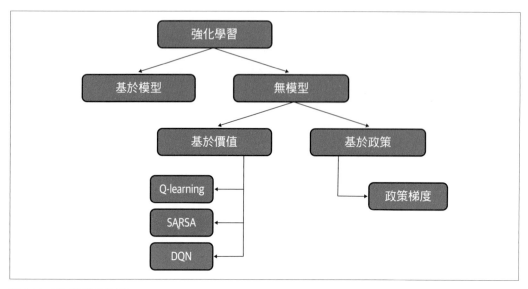

圖 9-5　RL 模型的分類

在無模型方法中，時間差分學習是最常用的方法之一。在 TD 演算法中，該演算法基於本身先前的估計來改進其估計的結果。基於價值的 *Q-learning* 和 *SARSA* 演算法就是採用這種方法。

無模型方法通常利用人工類神經網路來逼近一個值或策略函數。**政策梯度和深度 Q 網路**（*deep Q-network, DQN*）是兩種使用人工類神經網路的常用無模型演算法，政策梯度是一種直接參數化政策的基於策略的方法。DQN 是一種基於價值的方法，它結合了深度學習，透過設定學習目標來最佳化 Q 值的估計[7]。

6　上一節討論的基於動態規劃的 MDP 範例是基於模型的演算法的例子。就像在上一節所看到的，這種演算法需要範例獎勵和轉移機率。

7　有一些模型，例如 actor-critic 模型，可以同時利用基於政策和基於價值的方法。

Q-Learning

Q-learning 是經過調整之後的 TD 學習，該演算法基於 Q 值（或動作值）函數來評估要採取的動作，Q 值函數決定處於某個狀態並在該狀態下採取某個動作的值。對於每個狀態 / 動作對 *(s, a)*，此演算法會記錄獎勵的執行平均值 *R*，代理在離開狀態 *s* 時獲得的獎勵 *a*，加上它期望稍後獲得的獎勵。由於目標政策的動作是最佳的，所以我們取下一個狀態的 Q 值估計的最大值。

學習從**不依照政策**（*off-policy*）出發，也就是演算法不需要根據價值函數單獨隱含的政策來選擇動作。然而，如果要收斂的話，需要在整個訓練過程中不斷更新所有狀態 / 動作對，而確保這種情況發生的直接方法是使用 *ε-greedy* 政策，這將在下一節中進一步定義。

Q-learning 的步驟是：

1. 在時間步驟 *t* 時，我們從狀態 s_t 開始，並根據 Q 值選擇一個動作，$a_t = max_a Q(s_t, a)$。

2. 應用 *ε-greedy* 法，隨機選擇一個機率為 *ε* 的動作，或者根據 Q 值函數選擇最佳動作。這確保了在給定的狀態下探索新的行為，同時也利用了學習經驗 [8]。

3. 透過行動 a_t，觀察獎勵 R_{t+1}，並進入下一個狀態 S_{t+1}。

4. 更新動作 / 價值函數：

$$Q(s_t, a_t) \leftarrow Q(s_t, a_t) + \alpha(R_{t+1} + \gamma \max_a Q(s_{t+1}, a_t) - Q(s_t, a_t))$$

5. 增加時間步驟 *t = t+1*，並重複這些步驟。

只要上述步驟有足夠的反覆運算次數，該演算法就能收斂到最佳 Q 值。

SARSA

SARSA 也是一種基於 TD 學習的演算法，它是指透過按照 $...S_t$, A_t, R_{t+1}, S_{t+1}, A_{t+1}, ... 順序來更新 Q 值的程序。SARSA 的前兩個步驟與 Q-learning 的步驟相似。然而，和 Q-learning 不同的是，SARSA 是一種**依照政策**（*on-policy*）的演算法，在該演算法中，agent 掌握最佳政策並使用最佳政策來執行動作。在該演算法中，用於**更新**和**執行**的政策是相同的，Q-learning 則被認為是一種 *off-policy* 演算法。

8　*off-policy*、*ε-greedy*、探索和利用是 RL 中常用的術語，也將在其他章節和案例研究中使用。

深度 Q 網路

在上一節中，我們看到了 Q-learning 如何讓我們能夠在離散狀態動作的環境中使用基於 Bellman 方程式的反覆運算更新來學習最佳 Q 值函數。然而，Q-learning 可能有以下缺點：

- 在狀態空間和動作空間較大的情況下，最佳 Q 值表在計算上很快就會變得不可行。

- Q-learning 可能會出現不穩定性和發散性。

為了克服這些缺點，我們以 ANN 來逼近 Q 值。例如，如果我們用一個帶有參數 θ 的函數來計算 Q 值，我們可以將 Q 值函數標記為 $Q(s,a;\theta)$。深度 Q 學習演算法透過學習一組權重來逼近 Q 值，這是一個將狀態映射到動作的多層深度 Q 網路。這個演算法的目的是想要透過兩種創新機制大大改進和穩定 Q-learning 的訓練過程：

經驗重播

該演算法不是在模擬或實際體驗過程中對狀態 / 動作對執行 Q-learning，而是將 agent 經歷的狀態、動作、獎勵和下一個狀態轉換的歷史記錄儲存在一個大的**重播記憶體**中，這可以稱為一個觀察集的小批次（*mini-batch*）。在 Q-learning 更新期間，從重播記憶體隨機抽取樣本，因此一個樣本可以多次使用。經驗重播提高了資料效率，消除了觀測序列中的相關性，並且平滑了資料分佈中的變化。

定期更新目標

Q 朝著只定期更新的目標值進行最佳化。每 C 個步驟（C 是一個超參數）都將 Q 網路複製並凍結為最佳化目標。由於這種改進克服了短期振盪，因此能夠讓訓練更加穩定。為了學習網路參數，該演算法應用**梯度下降法** [9] 將損失函式定義為目標的 DQN 估計值與目前狀態 / 動作對的 Q 值的估計值之間的平方差，損失函數如下：

$$L(\theta_i) = \mathbb{E}[(r + \gamma \max_{a'} Q(s', a'; \theta_{i-1}) - Q(s, a; \theta_i))^2]$$

損失函數本質上是均方誤差（mean squared error, MSE）函數，其中 $(r + \gamma\max_{a'} Q(s', a'; \theta_{i-1}))$ 表示目標值，$Q[s, a; \theta_i]$ 表示預測值，θ 是在損失函數最小化時所計算出來的網路權重。目標和目前估計都依賴於一組權重，這突顯了與監督式學習的區別，在監督式學習中，目標在訓練之前是固定的。

---

[9] 有關梯度下降法的細節，請參閱第 3 章。

包含買進、賣出和持有操作的 DQN 交易範例如圖 9-6 所示。在這裡，我們提供狀態（s）當作網路的輸入，並且一次接收所有可能操作（即買進、賣出和持有）的 Q 值。我們將在本章的第一和第三個案例研究中用到 DQN。

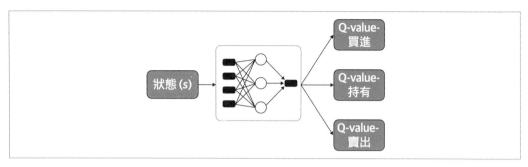

圖 9-6　DQN

政策梯度

政策梯度（*Policy gradient*）是一種基於政策的方法，其中我們學習一個策略函數 π，它是從每個狀態到該狀態下最佳對應操作的直接映射。這是一種比基於價值的方法更直接的方法，不需要 Q 值函數。

政策梯度方法直接用參數化函數學習策略，由於該函數可能是一個複雜的函數，因此可能需要一個複雜的模型。因為 ANN 在學習複雜函數方面非常有效，所以在政策梯度方法中，我們用 ANN 將狀態映射到動作。ANN 的損失函數與預期收益（累積未來報酬）成反比。

政策梯度法的目標函數可以定義為：

$$J(\theta) = V_{\pi_\theta}(S_1) = \mathbb{E}_{\pi_\theta}[V_1]$$

其中 θ 表示將狀態映射到動作的一組 ANN 權重，這裡的概念是最大化目標函數並計算 ANN 的權重（θ）。

由於這是一個最大化問題，我們採用**梯度上升**（*gradient ascent*）法，用目標相對於政策參數 θ 的偏導數來最佳化策略（與梯度下降相反，梯度下降用於最小化損失函數）：

$$\theta \leftarrow \theta + \frac{\partial}{\partial\theta}J(\theta)$$

利用梯度上升法，我們可以找到產生最高報酬的最佳 θ。用數值方法計算梯度可以透過在第 k 維中以 ε 少量擾動 θ，或者以解析方法推導梯度來完成。

我們將在本章稍後的案例研究 2 中使用政策梯度法。

強化學習的主要挑戰

到目前為止，我們只討論了強化學習演算法能做什麼。然而，以下總結了幾個缺點：

資源效率

當前的深度強化學習演算法需要大量的時間、訓練資料和計算資源才能達到理想的熟練程度。因此，使強化學習演算法在有限的資源下可訓練將持續是一個重要的問題。

功勞指派

在 RL 中，獎勵訊號的出現可能明顯晚於促成結果的行動，進而使得行動與其後果的關聯變得複雜。

可解釋性

在 RL 中，模型很難在輸入和相應的輸出之間提供任何有意義的、直觀的、易於理解的關係。大多數先進的強化學習演算法都採用了深度類神經網路，由於類神經網路中存在大量的層和節點，使得解釋性變得更加困難。

現在我們來看看案例研究。

案例研究 1：基於強化學習的交易策略

演算法交易主要有三個元件：政策制定、參數最佳化、回溯測試。政策是根據市場的目前狀況決定採取什麼行動。參數最佳化是透過搜尋策略參數的可能值（例如閾值或係數）來進行。最後，回溯測試是透過探索如何使用歷史資料來評估交易策略的可行性。

RL 的基礎是提出一個策略，在給定的環境中最大化獎勵。RL 不需要手動撰寫基於規則的交易策略，而是直接學習一個規則，因此無需明確指定規則和閾值。這種自行決定策略的能力使得 RL 模型非常適合機器學習演算法來建立自動演算法交易模型，或者**交易機器人**。

在**參數最佳化和回溯測試步驟方面**，RL 允許點對點最佳化並最大化（可能延遲的）獎勵。強化學習代理在模擬中訓練，可以根據需要進行複雜的訓練。考慮到延遲、流動性和費用，我們可以無縫地結合回溯測試和參數最佳化步驟，而不需要將這些步驟分開成獨立的階段來執行。

此外，RL 演算法能夠學習人工類神經網路參數化的強大策略。RL 演算法還可以透過在歷史資料中體驗它們來學習適應各種市場條件，前提是它們必須經過長時間的訓練並且具有足夠的記憶體。這使得 RL 比監督式學習學習的交易策略更能適應不斷變化的市場，而監督式學習的交易策略由於政策過於簡單，可能沒有足夠強大的參數化來學習如何適應不斷變化的市場條件。

強化學習可以輕鬆處理策略、參數最佳化和回溯測試，是下一波演算法交易的理想選擇。有趣的是，大型投資銀行和避險基金的一些更複雜的演算法執行部門似乎開始使用強化學習來最佳化他們的決策。

在本案例研究中，我們將建立一個基於強化學習的點對點交易策略。我們將使用 Q-learning 方法和深度 Q 網路（DQN）來制定策略和實作交易策略。如前所述，「Q-learning」是指 $Q(s, a)$ 函數，該函數根據狀態 s 和所提供的動作 a 來傳回預期獎勵。除了制定具體的交易策略外，本案例研究還將討論基於強化學習的交易策略的總體框架和元件。

在本案例研究中，我們將把重點放在：

- 從交易策略的角度來瞭解 RL 框架的關鍵元件。
- 在 Python 中透過定義一個 agent 來評估 RL 的 Q-learning 方法，然後進行訓練和測試設定。
- 用 Python 的 Keras 套件實作一個 RL 問題中會用到的深度類神經網路。
- 在實作基於 RL 的模型時瞭解 Python 程式設計的類別結構。
- 瞭解基於 RL 的演算法的直覺和解釋。

建立基於強化學習的交易策略藍圖

1、問題定義

在本案例研究的強化學習框架中，演算法根據股票價格的當前狀態採取行動（買進、賣出或持有）。該演算法採用深度 Q-learning 模型進行訓練，以達到最佳的學習效果。本案例研究的強化學習框架的關鍵元件包括：

代理

　　交易代理。

動作

　　買進、賣出或持有。

獎勵函數

　　本案例研究把已實現損益（PnL）當作獎勵函數。獎勵取決於行動：賣出（已實現損益）、買進（無獎勵）或持有（無獎勵）。

狀態

　　以給定時間窗口內過去股票價格差異的 sigmoid 函數[10] 當作狀態。狀態 S_t 是以 $(d_{t-\tau+1}, d_{t-1}, d_t)$ 來表述，其中 $d_T = sigmoid(p_t - p_{t-1})$，而 p_t 為在時間 t 的時候的價格，τ 則是時間窗口大小。sigmoid 函數會把過去股票價格的差異轉換為 0 和 1 之間的數字，這將有助於把價值標準化為機率，並使得狀態更易於解釋。

環境

　　股票交易所或股票市場。

---

10 有關 sigmoid 函數的更多細節，請參閱第 3 章。

為交易策略選擇 *RL* 元件

為基於強化學習的交易策略制定智慧行為，首先要確定 RL 模型的正確元件。因此，在建立模型之前，我們應該仔細確定以下 RL 元件：

獎勵函數
> 這是一個重要的參數，因為它決定了 RL 演算法是否會學習最佳化適當的量測。除了報酬或 PnL，獎勵函數還可以包含基礎工具中嵌入的風險，或包括其他參數，如波動性或最大虧損。它還可以包括買進／賣出操作的交易成本。

狀態
> 狀態決定了代理從環境中接收到用於決策的觀察結果。狀態應該代表目前的市場行為與過去的比較，還可以包括任何被認為具有預測性的訊號或與市場微觀結構相關項目的價值（例如成交量）。

我們所使用的資料是標準普爾 500 指數的收盤價。該資料摘自雅虎財經，包含 2010 年至 2019 年 10 年的每日資料。

2、預備：載入資料和 Python 套件

2.1、載入 Python 套件。 這裡列出了用於模型實作的所有步驟（從資料載入到模型評估，包括基於深度學習的模型建立）的函式庫清單。第 2 章、第 3 章和第 4 章提供了這些套件和函式的大部分細節。用於不同目的的套件在這裡的 Python 程式碼中是分開的，它們的用法將在模型建立過程的不同步驟中示範。

```
Packages for reinforcement learning
    import keras
    from keras import layers, models, optimizers from keras import backend as K
    from collections import namedtuple, deque
    from keras.models import Sequential
    from keras.models import load_model
    from keras.layers import Dense
    from keras.optimizers import Adam
```

Packages/modules for data processing and visualization

```
import numpy as np
import pandas as pd
import matplotlib.pyplot as plt
from pandas import read_csv, set_option
import datetime
import math
from numpy.random import choice
import random
from collections import deque
```

2.2、載入資料。 　載入所擷取的從 2010 年到 2019 年期間的資料：

```
dataset = read_csv('data/SP500.csv', index_col=0)
```

3、探索性資料分析

本節將介紹敘述性統計和資料視覺化。我們先來看看資料集：

```
# shape
dataset.shape
```

Output

```
(2515, 6)
```

```
# peek at data
set_option('display.width', 100)
dataset.head(5)
```

Output

Date	Open	High	Low	Close	Adj Close	Volume
2001-01-02	1320.28	1320.28	1276.05	1283.27	1283.27	1129400000
2001-01-03	1283.27	1347.76	1274.62	1347.56	1347.56	1880700000
2001-01-04	1347.56	1350.24	1329.14	1333.34	1333.34	2131000000
2001-01-05	1333.34	1334.77	1294.95	1298.35	1298.35	1430800000
2001-01-08	1298.35	1298.35	1276.29	1295.86	1295.86	1115500000

資料共有 2,515 列，每列有 6 行，分別為**開盤價、最高價、最低價、收盤價、調整後收盤價和成交量**等 6 個種類，調整後的收盤價是針對除權和除息調整後的收盤價。在本案例研究中，我們將著重在收盤價。

以上圖表顯示，標普 500 指數在 2010 年至 2019 年間一直處於上升趨勢。接著我們來進行資料準備。

4、資料準備

這一步對於建立一個有意義、可靠、乾淨的資料集是很重要的，這個資料集在強化學習演算法中不能有任何錯誤。

4.1、資料清理。 此步驟會檢查資料列中是否有 NA，然後刪除它們或者填入該行的平均值：

```
#Checking for any null values and removing the null values'''
print('Null Values =', dataset.isnull().values.any())
```

Output

```
Null Values = False
```

由於資料中沒有空值，因此不需要執行任何進一步的資料清理。

5、評估演算法和模型

這是建立強化學習模型的關鍵步驟，我們將定義所有相關的函數和類別，並訓練演算法。在這個步驟中，我們將準備訓練集和測試集的資料。

5.1、訓練測試分離。 這個步驟，將原始資料集拆分為訓練集和測試集。我們用測試集來確認最終模型的績效，並瞭解是否存在任何過度擬合。我們將使用 80% 的資料集進行建模，另外 20% 則用來測試：

```
X=list(dataset["Close"])
X=[float(x) for x in X]
validation_size = 0.2
train_size = int(len(X) * (1-validation_size))
X_train, X_test = X[0:train_size], X[train_size:len(X)]
```

5.2、實作步驟和模組。 本案例研究（和通常強化學習）的整體演算法有點複雜，因為它需要建構基於類別的程式碼結構並同時使用許多模組和函式。本案例研究增加了這個額外的章節，以提供程式中發生了什麼的功能性說明。

簡單地說，在提供了目前市場價格時，演算法必須決定是要買進、賣出還是持有。

圖 9-7 提供了本案例研究中基於 Q-learning 演算法的訓練概觀。該演算法根據 Q 值評估要採取的行動，Q 值決定處於某個狀態並在該狀態下採取某個行動的價值。

如圖 9-7 所示，狀態（s）是根據目前和歷史價格 (P_t, P_{t-1},...) 的行為而定。根據目前狀態，動作為「買進」，透過這個動作，我們觀察到的獎勵是 *$10*（也就是 PnL 與該動作產生了關聯）並進入下一個狀態。利用目前獎勵和下一狀態的 Q 值，演算法會更新 Q 值函數，並前進到下一個時間步驟。給定上述步驟足夠的反覆運算次數，該演算法將收斂到最佳 Q 值。

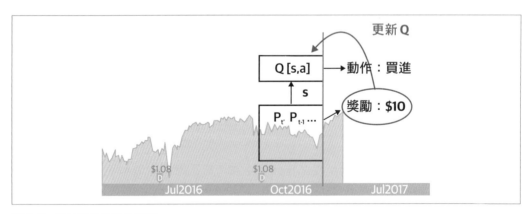

圖 9-7　用於交易的強化學習

我們在本案例研究中所使用的深度 Q 網路是利用 ANN 來逼近 Q 值；因此，動作價值函數被定義為 $Q(s,a;\theta)$。深度 Q-learning 演算法透過學習一組將狀態映射到動作的多層 DQN 的權重（θ）來逼近 Q 值函數。

模組和函式

實作這種 DQN 演算法需要實作幾個在模型訓練過程中會產生互動的函式和模組。以下是模組和函式的摘要：

代理類別

代理被定義為「代理（Agent）」類別。它包含了執行 Q-learning 的變數和成員函式。Agent 類別的物件是在訓練階段所建立的，用來訓練模型。

輔助函式

在本模組中，我們將建立有助於訓練的額外函式。

訓練模組

這個步驟利用代理和輔助函式中所定義的變數和函式來執行資料的訓練。在訓練過程中，預測每天指定的動作、計算獎勵，並在多個事件中反覆運算更新基於深度學習的 Q-learning 模型權重。此外，每個行動的利潤和損失相加，以決定是否產生整體利潤，最後目標是讓總利潤最大化。

我們將深入探討第 311 頁 5.5 的「訓練模型」中不同模組和函式之間的互動。

讓我們仔細地看看每一個代理和模組。

5.3、代理類別。 agent 類別由以下元件所組成：

- Constructor
- model 函式
- action 函式
- expReplay 函式

Constructor 定義為 init 函式並包含一些重要參數，例如獎勵函數的 discount factor、
ε-greedy 方式的 epsilon、state size 和 action size，動作總共有三種（即買進、賣出
和持有）。memory 變數定義了 replay memory 的大小。Constructor 的輸入參數還包括
is_eval 參數，用來定義是否正在進行訓練。此變數在評估／測試階段會改成 True。
此外，如果必須在評估／訓練階段用到預先訓練的模型，則用 model_name 變數傳遞該
模型：

```
class Agent:
    def __init__(self, state_size, is_eval=False, model_name=""):
        self.state_size = state_size # normalized previous days
        self.action_size = 3 # hold, buy, sell
        self.memory = deque(maxlen=1000)
        self.inventory = []
        self.model_name = model_name
        self.is_eval = is_eval

        self.gamma = 0.95
        self.epsilon = 1.0
        self.epsilon_min = 0.01
        self.epsilon_decay = 0.995

        self.model = load_model("models/" + model_name) if is_eval \
         else self._model()
```

函式 _model 是一個深度學習模型，它會將狀態映射到動作。此函式接收環境的狀態並傳
回一個 *Q-value* 表格或政策，該表格或政策表示動作的機率分佈。此函式是用 Python 的
Keras 函式庫所建構[11]，所使用的深度學習模型架構如下：

- 該模型期望資料列的變數個數等於當作輸入的狀態個數。

- 第一層、第二層、第三層隱藏層分別有 *64*、*32*、*8* 個節點，所有這些層都採用 ReLU
激活函數。

- 輸出層的節點數等於動作的種類（即三個），節點採用線性激活函數[12]：

```
    def _model(self):
        model = Sequential()
        model.add(Dense(units=64, input_dim=self.state_size, activation="relu"))
        model.add(Dense(units=32, activation="relu"))
```

---

11 基於 Keras 的深度學習模型的實作細節請參閱第 3 章。

12 有關線性和 ReLU 激活函數的更多細節，請參閱第 3 章。

```
model.add(Dense(units=8, activation="relu"))
model.add(Dense(self.action_size, activation="linear"))
model.compile(loss="mse", optimizer=Adam(lr=0.001))

return model
```

函式 act 傳回給定狀態之下的動作，該函式利用 model 函式傳回買進、賣出或持有動作：

```
def act(self, state):
    if not self.is_eval and random.random() <= self.epsilon:
        return random.randrange(self.action_size)

    options = self.model.predict(state)
    return np.argmax(options[0])
```

函式 expReplay 是類神經網路訓練的關鍵函式，而類神經網路的訓練則是建立在以觀察到的經驗為基礎之上。此函式實作了前面所討論的**經驗重播**機制。經驗重播儲存代理所經歷的狀態、動作、獎勵和下一個狀態轉換的歷史記錄。它以一小部分觀測值（**重播記憶**）當作輸入，透過最小化損失函數來更新基於深度學習的 Q-learning 模型權重。此函式中所實作的 *epsilon* 貪婪方式可防止過度擬合。為了解釋該函式，在以下 Python 程式碼的註解中對不同的步驟進行了編號，並簡要說明了該步驟的重點：

1. 準備重播緩衝記憶體，這是用來訓練的觀察集。利用 for 迴圈將新的經驗添加到重播緩衝區記憶體中。

2. 用**迴圈**走訪小批次中狀態、動作、獎勵和下一個狀態轉換的所有觀察結果。

3. Q-table 的目標變數根據 Bellman 方程式進行更新。如果目前狀態是終端狀態或所有動作都執行完畢，則會進行更新，以變數 done 表示，並在訓練函式中進一步定義。如果 done 還未結束，則目標只是設為獎勵。

4. 利用深度學習模型預測下一個狀態的 Q 值。

5. 將目前重播緩衝區中，此狀態下動作的 Q 值設為目標。

6. 用 model.fit 函數更新深度學習模型的權重。

7. 實作了 epsilon 貪婪方法。回想一下，這種方法會隨機選擇一個機率為 ε 的動作，或者根據 Q 值函數選擇機率為 $1-\varepsilon$ 的最佳動作。

```
def expReplay(self, batch_size):
    mini_batch = []
    l = len(self.memory)
    #1: prepare replay memory
    for i in range(l - batch_size + 1, l):
        mini_batch.append(self.memory[i])

    #2: Loop across the replay memory batch.
    for state, action, reward, next_state, done in mini_batch:
        target = reward # reward or Q at time t
        #3: update the target for Q table. table equation
        if not done:
            target = reward + self.gamma * \
             np.amax(self.model.predict(next_state)[0])
        #set_trace()

        # 4: Q-value of the state currently from the table
        target_f = self.model.predict(state)
        # 5: Update the output Q table for the given action in the table
        target_f[0][action] = target
        # 6. train and fit the model.
        self.model.fit(state, target_f, epochs=1, verbose=0)

    #7. Implement epsilon greedy algorithm
    if self.epsilon > self.epsilon_min:
        self.epsilon *= self.epsilon_decay
```

5.4、輔助函式。 在本模組中，我們將建立有助於訓練的額外函式。這裡討論一些重要的輔助函式，有關其他輔助函式的細節，請參閱本書 GitHub 儲存庫中的 Jupyter Notebook。

函式 getState 會產生所給定股票的資料、時間 t（預測日期）和窗口 n（回測的天數）的狀態。首先，計算價差向量，然後用 sigmoid 函數將該向量縮放為 0 到 1 的範圍，當作傳回的狀態。

```
def getState(data, t, n):
    d = t - n + 1
    block = data[d:t + 1] if d >= 0 else -d * [data[0]] + data[0:t + 1]
    res = []
    for i in range(n - 1):
        res.append(sigmoid(block[i + 1] - block[i]))
    return np.array([res])
```

函式 plot_behavior 傳回市場價格圖表並標示買進和賣出的動作，用來在訓練和測試階段對演算法進行總體評估。

```
def plot_behavior(data_input, states_buy, states_sell, profit):
    fig = plt.figure(figsize = (15, 5))
    plt.plot(data_input, color='r', lw=2.)
    plt.plot(data_input, '^', markersize=10, color='m', label='Buying signal',\
     markevery=states_buy)
    plt.plot(data_input, 'v', markersize=10, color='k', label='Selling signal',\
     markevery = states_sell)
    plt.title('Total gains: %f'%(profit))
    plt.legend()
    plt.show()
```

5.5、訓練模型。 接下來我們將訓練資料，根據代理，我們定義了以下變數並產生股票代理的實例：

回合（*Episode*）

程式經歷整個資料集訓練的次數。本案例研究使用了 10 個回合。

視窗大小（*Windows size*）

評估狀態需要考慮的交易天數。

批次大小（*Batch size*）

訓練期間所使用的重播緩衝區或記憶體大小。

一旦定義了這些變數，就可以反覆訓練模型數個回合。圖 9-8 對訓練步驟進行了深入分析，並將迄今為止討論的所有要素匯總在一起。圖的上半部所顯示的步驟 1 到 7 說明了在訓練模組中的步驟，圖的下半部則說明了重播緩衝區函式（即 exeReplay 函式）中的步驟。

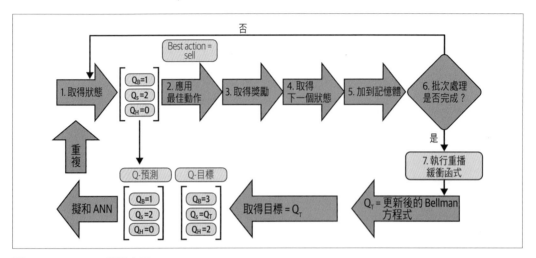

圖 9-8　Q-trading 訓練步驟

圖 9-8 的步驟 1 到 6 在以下的 Python 程式碼中編號並說明如下：

1. 利用輔助函式 getState 取得目前狀態。getState 會傳回一個狀態向量，其中向量的長度依視窗大小而定，狀態值介於 0 和 1 之間。

2. 利用代理類別的 act 函式取得給定狀態的動作。

3. 取得給定動作的獎勵。本案例研究的問題定義一節描述了動作和獎勵的對應關係。

4. 利用 getState 函式取得下一個狀態。下一狀態的細節在 Bellman 方程式中進一步用來更新 Q 函數。

5. 狀態、下一個狀態、動作等的細節保存在代理物件的記憶體中，exeReply 函式將進一步使用該記憶體。以下為小批次的例子：

狀態	動作	獎勵	下一個狀態	已完成
0.5000	2	0	1.0000	False
1.0000	0	0	0.0000	False
0.0000	1	0	0.0000	False
0.0000	0	0	0.0766	False
0.0766	1	0	0.9929	False
0.9929	2	0	1.0000	False
1.0000	2	17.410	1.0000	False
1.0000	2	0	0.0003	False
0.0003	2	0	0.9997	False
0.9997	1	0	0.9437	False

6. 檢查批次處理是否已完成。批次大小由 batch_size 變數定義。如果批次處理完成了，則呼叫 Replay buffer 函式，並透過最小化預測 Q 值和目標 Q 值之間的 MSE 來更新 Q 函數。如果尚未完成，就進入下一個時間步驟。

以下程式碼會產生每個回合的最後結果，並標示買進和賣出動作以及訓練階段每個回合的總獲利。

```
window_size = 1
agent = Agent(window_size)
l = len(data) - 1
batch_size = 10
states_sell = []
states_buy = []
episode_count = 3

for e in range(episode_count + 1):
    print("Episode " + str(e) + "/" + str(episode_count))
    # 1-get state
    state = getState(data, 0, window_size + 1)

    total_profit = 0
    agent.inventory = []

    for t in range(l):
        # 2-apply best action
        action = agent.act(state)

        # sit
        next_state = getState(data, t + 1, window_size + 1)
        reward = 0

        if action == 1: # buy
```

```
            agent.inventory.append(data[t])
            states_buy.append(t)
            print("Buy: " + formatPrice(data[t]))

        elif action == 2 and len(agent.inventory) > 0: # sell
            bought_price = agent.inventory.pop(0)
             #3: Get Reward

            reward = max(data[t] - bought_price, 0)
            total_profit += data[t] - bought_price
            states_sell.append(t)
            print("Sell: " + formatPrice(data[t]) + " | Profit: " \
            + formatPrice(data[t] - bought_price))

        done = True if t == l - 1 else False
        # 4: get next state to be used in bellman's equation
        next_state = getState(data, t + 1, window_size + 1)

        # 5: add to the memory
        agent.memory.append((state, action, reward, next_state, done))
        state = next_state

        if done:

            print("--------------------------------")
            print("Total Profit: " + formatPrice(total_profit))
            print("--------------------------------")

        # 6: Run replay buffer function
        if len(agent.memory) > batch_size:
            agent.expReplay(batch_size)

    if e % 10 == 0:
        agent.model.save("models/model_ep" + str(e))
```

Output

```
Running episode 0/10
Total Profit: $6738.87
```

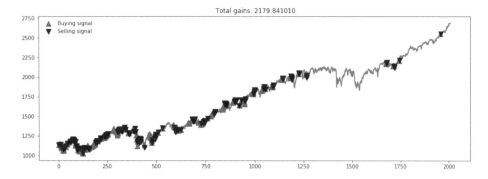

Running episode 1/10
Total Profit: -$45.07

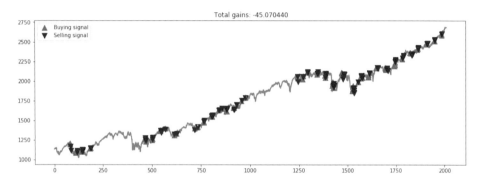

Running episode 9/10
Total Profit: $1971.54

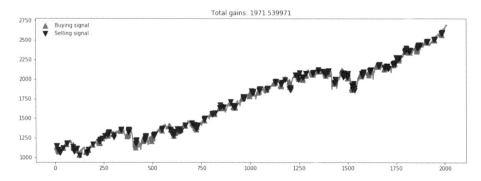

Running episode 10/10
Total Profit: $1926.84

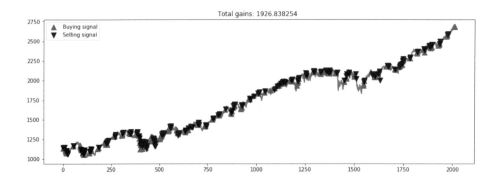

以上圖表顯示了買進／賣出模式的細節，和前兩個回合（0 和 1）以及最後兩個回合（9 和 10）的總收益。其他回合的細節可以到本書的 GitHub 儲存庫下的 Jupyter Notebook 中查閱。

正如我們所看到的，在第 0 和第 1 回合的開頭，由於代理對其行為的後果沒有先入為主的觀念，所以它採取隨機行動來觀察與其相關的獎勵。在第 0 回合中，總利潤為 6,738 美元，這確實是一個令人振奮的結果，但在第一回合中，我們經歷了 45 美元的總虧損。事實上，每回合的累積獎勵在一開始就大幅波動，這說明了演算法正在經歷的探索過程。再來看第 9 和第 10 回合，代理似乎開始從訓練中學習。它發現了策略並開始不斷地利用它。最後兩回合的買進賣出操作得出了一個 PnL，這個結果也許比第 0 回合的要小，卻更為魯棒。後期的買進賣出操作在整個時間區段內都是一致的，整體利潤穩定。

理想情況下，訓練的次數應該高於本案例中使用的次數。訓練次數越多，訓練的效果就越好。在繼續測試之前，我們先來瞭解一下有關模型調校的細節。

5.6、模型調校。　與其他機器學習技術類似，我們可以透過網格搜尋等技術在 RL 中找到模型超參數的最佳組合，基於 RL 問題的網格搜尋屬於計算密集型的問題。因此在本節中我們不執行網格搜尋，而是提供要考慮的關鍵超參數，以及它們的直覺和對模型輸出的潛在影響。

Gamma（折現因數）

衰退的 gamma 會讓代理優先考慮短期獎勵，因為它知道這些獎勵是什麼，而比較不太重視長期回報。在本案例研究中，降低折現因數可以讓演算法去關注長期獎勵。

ε

ε 變數驅動模型的**探索與開發屬性**。我們對環境瞭解得越多，就越不想隨意探索。當我們減少 ε 時，隨機行為的可能性就變小了，我們就有更多的機會從已經發現的高價值行為中獲益。但是，在交易環境中，我們不希望演算法**過度擬合訓練資料**，因此 ε 也應該跟著修正。

回合與批次大小

較多回合和較大的訓練集批次大小會產出更好的訓練結果，並且更接近最佳的 Q 值，不過增加回合數和批次大小會增加總共的訓練時間，因此必須適當地加以調整。

視窗大小

視窗大小決定了評估狀態所需考慮的交易天數。如果我們希望狀態由更多過去的天數來決定，可以增加視窗大小。

深度學習模型的層數和節點數

修改模型的層數和節點數可以得出更好的訓練和更接近最佳化的 Q 值。第 3 章詳細討論了改變 ANN 模型的層數和節點的影響，第 5 章討論了網格搜尋對深度學習模型的影響。

6、資料測試

訓練完資料後，要根據測試資料集對其進行評估。這是一個重要的步驟，尤其是對於強化學習而言，因為代理可能會錯誤地將獎勵與資料中的某些虛假特徵相關聯，或者可能過度擬合特定的圖表樣式。在測試的步驟中，我們從測試資料的訓練步驟中查看已訓練模型（*model_ep10*）的績效。Python 程式碼看起來與我們之前所看到的訓練集類似。但是，is_eval 旗標是設成 true、沒有呼叫 replay buffer 函式，而且沒有訓練。我們來看看結果：

```
#agent is already defined in the training set above.
test_data = X_test
l_test = len(test_data) - 1
state = getState(test_data, 0, window_size + 1)
total_profit = 0
is_eval = True
```

```
done = False
states_sell_test = []
states_buy_test = []
model_name = "model_ep10"
agent = Agent(window_size, is_eval, model_name)
state = getState(data, 0, window_size + 1)
total_profit = 0
agent.inventory = []

for t in range(l_test):
    action = agent.act(state)

    next_state = getState(test_data, t + 1, window_size + 1)
    reward = 0

    if action == 1:

        agent.inventory.append(test_data[t])
        print("Buy: " + formatPrice(test_data[t]))

    elif action == 2 and len(agent.inventory) > 0:
        bought_price = agent.inventory.pop(0)
        reward = max(test_data[t] - bought_price, 0)
        total_profit += test_data[t] - bought_price
        print("Sell: " + formatPrice(test_data[t]) + " | profit: " +\
         formatPrice(test_data[t] - bought_price))

    if t == l_test - 1:
        done = True
    agent.memory.append((state, action, reward, next_state, done))
    state = next_state

    if done:
        print("--------------------------------------------")
        print("Total Profit: " + formatPrice(total_profit))
        print("--------------------------------------------")
```

Output

```
Total Profit: $1280.40
```

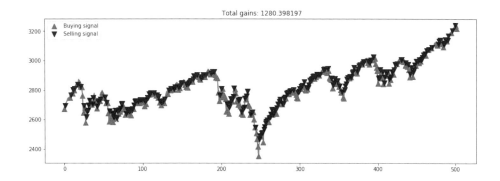

從上面的結果來看，我們的模型帶來了 1,280 美元的整體利潤，可以說我們的 DQN 代理在測試集上表現得相當好。

結論

本案例建立了一個自動化的交易策略，或**交易機器人**（*trading bot*），只需輸入股票市場資料即可產生交易訊號。我們看到了，策略是由演算法自己決定，總體方法比監督式學習的方法簡單得多，更具原則性。訓練後的模型在測試集是可以獲利的，證實了基於 RL 的交易策略的有效性。

在使用強化學習模型（如基於深度類神經網路的 DQN）時，我們可以學習到比人類交易者所能學習到的更複雜、更強大的策略。

鑑於 RL 模型的高複雜性和低可解釋性，視覺化和測試步驟變得非常重要。對於可解釋性，我們使用了訓練演算法的訓練集的圖，發現模型在一段時間內開始學習，發現了策略，並開始利用它。在部署模型進行即時交易之前，應在不同的時間段進行足夠數量的測試。

在使用基於 RL 的模型時，我們應該仔細選擇 RL 的元件，例如獎勵函數和狀態，並確保瞭解它們對整個模型結果的影響。在實作或訓練模型之前，重要的是要考慮一些問題，例如「我們如何設計獎勵函數或狀態，使得 RL 演算法有學習最佳化正確的量測的潛力？」。

總而言之，這些基於 RL 的模型可以讓金融從業者以非常靈活的方法建立交易策略，本案例研究提供的框架可以作為開發更強大的演算法交易模型的一個很好的起點。

案例研究 2：衍生性商品避險

許多傳統的金融理論處理衍生性商品定價和風險管理是基於理想的完全市場假設的完美可避險性，沒有交易限制、交易成本、市場影響，或流動性限制。然而，在實務上，這些耗損是真實發生的。因此，使用衍生性工具進行實際風險管理需要人的監督和維護；模型本身是不夠的。實作仍然部分由交易者對現有工具缺點的直觀理解驅動。

強化學習演算法具有處理操作環境中更多細微差別和參數的能力，本質上與避險的目標相一致。這些模型可以產生最佳的動態策略，即使在有耗損的世界裡也是如此。無模型 RL 方法需要很少的理論假設。這使讓避險得以自動化而不需要頻繁的人工干預，使得整個避險過程大大加快。這些模型可以從大量的歷史資料中學習，可以考慮許多變數，進而做出更為精確和準確的避險決策。此外，大量資料的可用性使得基於 RL 的模型比以往任何時候都更加有用和有效。

本案例採用了 Hans Bühler 等人在「深度避險」（*https://oreil.ly/6_Qvz*）一文中所提出的概念，實作出一種基於強化學習的最佳避險策略，我們將透過最小化風險調整後的 PnL，為特定類型的衍生性商品（選擇權買權）建立一個最佳避險策略。我們利用條件風險值（*conditional value at risk, CVaR*）量測，量化部位或投資組合的尾部風險量作為風險評估度量。

本案例研究的重點將著重於：

- 使用基於政策（或基於直接政策搜尋）的強化學習，並且用深度類神經網路實作。

- 比較基於 RL 的交易策略與傳統 Black-Scholes 模型的有效性。

- 使用 Python 中的類別結構為 RL 問題設定代理。

- 實作和評估基於政策梯度的 RL 方法。

- 介紹 Python 的 TensorFlow 套件中函式的基本概念。

- 實作蒙地卡羅模擬股票價格和 Black-Scholes 定價模型，並計算選擇權的避險參數（Greeks）。

基於強化學習的避險策略實作藍圖

1、問題定義

在本案例研究的強化學習框架中，採用直接策略搜尋強化學習策略，其中演算法利用標的資產的市場價格來決定選擇權買權的最佳避險策略。從「深度避險」一文中得出的總體思路是，在風險評估措施下最小化避險誤差。選擇權買權避險策略在一段時間內（從 $t=1$ 到 $t=T$）的總體 PnL 可以寫成：

$$PnL_T(Z, \delta) = -Z_T + \sum_{t=1}^{T} \delta_{t-1}(S_t - S_{t-1}) - \sum_{t=1}^{T} C_t$$

其中

- Z_T 為選擇權買權到期時的回報。

- $\delta_{t-1}(S_t - S_{t-1})$ 為在第 t 日避險工具所產生的現金流，其中 δ 為避險部位，S_t 為第 t 日的現貨價格。

- C_t 為在時間 t 的交易成本，可能是常數或與避險部位大小成一定的比例。

方程式中的各個元件是現金流的元件。然而，在設計獎勵函數時，最好考慮到任何部位所產生的風險。我們以 CVaR 作為風險評估指標，CVaR 量化尾部風險的數量，是信心水準 α 的 expected shortfall（風險規避參數）[13]。現在獎勵函數修改為：

$$V_T = f\left(-Z_T + \sum_{t=1}^{T} \delta_{t-1}(S_t - S_{t-1}) - \sum_{t=1}^{T} C_t \right)$$

其中 f 表示 CVaR。

我們將給定股票價格、履約行價和風險規避參數，透過最小化 CVaR 訓練一個基於 *RNN* 的網路來學習最佳的避險策略（即 $\delta_1, \delta_2..., \delta_T$）。為了簡單起見，我們假設交易成本為零。該模型可以很容易地擴展到包含交易成本和其他市場耗損。

---

13 預期缺口（expected shortfall）是尾部情境下投資的預期價值。

用來合成標的物股價的資料是以蒙地卡羅模擬所產生，並假設價格為對數常態分佈。我們假設利率為 0%，年化波動率為 20%。這個模型的關鍵元件為：

代理

交易者或交易代理人。

動作

避險策略（即 $\delta_1, \delta_2..., \delta_T$）。

獎勵函數

CVaR，這是一個凸函數，並且在模型訓練過程中最小化。

狀態

狀態是目前市場和相關產品變數的表示。狀態表示模型輸入，包括模擬的股票價格路徑（即 $S_1, S_2..., S_T$）、履約價風險規避參數（α）。

環境

證券交易所或證券市場。

2、開始進行

2.1、載入 Python 套件。 Python 套件的載入與前面的案例研究類似，請參閱 Jupyter Notebook 以瞭解更多細節。

2.2、產生資料。 我們在這個步驟利用 Black-Scholes 模擬產生本案例研究的資料。

這個函式會產生股票價格的蒙地卡羅路徑，並取得每個蒙地卡羅路徑上的選擇權價格。以下的計算假設股票價格為對數常態：

$$S_{t+1} = S_t e^{\left(\mu - \frac{1}{2}\sigma^2\right)\Delta t + \sigma\sqrt{\Delta t}Z}$$

其中 S 為股價，σ 為波動率，μ 為偏移，t 為時間，Z 為標準常態變數。

```python
def monte_carlo_paths(S_0, time_to_expiry, sigma, drift, seed, n_sims, \
    n_timesteps):
    """
    Create random paths of a stock price following a brownian geometric motion
    return:

    a (n_timesteps x n_sims x 1) matrix
    """
    if seed > 0:
        np.random.seed(seed)
    stdnorm_random_variates = np.random.randn(n_sims, n_timesteps)
    S = S_0
    dt = time_to_expiry / stdnorm_random_variates.shape[1]
    r = drift
    S_T = S * np.cumprod(np.exp((r-sigma**2/2)*dt+sigma*np.sqrt(dt)*\
    stdnorm_random_variates), axis=1)
    return np.reshape(np.transpose(np.c_[np.ones(n_sims)*S_0, S_T]), \
    (n_timesteps+1, n_sims, 1))
```

我們產生了在一個月時間區段內的 50,000 個現貨價格模擬，時間步長的總數為 30。因此，對於每個蒙地卡羅情境，每天都有一次觀測。模擬所需的參數定義如下：

```python
S_0 = 100; K = 100; r = 0; vol = 0.2; T = 1/12
timesteps = 30; seed = 42; n_sims = 5000

# Generate the monte carlo paths
paths_train = monte_carlo_paths(S_0, T, vol, r, seed, n_sims, timesteps)
```

3、探索性資料分析

本節將介紹敘述性統計和資料視覺化。假設資料是透過模擬所產生的，我們只需檢查一條路徑作為模擬演算法的完整性檢查：

```python
#Plot Paths for one simulation
plt.figure(figsize=(20, 10))
plt.plot(paths_train[1])
plt.xlabel('Time Steps')
plt.title('Stock Price Sample Paths')
plt.show()
```

Output

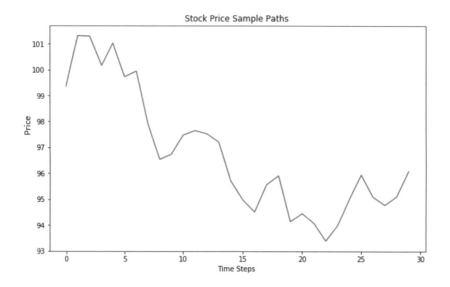

4、評估演算法和模型

在這種直接政策搜尋方法中,我們用人工類神經網路(ANN)將狀態映射到動作。在傳統的 ANN 中,我們假設所有的輸入(和輸出)是相互獨立的。然而,在時間 t(以 δ_t 表示)的避險決策是**取決於路徑**,並且受到股票價格和避險決策在之前的時間步驟所影響。因此,用傳統的 ANN 是不可行的。*RNN* 是一種能捕捉底層系統時間變化動態的 ANN,在這種情況下更為合適。RNN 有一個記憶體,可以捕獲到截至目前為止所計算出的資訊。在第 5 章中,我們將 RNN 模型的這個特性用於時間序列建模。*LSTM*(也是在第 5 章中討論)是一種能夠學習長期依賴關係的特殊 RNN。當映射到一個動作時,過去的狀態資訊可供網路使用;然後提取相關的過去資料,當作訓練過程的一部分。我們將利用 LSTM 模型將狀態映射到動作,並得出避險策略(即 $\delta_1, \delta_2...\delta_T$)。

4.1、政策梯度腳本。 我們將在本節介紹實作步驟和模型訓練。我們提供股票價格路徑($S_1, S_2, ...S_T$)、履約價、規險參數作為輸入變數,以訓練模型並輸出所得到的避險策略(即 $\delta_1, \delta_2, ...\delta_T$)。圖 9-9 提供了本案例研究政策梯度訓練的概覽。

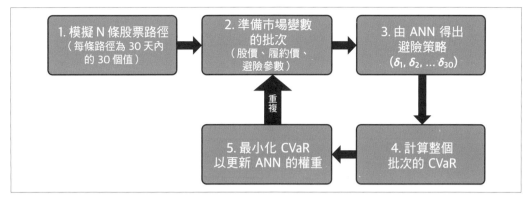

圖 9-9　衍生性商品避險的政策梯度訓練

我們在第 2 節已經執行了本案例研究的步驟 1。步驟 2 到步驟 5 無需多作解釋，會在稍後定義的 agent 類別中實作。agent 擁有執行訓練的變數和成員函數。agent 類別的 object 是在訓練階段所建立，並且用來訓練模型。經過足夠次數的步驟 2 到步驟 5 的反覆運算，最後會產生最佳政策梯度模型。

agent 類別是由以下模組所組成：

- Constructor
- 函式 execute_graph_batchwise
- 函式 training、predict、restore

我們來深入研究每個函式的 Python 程式碼。

Constructor 定義為 __init__ 函式，其中定義了模型參數。我們可以將 LSTM 模型每一層的 timesteps、batch_size、和 number of nodes 傳給建構子。我們定義模型的輸入變數（即股票價格路徑、履約價和風險規避參數）當作 *TensorFlow* 預留位置，用來從計算圖外部輸入資料，並在訓練階段輸入這些輸入變數的資料。我們利用 tf.MultiRNNCell 函式實作了 TensorFlow 中的 LSTM 網路。LSTM 模型使用了四個層，分別有 62、46、46 和 1 個節點。損失函數是 CVaR，當 tf.train 在訓練步驟被呼叫時，CVaR 會被最小化。我們對交易策略的負已實現 PnL 進行排序，並計算（$1-\alpha$）個最大損失的平均值：

```
class Agent(object):
    def __init__(self, time_steps, batch_size, features,\
      nodes = [62, 46, 46, 1], name='model'):
```

```
#1. Initialize the variables
tf.reset_default_graph()
self.batch_size = batch_size # Number of options in a batch
self.S_t_input = tf.placeholder(tf.float32, [time_steps, batch_size, \
  features]) #Spot
self.K = tf.placeholder(tf.float32, batch_size) #Strike
self.alpha = tf.placeholder(tf.float32) #alpha for cVaR

S_T = self.S_t_input[-1,:,0] #Spot at time T
# Change in the Spot
dS = self.S_t_input[1:, :, 0] - self.S_t_input[0:-1, :, 0]
#dS = tf.reshape(dS, (time_steps, batch_size))


#2. Prepare S_t for use in the RNN remove the \
#last time step (at T the portfolio is zero)
S_t = tf.unstack(self.S_t_input[:-1, :,:], axis=0)

# Build the lstm
lstm = tf.contrib.rnn.MultiRNNCell([tf.contrib.rnn.LSTMCell(n) \
for n in nodes])

#3. So the state is a convenient tensor that holds the last
#actual RNN state,ignoring the zeros.
#The strategy tensor holds the outputs of all cells.
self.strategy, state = tf.nn.static_rnn(lstm, S_t, initial_state=\
  lstm.zero_state(batch_size, tf.float32), dtype=tf.float32)

self.strategy = tf.reshape(self.strategy, (time_steps-1, batch_size))

#4. Option Price
self.option = tf.maximum(S_T-self.K, 0)

self.Hedging_PnL = - self.option + tf.reduce_sum(dS*self.strategy, \
  axis=0)

#5. Total Hedged PnL of each path
self.Hedging_PnL_Paths = - self.option + dS*self.strategy

# 6. Calculate the CVaR for a given confidence level alpha
# Take the 1-alpha largest losses (top 1-alpha negative PnLs)
#and calculate the mean
CVaR, idx = tf.nn.top_k(-self.Hedging_PnL, tf.cast((1-self.alpha)*\
batch_size, tf.int32))
CVaR = tf.reduce_mean(CVaR)
#7. Minimize the CVaR
```

```
self.train = tf.train.AdamOptimizer().minimize(CVaR)
self.saver = tf.train.Saver()
self.modelname = name
```

函式 execute_graph_batchwise 是這個程式的關鍵函式，在程式裡我們根據觀察到的經驗訓練類神經網路，用一批狀態來當作輸入，透過最小化 CVaR 更新基於政策梯度的 LSTM 模型權重。這個函式會訓練 LSTM 模型，透過不斷地在各個回合和批次之間進行反覆運算來預測避險策略。首先，它準備了一批市場變數（股價、履約價和風險規避），並且利用 sess.run 函式進行訓練。這個 sess.run 是一個 TensorFlow 函式，用來執行其中定義的任何操作。在這裡，它接收輸入並執行在建構子中定義的 tf.train 函式。經過足夠次數的反覆運算之後，即可產生最佳政策梯度模型：

```python
def _execute_graph_batchwise(self, paths, strikes, riskaversion, sess, \
  epochs=1, train_flag=False):
    #1: Initialize the variables.
    sample_size = paths.shape[1]
    batch_size=self.batch_size
    idx = np.arange(sample_size)
    start = dt.datetime.now()
    #2:Loop across all the epochs
    for epoch in range(epochs):
        # Save the hedging Pnl for each batch
        pnls = []
        strategies = []
        if train_flag:
            np.random.shuffle(idx)
        #3. Loop across the observations
        for i in range(int(sample_size/batch_size)):
            indices = idx[i*batch_size : (i+1)*batch_size]
            batch = paths[:,indices,:]

            #4. Train the LSTM
            if train_flag:#runs the train, hedging PnL and strategy.
                _, pnl, strategy = sess.run([self.train, self.Hedging_PnL, \
                  self.strategy], {self.S_t_input: batch,\
                    self.K : strikes[indices],\
                    self.alpha: riskaversion})
                    #5. Evaluation and no training
            else:
                pnl, strategy = sess.run([self.Hedging_PnL, self.strategy], \
                  {self.S_t_input: batch,\
                  self.K : strikes[indices],
                  self.alpha: riskaversion})\
```

```
            pnls.append(pnl)
            strategies.append(strategy)
    #6. Calculate the option price # given the risk aversion level alpha

        CVaR = np.mean(-np.sort(np.concatenate(pnls))\
        [:int((1-riskaversion)*sample_size)])
        #7. Return training metrics, \
        #if it is in the training phase
        if train_flag:
            if epoch % 10 == 0:
                print('Time elapsed:', dt.datetime.now()-start)
                print('Epoch', epoch, 'CVaR', CVaR)
                #Saving the model
                self.saver.save(sess, "model.ckpt")
    self.saver.save(sess, "model.ckpt")

    #8. return CVaR and other parameters
    return CVaR, np.concatenate(pnls), np.concatenate(strategies,axis=1)
```

這個訓練函數只是觸發 execute_graph_batchwise，並提供訓練該函式所需的所有輸入。這個 predict 函式會傳回給定狀態（市場變數）的操作（避險策略）。restore 函式會還原之前所保存的訓練模型，以便進一步用於訓練或預測：

```
def training(self, paths, strikes, riskaversion, epochs, session, init=True):
    if init:
        sess.run(tf.global_variables_initializer())
    self._execute_graph_batchwise(paths, strikes, riskaversion, session, \
      epochs, train_flag=True)


def predict(self, paths, strikes, riskaversion, session):
    return self._execute_graph_batchwise(paths, strikes, riskaversion,\
      session,1, train_flag=False)

def restore(self, session, checkpoint):
    self.saver.restore(session, checkpoint)
```

4.2、訓練資料。 訓練基於政策的模型的步驟如下：

1. 定義 CVaR 的風險規避參數、特徵數（這是股票總數，在本例中只有一個）、履約價和批次大小。CVaR 代表我們希望最小化的損失。例如，99% 的 CVaR 意味著我們希望避免極端損失，而 50% 的 CVaR 則使平均損失最小化。我們用 50% 的 CVaR 訓練，以減少平均損失。

2. 實例化策略梯度代理，使其具有基於 RNN 的政策和基於 CVaR 的損失函數。

3. 依次疊代整個批次；策略由基於 LSTM 的網路的政策輸出所定義。

4. 最後儲存訓練後的模型。

```
batch_size = 1000
features = 1
K = 100
alpha = 0.50 #risk aversion parameter for CVaR
epoch = 101 #It is set to 11, but should ideally be a high number
model_1 = Agent(paths_train.shape[0], batch_size, features, name='rnn_final')
# Training the model takes a few minutes
start = dt.datetime.now()
with tf.Session() as sess:
    # Train Model
    model_1.training(paths_train, np.ones(paths_train.shape[1])*K, alpha,\
     epoch, sess)
print('Training finished, Time elapsed:', dt.datetime.now()-start)
```

Output

```
Time elapsed: 0:00:03.326560
Epoch 0 CVaR 4.0718956
Epoch 100 CVaR 2.853285
Training finished, Time elapsed: 0:01:56.299444
```

5、測試資料

測試是一個重要的步驟，特別是對於 RL 來說更是如此，因為模型很難在輸入和相對應的輸出之間提供任何容易理解、有意義、直觀的關係。在測試步驟中，我們將比較避險策略的有效性，並將其與基於 Black-Scholes 模型的 delta 避險策略進行比較。首先定義這個步驟中使用的輔助函數。

5.1、用來跟 Black-Scholes 比較的輔助函數。 在本模組中，我們建立了用來跟傳統 Black-Scholes 模型進行比較的附加函數。

5.1.1、Black-Scholes 價格與 delta。 函式 BlackScholes_price 實作了選擇權買權的價格分析公式，BS_delta 實作了選擇權買權的 delta 分析公式：

```
def BS_d1(S, dt, r, sigma, K):
    return (np.log(S/K) + (r+sigma**2/2)*dt) / (sigma*np.sqrt(dt))
```

```
def BlackScholes_price(S, T, r, sigma, K, t=0):
    dt = T-t
    Phi = stats.norm(loc=0, scale=1).cdf
    d1 = BS_d1(S, dt, r, sigma, K)
    d2 = d1 - sigma*np.sqrt(dt)
    return S*Phi(d1) - K*np.exp(-r*dt)*Phi(d2)

def BS_delta(S, T, r, sigma, K, t=0):
    dt = T-t
    d1 = BS_d1(S, dt, r, sigma, K)
    Phi = stats.norm(loc=0, scale=1).cdf
    return Phi(d1)
```

5.1.2、測試結果和繪圖。 以下函式用來計算關鍵指標和相關圖,以評估避險的有效性。函式 test_hedging_strategy 計算不同類型的 PnL,包括 CVaR、PnL 和避險 PnL。函式 plot_deltas 繪製了不同時間點的 RL delta 與 Black-Scholes 避險的比較。函式 plot_strategy_pnl 用來繪製基於 RL 的策略與 Black-Scholes 避險策略的總 PnL:

```
def test_hedging_strategy(deltas, paths, K, price, alpha, output=True):
    S_returns = paths[1:,:,0]-paths[:-1,:,0]
    hedge_pnl = np.sum(deltas * S_returns, axis=0)
    option_payoff = np.maximum(paths[-1,:,0] - K, 0)
    replication_portfolio_pnls = -option_payoff + hedge_pnl + price
    mean_pnl = np.mean(replication_portfolio_pnls)
    cvar_pnl = -np.mean(np.sort(replication_portfolio_pnls)\
    [:int((1-alpha)*replication_portfolio_pnls.shape[0])])
    if output:
        plt.hist(replication_portfolio_pnls)
        print('BS price at t0:', price)
        print('Mean Hedging PnL:', mean_pnl)
        print('CVaR Hedging PnL:', cvar_pnl)
    return (mean_pnl, cvar_pnl, hedge_pnl, replication_portfolio_pnls, deltas)

def plot_deltas(paths, deltas_bs, deltas_rnn, times=[0, 1, 5, 10, 15, 29]):
    fig = plt.figure(figsize=(10,6))
    for i, t in enumerate(times):
        plt.subplot(2,3,i+1)
        xs =  paths[t,:,0]
        ys_bs = deltas_bs[t,:]
        ys_rnn = deltas_rnn[t,:]
        df = pd.DataFrame([xs, ys_bs, ys_rnn]).T

        plt.plot(df[0], df[1], df[0], df[2], linestyle='', marker='x' )
```

```
        plt.legend(['BS delta', 'RNN Delta'])
        plt.title('Delta at Time %i' % t)
        plt.xlabel('Spot')
        plt.ylabel('$\Delta$')
    plt.tight_layout()

def plot_strategy_pnl(portfolio_pnl_bs, portfolio_pnl_rnn):
    fig = plt.figure(figsize=(10,6))
    sns.boxplot(x=['Black-Scholes', 'RNN-LSTM-v1 '], y=[portfolio_pnl_bs, \
    portfolio_pnl_rnn])
    plt.title('Compare PnL Replication Strategy')
    plt.ylabel('PnL')
```

5.1.3、Black-Scholes 複製的避險錯誤。 以下函式用來取得基於傳統 Black-Scholes 模型的避險策略,並與基於 RL 的避險策略進行比較:

```
def black_scholes_hedge_strategy(S_0, K, r, vol, T, paths, alpha, output):
    bs_price = BlackScholes_price(S_0, T, r, vol, K, 0)
    times = np.zeros(paths.shape[0])
    times[1:] = T / (paths.shape[0]-1)
    times = np.cumsum(times)
    bs_deltas = np.zeros((paths.shape[0]-1, paths.shape[1]))
    for i in range(paths.shape[0]-1):
        t = times[i]
        bs_deltas[i,:] = BS_delta(paths[i,:,0], T, r, vol, K, t)
    return test_hedging_strategy(bs_deltas, paths, K, bs_price, alpha, output)
```

5.2、Black-Scholes 與強化學習的比較。 我們將透過觀察 CVaR 風險規避參數的影響來比較避險策略的有效性,並檢驗如果我們改變期權的價性、漂移項和標的物波動率,基於 RL 的模型是否能夠很好地將避險策略一般化。

5.2.1、以 99% 的風險規避率進行測試。 如前所述,CVaR 代表我們希望最小化的損失。我們用 50% 的風險規避來訓練模型,以最小化平均損失。然而,出於測試目的,我們將風險規避率提高到 99%,表示我們希望避免極端損失。這些結果與 Black-Scholes 模型進行了比較:

```
n_sims_test = 1000
# Monte Carlo Path for the test set
alpha = 0.99
paths_test = monte_carlo_paths(S_0, T, vol, r, seed_test, n_sims_test, \
  timesteps)
```

我們使用經過訓練的函式，並在以下程式碼中比較 Black-Scholes 和 RL 模型：

```
with tf.Session() as sess:
    model_1.restore(sess, 'model.ckpt')
    #Using the model_1 trained in the section above
    test1_results = model_1.predict(paths_test, np.ones(paths_test.shape[1])*K, \
    alpha, sess)

    _,_,_,portfolio_pnl_bs, deltas_bs = black_scholes_hedge_strategy\
    (S_0,K, r, vol, T, paths_test, alpha, True)
    plt.figure()
    _,_,_,portfolio_pnl_rnn, deltas_rnn = test_hedging_strategy\
    (test1_results[2], paths_test, K, 2.302974467802428, alpha, True)
    plot_deltas(paths_test, deltas_bs, deltas_rnn)
    plot_strategy_pnl(portfolio_pnl_bs, portfolio_pnl_rnn)
```

Output

```
BS price at t0: 2.3029744678024286
Mean Hedging PnL: -0.0010458505607415178
CVaR Hedging PnL: 1.2447953011695538
RL based BS price at t0: 2.302974467802428
RL based Mean Hedging PnL: -0.0019250998451393934
RL based CVaR Hedging PnL: 1.3832611348053374
```

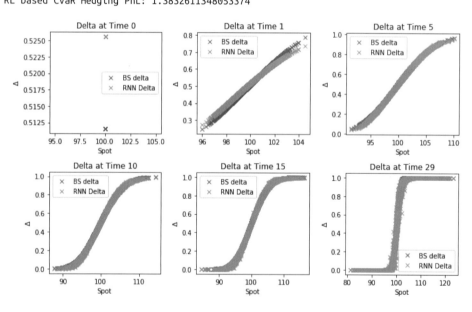

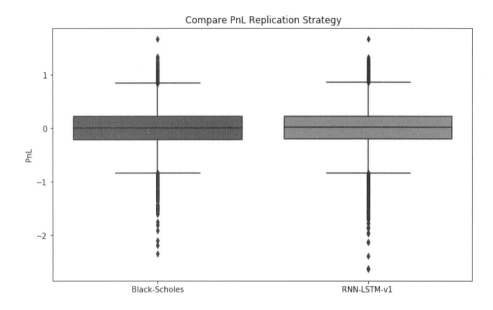

Compare PnL Replication Strategy

對於風險規避率為 99% 的第一個測試集（履約價 100、相同漂移項、相同波動率），結果看起來相當不錯。我們看到 Black-Scholes 方法和 RL 方法的 delta 在第 1 天到第 30 天的時間內收斂。兩種策略的 CVaR 相似且幅度較低，Black-Scholes 和 RL 的 CVaR 值分別為 1.24 和 1.38。另外，這兩種策略的波動率相似，如第二個圖所示。

5.2.2、改變價性。 現在我們來看看，當價性（定義為履約價格與現貨價格之比）發生變化時的策略比較。為了改變價性，我們把履約價降低了 10 點。程式碼片段與上一個案例類似，輸出如下：

```
BS price at t0: 10.07339936955367
Mean Hedging PnL: 0.0007508571761945107
CVaR Hedging PnL: 0.6977526775080665
RL based BS price at t0: 10.073
RL based Mean Hedging PnL: -0.038571546628968216
RL based CVaR Hedging PnL: 3.4732447615593975
```

隨著價性的變化，RL 策略的 PnL 明顯比 Black-Scholes 策略差。我們看到在所有的日子裡，兩者之間的避險值（delta）有很大的差異。基於 RL 的策略的 CVaR 和波動率高了很多。這個結果表示，在將模型一般化到不同的價性水準時，我們應該要小心，並且在正式環境中實施模型之前，應該以各種不同的履約價來訓練模型。

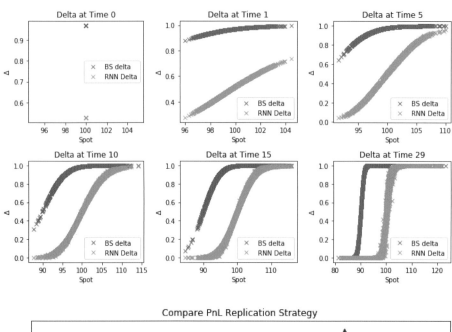

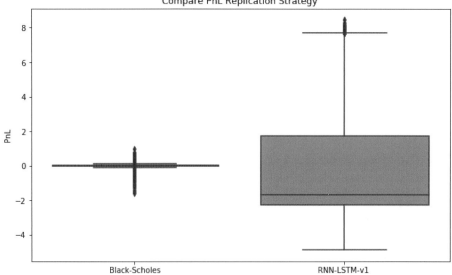

5.2.3、改變漂移項。　現在我們來看看漂移改變時的策略比較。為了改變漂移項，我們假設股價每月漂移 4%，年化之後為 48%。輸出如下：

Output

```
BS price at t0: 2.3029744678024286
Mean Hedging PnL: -0.01723902964827388
CVaR Hedging PnL: 1.2141220199385756
RL based BS price at t0: 2.3029
RL based Mean Hedging PnL: -0.037668804359885316
RL based CVaR Hedging PnL: 1.357201635552361
```

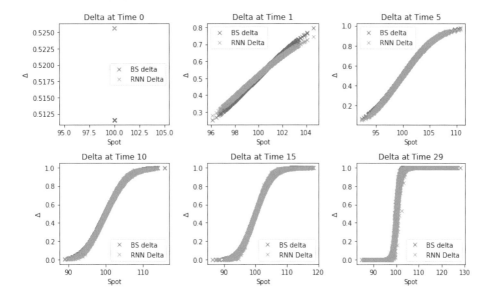

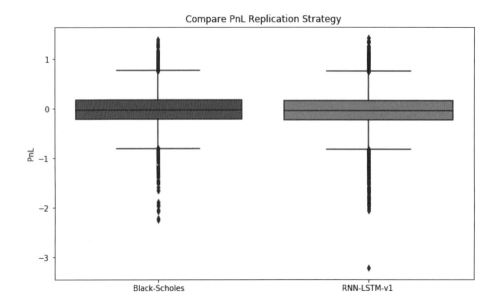

Compare PnL Replication Strategy

總括而言，漂移項變化的結果看起來不錯。這一結論與風險規避發生變化時的結果相似，兩種方法的避險值隨著時間的推移逐漸收斂。同樣地，CVaR 的大小相似，Black-Scholes 的值為 1.21，RL 的值為 1.357。

5.2.4、波動率變動。 最後，我們來看看波動率變動的影響。為了改變波動率，我們把它增加了 5%：

Output
```
BS price at t0: 2.3029744678024286
Mean Hedging PnL: -0.5787493248269506
CVaR Hedging PnL: 2.5583922824407566
RL based BS price at t0: 2.309
RL based Mean Hedging PnL: -0.5735181045192523
RL based CVaR Hedging PnL: 2.835487824499669
```

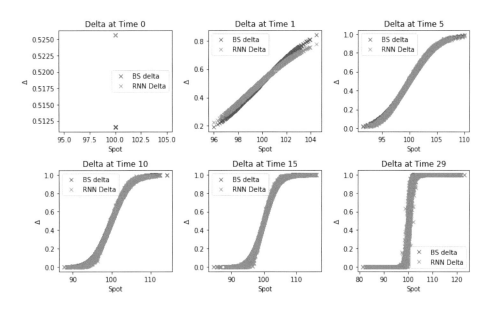

從結果看來，兩個模型的 delta、CVaR 和整體波動率是相似的。因此，從整體上看，基於 RL 的避險的表現與基於 Black-Scholes 的避險不相上下。

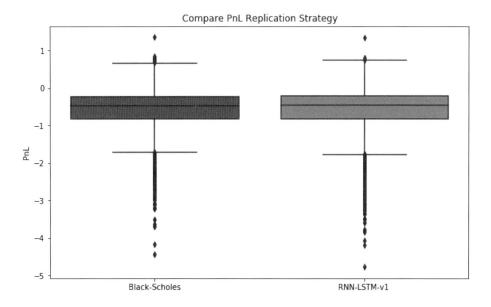

結論

在本案例研究中，我們比較了使用 RL 的選擇權買權避險策略的有效性。基於 RL 的避險策略即使在某些輸入參數改變時也表現得相當好。然而，這一策略並不能概括不同價性水準下的選擇權策略。這強調了 RL 是一種資料密集型方法的事實，用不同的場景來訓練模型是很重要的，如果模型打算應用在各式各樣的衍生性商品中，這一點就變得更加重要。

儘管我們發現 RL 和傳統的 Black-Scholes 策略相若，但 RL 方法提供了更高的改進上限。RL 模型可以使用具有不同超參數的多種金融工具進行進一步訓練，進而提高績效。考量到這兩種方法之間的權衡取捨，探討這兩種避險模型對更新型的衍生性商品的比較應該會很有趣。

總而言之，基於 RL 的方法是獨立於模型並且可以加以延伸，為許多傳統問題提供了效率上的提升。

案例研究 3：投資組合配置

正如先前案例研究中所討論的，最常用的投資組合配置技術（均值變異數投資組合最佳化）存在著以下弱點：

- 由於金融市場上收益的不穩定性，導致了預期報酬和變異數矩陣的估計誤差。
- 不穩定的二次最佳化，極大地破壞了最終投資組合的最佳性。

我們在第 200 頁第 7 章的「案例研究 1：投資組合管理：尋找特徵投資組合」和第 268 頁第 8 章的「案例研究 3：階層式風險平價」中討論了其中一些弱點。在這裡，我們從 RL 的角度來處理這個問題。

強化學習演算法具有自主決定政策的能力，是以自動化方式執行投資組合配置的強大模型，無需持續監督。投資組合配置中手動步驟的自動化被證明是非常有用的，尤其是對於機器人投資顧問而言更是如此。

在一個基於 RL 的框架下，我們不僅僅將投資組合的配置問題看作是一個一步就能完成最佳化的問題，而是一個具有**連續控制**延遲報酬的投資組合問題。從離散最佳配置到連續控制領域，在市場不斷變化的環境下，RL 演算法可以用來解決複雜的動態投資組合配置問題。

本案例研究將利用基於 Q-learning 的方法和 DQN 來提出一個在一組加密貨幣之間進行最佳投資組合配置的策略，以 Python 實作的方法和框架與案例研究 1 中的方法和框架大致上類似。因此，本案例將跳過一些重複的部分或程式碼的說明。

在本案例研究中，我們將著重於：

- 在一個投資組合配置問題中定義 RL 的元件。
- 以投資組合配置為前提對 Q-learning 進行評估。
- 建立一個能夠在 RL 框架中使用的模擬環境。
- 將用於建立交易策略的 Q-learning 框架擴展到投資組合管理。

建立基於強化學習的投資組合配置演算法的藍圖

1、問題定義

在為本案例研究所定義的強化學習框架中，演算法會根據投資組合的當前狀態執行一個動作，即**最佳投資組合配置**。該演算法以深度 Q-learning 框架進行訓練，模型的組成元件如下：

代理

　　投資組合經理、機器人投資顧問或個人投資者。

動作

　　投資組合權重的重新平衡與分配。DQN 模型提供 Q 值，並將其轉換為投資組合權重。

獎勵函數

夏普比率。不過可能會有一系列複雜的獎勵函數，在利潤和風險之間進行權衡，例如報酬率或最大虧損。

狀態

狀態是在特定時間區段內的金融工具的關聯矩陣。關聯矩陣很適合當作投資組合配置的狀態變數，因為它包含了不同工具之間關係的資訊，並且在執行投資組合分配時非常有用。

環境

加密貨幣交易所。

本案例研究所使用的資料集來自 Kaggle（*https://oreil.ly/61302*）平台，其中包含了 2018 年加密貨幣的每日價格。這些資料包含一些最具流動性的加密貨幣，包括比特幣（Bitcoin）、乙太坊（Ethereum）、瑞波幣（Ripple）、萊特幣（Litecoin）和達世幣（Dash）。

2、預備：載入資料和 Python 套件

2.1、載入 Python 套件。 在此步驟中會載入標準 Python 套件，其中細節已經在之前的案例研究中介紹過。欲知更多細節，請參閱本案例研究的 Jupyter Notebook。

2.2、載入資料。 此步驟會載入所抓到的資料：

```
dataset = read_csv('data/crypto_portfolio.csv',index_col=0)
```

3、探索性資料分析

3.1、敘述性統計。 我們將在本節中檢視敘述性統計和資料視覺化：

```
# shape
dataset.shape
```

Output

```
(375, 15)
```

```
# peek at data
set_option('display.width', 100)
dataset.head(5)
```

Output

	ADA	BCH	BNB	BTC	DASH	EOS	ETH	IOT	LINK	LTC	TRX	USDT	XLM	XMR	XRP
Date															
2018-01-01	0.7022	2319.120117	8.480	13444.879883	1019.419983	7.64	756.200012	3.90	0.7199	224.339996	0.05078	1.01	0.4840	338.170013	2.05
2018-01-02	0.7620	2555.489990	8.749	14754.129883	1162.469971	8.30	861.969971	3.98	0.6650	251.809998	0.07834	1.02	0.5560	364.440002	2.19
2018-01-03	1.1000	2557.520020	9.488	15156.620117	1129.890015	9.43	941.099976	4.13	0.6790	244.630005	0.09430	1.01	0.8848	385.820007	2.73
2018-01-04	1.1300	2355.780029	9.143	15180.080078	1120.119995	9.47	944.830017	4.10	0.9694	238.300003	0.21010	1.02	0.6950	372.230011	2.73
2018-01-05	1.0100	2390.040039	14.850	16954.779297	1080.880005	9.29	967.130005	3.76	0.9669	244.509995	0.22400	1.01	0.6400	357.299988	2.51

資料總共有 375 列和 15 個欄位，這些欄位保存了 2018 年 15 種不同加密貨幣的每日價格。

4、評估演算法和模型

這是建立強化學習模型的關鍵步驟，我們將定義所有函式和類別，並訓練演算法。

4.1、代理和加密貨幣環境腳本。 我們有一個 Agent 類別，其中包含了執行 Q-learning 的變數和成員函式，這與案例研究 1 中所定義的 Agent 類別相似，有一個額外的函數把深度類神經網路的 Q 值輸出轉換為投資組合權重，反之亦然。訓練模組透過多個事件和批次實作反覆運算，並保存訓練中所用到的狀態、動作、獎勵和下一個狀態的資訊。在本案例研究中，我們跳過了對 Agent 類別的 Python 程式碼和訓練模組的詳細描述。讀者可以參考本書程式庫中的 Jupyter Notebook 以瞭解更多細節。

我們使用一個稱為 CryptoEnvironment 的類別來實作加密貨幣的模擬環境。在 RL 問題中，模擬環境（在此稱為*健身房（gym）*）的概念相當常見。強化學習的挑戰之一是缺乏可供實驗的模擬環境。*OpenAI gym* 是一個工具箱，提供了各式各樣的模擬環境（例如，Atari 遊戲、2D/3D 實體模擬），讓我們得以訓練代理、比較代理或開發新的 RL 演算法。此外，它的開發目的就是要成為 RL 研究的標準化環境和基準。我們在 CryptoEnvironment 類別中引進了類似的概念，為加密貨幣建立一個模擬環境。此類別具有以下關鍵函式：

getState

　　此函式會根據 is_cov_matrix 或是 is_raw_time_series 旗標傳回狀態以及歷史報酬或原始歷史資料

getReward

　　此函式會傳回給定投資組合權重和回溯期間的投資組合報酬（即夏普比率）

```python
class CryptoEnvironment:

    def __init__(self, prices = './data/crypto_portfolio.csv', capital = 1e6):
        self.prices = prices
        self.capital = capital
        self.data = self.load_data()

    def load_data(self):
        data =  pd.read_csv(self.prices)
        try:
            data.index = data['Date']
            data = data.drop(columns = ['Date'])
        except:
            data.index = data['date']
            data = data.drop(columns = ['date'])
        return data

    def preprocess_state(self, state):
        return state

    def get_state(self, t, lookback, is_cov_matrix=True\
        is_raw_time_series=False):

        assert lookback <= t

        decision_making_state = self.data.iloc[t-lookback:t]
        decision_making_state = decision_making_state.pct_change().dropna()

        if is_cov_matrix:
            x = decision_making_state.cov()
            return x
        else:
            if is_raw_time_series:
                decision_making_state = self.data.iloc[t-lookback:t]
            return self.preprocess_state(decision_making_state)

    def get_reward(self, action, action_t, reward_t, alpha = 0.01):

        def local_portfolio(returns, weights):
            weights = np.array(weights)
            rets = returns.mean() # * 252
            covs = returns.cov() # * 252
            P_ret = np.sum(rets * weights)
            P_vol = np.sqrt(np.dot(weights.T, np.dot(covs, weights)))
            P_sharpe = P_ret / P_vol
            return np.array([P_ret, P_vol, P_sharpe])
```

```
data_period = self.data[action_t:reward_t]
weights = action
returns = data_period.pct_change().dropna()

sharpe = local_portfolio(returns, weights)[-1]
sharpe = np.array([sharpe] * len(self.data.columns))
ret = (data_period.values[-1] - data_period.values[0]) / \
data_period.values[0]

return np.dot(returns, weights), ret
```

下一步我們來探討 RL 模型的訓練。

4.2、訓練資料。　第一步是初始化 Agent 類別和 CryptoEnvironment 類別，然後設定用
於訓練的回合數 episode_count 和批次大小 batch_size。鑒於加密貨幣的波動性，我們把
訓練窗口大小 window_size 設為 180，重新平衡的頻率 rebalance_period 則設為 90 天：

```
N_ASSETS = 15
agent = Agent(N_ASSETS)
env = CryptoEnvironment()
window_size = 180
episode_count = 50
batch_size = 32
rebalance_period = 90
```

圖 9-10 深入分析了用於建立基於 RL 的投資組合配置策略的 DQN 演算法的訓練。如果
我們仔細看，這個圖表與案例研究 1 的圖 9-8 中定義的步驟相似，而在 Q 矩陣、獎勵函
數和動作方面則存在著細微差異。步驟 1 到 7 描述了訓練和 CryptoEnvironment 模組；
步驟 8 到 10 顯示了 Agent 模組中的重播緩衝函式（即 exeReplay 函式）中發生了什麼。

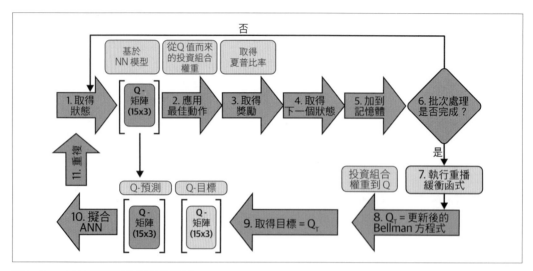

圖 9-10 DQN 投資組合最佳化訓練

步驟 1 至 6 的細節如下：

1. 利用 CryptoEnvironment 模組中所定義的輔助函式 getState 取得目前狀態，它會根據窗口大小傳回加密貨幣的關聯矩陣。

2. 利用 Agent 類別的 act 函式取得給定狀態的動作，這個動作是加密貨幣投資組合的權重。

3. 利用 CryptoEnvironment 模組中的 getReward 函式取得給定動作的獎勵。

4. 利用 getState 函式取得下一個狀態，下一狀態的細節會在 Bellman 方程式中進一步用來更新 Q 函數。

5. 把狀態、下一個狀態和動作的細節儲存在 Agent 物件的記憶體中，這個記憶體會進一步被 exeReply 函式所使用。

6. 檢查批次處理是否完成。批次大小由 batch_size 變數所定義。如果批次處理還沒有完成，我們就進行下一次反覆運算。如果批次處理完了，那麼就執行重播緩衝函式 exeReply，並透過在步驟 8、9 和 10 中最小化預測 Q 值和目標 Q 值之間的 MSE 來更新 Q 函數。

如以下的圖表所示，程式碼產生最終結果以及每回合的兩個圖表。第一個圖表顯示了一段時間內的累計總報酬率，而第二個圖表則顯示了投資組合中每種加密貨幣的百分比。

Output

Episode 0/50 epsilon 1.0

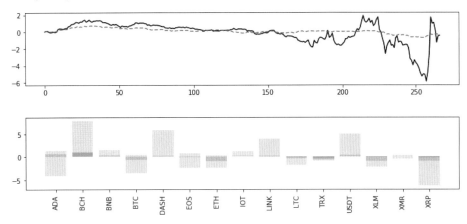

Episode 1/50 epsilon 1.0

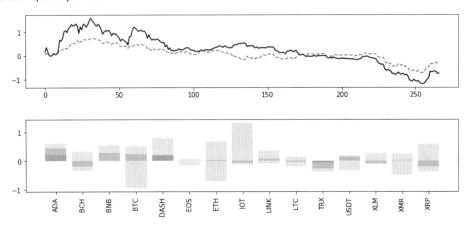

Episode 48/50 epsilon 1.0

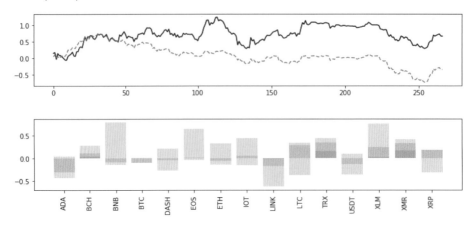

Episode 49/50 epsilon 1.0

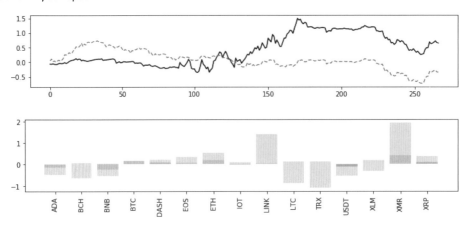

這些圖表概述了前兩個回合和最後兩個回合的投資組合配置細節。其他回合的細節可以在本書 GitHub 儲存庫下的 Jupyter Notebook 中看到。黑線表示投資組合的績效，灰色虛線表示基準的績效，基準是一個同等權重的加密貨幣投資組合。

在第 0 回合和第 1 回合的一開始，代理對其動作的後果並沒有先入為主的觀念，而是採取隨機的行動來觀察收益，這是相當不穩定的。第 0 回合顯示了一個不穩定的績效表現的明顯例子。第 1 回合顯示出較穩定的變動，但最終表現不如基準。這是一個證據，每回合的累積獎勵在訓練開始時波動很大。

第 48 回合和第 49 回合的最後兩張圖顯示了代理開始從訓練中學習並發現最佳策略。整體回報相對穩定，表現優於基準。然而，由於標的加密貨幣資產的時間序列較短且波動性較大，因此總體投資組合權重仍相當不穩定。在理想情況下，我們將能夠增加訓練次數和歷史資料的長度，以提高訓練績效。

我們來看看測試的結果。

5、測試資料

回想一下，黑線表示投資組合的表現，灰色虛線表示加密貨幣權重相同的投資組合表現：

```
agent.is_eval = True

actions_equal, actions_rl = [], []
result_equal, result_rl = [], []

for t in range(window_size, len(env.data), rebalance_period):

    date1 = t-rebalance_period
    s_ = env.get_state(t, window_size)
    action = agent.act(s_)

    weighted_returns, reward = env.get_reward(action[0], date1, t)
    weighted_returns_equal, reward_equal = env.get_reward(
        np.ones(agent.portfolio_size) / agent.portfolio_size, date1, t)

    result_equal.append(weighted_returns_equal.tolist())
    actions_equal.append(np.ones(agent.portfolio_size) / agent.portfolio_size)

    result_rl.append(weighted_returns.tolist())
    actions_rl.append(action[0])

result_equal_vis = [item for sublist in result_equal for item in sublist]
result_rl_vis = [item for sublist in result_rl for item in sublist]

plt.figure()
plt.plot(np.array(result_equal_vis).cumsum(), label = 'Benchmark', \
color = 'grey',ls = '--')
plt.plot(np.array(result_rl_vis).cumsum(), label = 'Deep RL portfolio', \
color = 'black',ls = '-')
plt.xlabel('Time Period')
plt.ylabel('Cumulative Returnimage::images\Chapter9-b82b2.png[]')
plt.show()
```

儘管在初期表現不佳，但模型總體表現較好，主要是由於避免了基準投資組合在測試視窗後期經歷的急劇下降。回報看起來非常穩定，也許是因為避開了最不穩定的加密貨幣。

Output

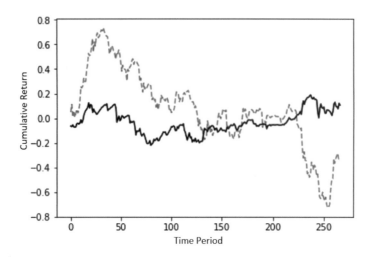

檢查一下投資組合和基準的報酬率、波動率、夏普比率、以及 alpha 和 beta：

```
import statsmodels.api as sm
from statsmodels import regression
def sharpe(R):
    r = np.diff(R)
    sr = r.mean()/r.std() * np.sqrt(252)
    return sr

def print_stats(result, benchmark):

    sharpe_ratio = sharpe(np.array(result).cumsum())
    returns = np.mean(np.array(result))
    volatility = np.std(np.array(result))

    X = benchmark
    y = result
    x = sm.add_constant(X)
    model = regression.linear_model.OLS(y, x).fit()
    alpha = model.params[0]
    beta = model.params[1]
```

```
        return np.round(np.array([returns, volatility, sharpe_ratio, \
            alpha, beta]), 4).tolist()

    print('EQUAL', print_stats(result_equal_vis, result_equal_vis))
    print('RL AGENT', print_stats(result_rl_vis, result_equal_vis))
```

Output

```
    EQUAL [-0.0013, 0.0468, -0.5016, 0.0, 1.0]
    RL AGENT [0.0004, 0.0231, 0.4445, 0.0002, -0.1202]
```

總體而言，RL 投資組合整體表現較好，其報酬率較高、夏普比率較高、波動率較低，alpha 略有下降，並且與基準投資組合呈現負相關。

結論

在這個案例研究中，我們超越了投資組合最佳化的傳統有效邊界，直接學習了動態改變投資組合權重的策略。我們透過建立一個標準化的模擬環境來訓練一個基於 RL 的模型。這種方法有助於訓練的過程，並可以進一步探討一般以 RL 為基礎的模型訓練。

訓練後的 RL 模型在測試集中的表現優於相等權重的基準投資組。透過最佳化超參數或使用較長的時間序列進行訓練，可以進一步提高 RL 模型的績效。然而，考慮到基於 RL 的模型的高複雜性和低可解釋性，在部署模型進行即時交易之前，測試應該跨不同的時間區段和市場週期。此外，正如案例研究 1 中所討論的，我們應該仔細選擇 RL 元件，例如獎勵函數和狀態，並確保我們瞭解它們對整體模型結果的影響。

本案例所提供的框架可以讓金融從業者以非常靈活和自動化的方式執行投資組合配置和重新平衡。

本章摘要

報酬最大化是推動演算法交易、投資組合管理、衍生性商品定價、避險和交易執行的關鍵原則之一。在本章中，我們看到，當我們採用基於 RL 的方法時，明確定義交易、衍生性商品避險或投資組合管理的策略或政策是不必要的。該演算法決定了策略本身，這將導致一種比其他機器學習技術更簡單、更有原則的方法。

在第 300 頁的「案例研究 1：基於強化學習的交易策略」中，我們看到 RL 使得演算法交易成為一個簡單的遊戲，可以涉及或不涉及基本資訊的理解。在第 320 頁的「案例研究 2：衍生性商品避險」中，我們探討了強化學習在傳統衍生性商品避險問題中的應用。這個案例練習展現了我們可以利用衍生性商品工具避險中 RL 的高效率數值計算來解決較為傳統模型的一些缺點。在第 338 頁的「案例研究 3：投資組合配置」中，我們透過學習在不斷變化的市場環境中動態改變投資組合權重的策略來執行投資組合配置，從而進一步實現投資組合管理過程的自動化。

儘管 RL 面臨一些挑戰，例如計算成本高、資料密集、缺乏可解釋性，但它與金融領域中適合基於報酬最大化的政策框架的某些範疇完全一致。強化學習已經成功地在有限的動作空間中做到了超越人類的表現，例如圍棋、象棋和 Atari 遊戲。展望未來，隨著更多資料的可用性、改進的 RL 演算法和優越的基礎設施，RL 將繼續被證明在金融領域非常有用。

練習

- 利用案例研究 1 和案例研究 2 中所提出的想法和概念，實作基於外匯政策梯度演算法的交易策略。試著在此實作中改變關鍵元件（即獎勵函數、狀態等）。

- 利用案例研究 2 中所提出的概念對固定收益衍生性商品進行避險。

- 在案例研究 2 中加入交易成本，看看對整體結果的影響。

- 根據案例研究 3 中所提出的想法，對股票、外匯或固定收益工具的投資組合實作基於 Q-learning 的投資組合配置策略。

## 第十章

自然語言處理

自然語言處理（Natural language processing, NLP）是人工智慧的一個分支，用於輔助電腦理解自然語言。大部分 NLP 技術依靠機器學習從人類語言中獲得意義。當提供文字給電腦時，電腦會利用演算法來擷取與每個句子相關的意義，並從中收集必要的資料。NLP 以不同的形式出現在許多學科的不同別名下，包括（但不限於）文本分析、文字挖掘、計算語言學和內容分析。

在金融領域，NLP 最早的應用之一是由美國證券交易委員會（Securities and Exchange Commission, SEC）所實施。SEC 利用文字挖掘和自然語言處理來發現會計欺詐。NLP 演算法的高速掃描和分析法律和其他文件的能力為銀行和其他金融機構提供了巨大的效率收益，幫助它們滿足了法規遵從性並打擊欺詐。

在投資過程中，揭示投資洞見不僅需要金融領域的知識，而且必須能夠充分掌握資料科學和機器學習原理。NLP 工具可以幫助發現、測量、預測和預見重要的市場特徵和指標，例如市場波動率、流動性風險、金融壓力、房屋價格和失業率。

新聞一直是投資決策的關鍵因素。眾所周知，特定公司、宏觀經濟和政治新聞對金融市場的影響很大。隨著技術的進步，市場參與者之間的聯繫越來越緊密，新聞的數量和頻率將繼續快速增長。即使在今天，每天產生的大量文字資料對於一個龐大的基礎研究團隊來說也是一個難以承擔的任務。在 NLP 技術的輔助下進行的基本面分析，對於揭開專家和大眾對市場的看法的全貌極為重要。

在銀行和其他機構，分析師團隊致力於仔細研究、分析並試圖量化新聞和 SEC 授權報告中的定性資料。這種情況非常適合利用 NLP 來自動化，NLP 可以為各種報告和文件的分析和解釋提供深入的支援，這減少了重複的、低價值的任務給員工帶來的壓力。它還為其他主觀解釋提供了一定程度的客觀性和一致性；減少了人為疏失所造成的錯誤。NLP 還可以讓公司獲得洞見，用來評估債權人的風險，或從網路內容中評估與品牌相關的情緒。

隨著即時聊天軟體在銀行和金融行業的普及，基於 NLP 的聊天機器人是一種自然的進化。機器人投資顧問和聊天機器人的結合有望使財富和投資組合管理的整個過程自動化。

在本章中，我們將介紹三個基於自然語言處理的案例，涵蓋自然語言處理在演算法交易、聊天機器人的建立、文件解釋和自動化方面的應用。這些案例研究遵循第 2 章中提出的標準化模型建立流程七步驟。基於 NLP 問題的關鍵模型步驟是資料前置處理、特徵表示和推論。因此，本章將概述這些領域以及相關概念和用 Python 來撰寫的範例。

第 367 頁的「案例研究 1：基於 NLP 和情緒分析的交易策略」示範了如何將情緒分析和單字嵌入應用在交易策略中。這個案例研究強調了實作基於 NLP 的交易策略的關鍵重點領域。

在第 388 頁的「案例研究 2：聊天機器人數位助理」中，我們創造了一個聊天機器人（chatbot），並示範 NLP 如何讓 chatbot 能夠理解訊息並做出適當的回應。我們利用基於 Python 的套件和模組，只用了幾行程式碼就能開發出一個 chatbot。

第 399 頁的「案例研究 3：文件摘要」示範了如何用基於 NLP 的**主題建模**技術來發現跨文件中隱藏的主題。本案例研究的目的是示範如何利用 NLP 自動匯總大量文件，以便於組織和管理，以及搜尋和推薦。

除上述各點外，本章還將涵蓋：

- 如何只用幾行程式碼來進行 NLP 資料前置處理，包括符記化（tokenization）、詞性標註（part-of-speech (PoS) tagging）或命名實體識別（named entity recognition）等步驟。

- 如何用包括了 LSTM 等不同的監督式技術，來進行情緒分析。

- 瞭解主要的 Python 套件（即 NLTK、spaCy 和 TextBlob），以及如何將它們用於幾個 NLP 相關的任務。

- 如何用 spaCy 套件來建構資料前置處理管線。

- 如何用預先訓練的模型（例如 word2vec）來表示特徵。

- 如何用 LDA 等模型進行主題建模。

本章的程式庫

本章的 Python 程式碼存放在本章線上 GitHub 儲存庫的「*Chapter 10 - Natural Language Processing*」資料夾中（*https://oreil.ly/J2FFn*）。對於任何基於 NLP 的新案例研究，請使用程式庫中的共用範本並修改特定於案例研究的元素，這些範本是設計成能夠在雲端（即 Kaggle、Google Colab 和 AWS）上執行。

自然語言處理：Python 套件

Python 是建構基於 NLP 的專家系統的最佳選擇之一，Python 程式設計師可以使用大量的開源 NLP 函式庫。這些函式庫和套件包含現成的模組和函式，可用來合併複雜的 NLP 步驟和演算法，進而使得實作更為快速、簡單、高效。

本節將描述三個基於 Python 的 NLP 函式庫，我們發現它們是最有用的，並且將在本章中使用它們。

NLTK

NLTK（*https://www.nltk.org*）是最著名的 Python NLP 函式庫，並在多個領域取得了令人難以置信的突破。NLTK 的模組化結構使得它非常適合學習和探索 NLP 的概念。但是，它的功能非常多，學習曲線很陡。

NLTK 可以用典型的安裝方式進行安裝。安裝 NLTK 後，需要下載 NLTK 資料。NLTK
資料套件包括一個預先訓練好的英文符記器 punkt，也可以用下載的方式取得：

```
import nltk
import nltk.data
nltk.download('punkt')
```

TextBlob

TextBlob（*https://oreil.ly/tABh4*）建構在 NLTK 之上。這是一個最好的函式庫之一，適用
於快速建立雛型或建構效能要求最低的應用程式。TextBlob 藉著提供一個直觀的 NLTK
介面，簡化了文字處理。TextBlob 可以用以下命令匯入：

```
from textblob import TextBlob
```

spaCy

spaCy（*https://spacy.io*）是一個 NLP 函式庫，旨在快速、簡化並且可以立刻投入正式環
境。它的理念是為每個目的只提供一個（最好的）演算法。我們不必做出選擇，可以專
注於提高生產力。spaCy 使用自己的管道同時執行多個前置處理步驟。我們將在下一節
中示範。

spaCy 的模型可以像其他模組一樣當成是 Python 的套件來安裝。要載入模型，可使用
spacy.load 函式，並指定模型捷徑的連結、套件名稱、或資料目錄的路徑：

```
import spacy
nlp = spacy.load("en_core_web_lg")
```

除此之外，還有一些其他函式庫（例如 gensim），我們將在本章探討一些範例。

自然語言處理：理論與概念

正如我們已經提過的那樣，NLP 是人工智慧的一個分支，並且與利用程式設計來讓電腦
處理文本資料以獲得有用的見解有關。所有的 NLP 應用程式都要經過一些共同的循序
步驟，這些步驟包括對文本資料進行前置處理並將文字表示為可預測的特徵，然後將它
們輸入到統計推論演算法中。圖 10-1 概述了基於 NLP 的應用程式中的主要步驟。

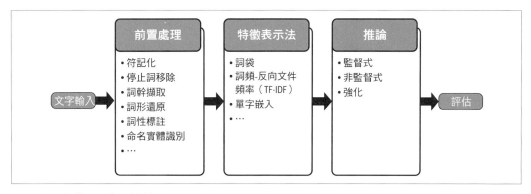

圖 10-1　自然語言處理管線

下一節將探討這些步驟。有關這個主題的全面討論，可參考 Steven Bird、Ewan Klein 和 Edward Loper 所著的《*Natural Language Processing with Python*》（O'Reilly 出版）。

1、前置處理

NLP 的文本資料前置處理通常涉及多個步驟。圖 10-1 顯示了 NLP 前置處理步驟的關鍵元件。它們是符記化、停止詞移除、詞幹擷取、詞形還原、詞性標註和命名實體識別。

1.1、符記化

符記化（*Tokenization*）的任務是將文字分割成有意義的片段（稱為符記）。這些片段可以是單字、標點符號、數字或其他特殊字元，它們是組成句子的基本單元。一組預先確定的規則可以讓我們有效地將一個句子轉換成符記清單。以下程式碼片段顯示了利用 NLTK 和 TextBlob 套件的範例：

```
#Text to tokenize
text = "This is a tokenize test"
```

NLTK 資料套件包括一個預先訓練的英文符記器 Punkt，該符記器之前有匯入過：

```
from nltk.tokenize import word_tokenize
word_tokenize(text)
```

Output

```
['This', 'is', 'a', 'tokenize', 'test']
```

來看看如何用 TextBlob 來符記化：

```
TextBlob(text).words
```

Output

```
WordList(['This', 'is', 'a', 'tokenize', 'test'])
```

1.2、停止詞移除

有時，在建模中沒有什麼價值而且極為常見的詞彙會被排除在詞彙表之外。這些詞被稱為停止詞（stop word）。利用 NLTK 函式庫移除停止詞的程式碼如下所示：

```
text = "S&P and NASDAQ are the two most popular indices in US"

from nltk.corpus import stopwords
from nltk.tokenize import word_tokenize
stop_words = set(stopwords.words('english'))
text_tokens = word_tokenize(text)
tokens_without_sw= [word for word in text_tokens if not word in stop_words]

print(tokens_without_sw)
```

Output

```
['S', '&', 'P', 'NASDAQ', 'two', 'popular', 'indices', 'US']
```

我們首先載入語言模型並將其儲存在停止詞變數中。stopwords.words('english') 是 NLTK 中英文語言模型的一組預設停止詞。接下來，我們只需從頭到尾檢視輸入文字中的每個單字，如果該單字存在於 NLTK 語言模型的停止詞集裡，那麼就把該單字移除。正如我們所看到的，停止詞 *are* 和 *most*，都會從句子中移除。

1.3、詞幹擷取

詞幹擷取（*Stemming*）會將字尾變化（有時是衍生字）還原為詞幹、字基或字根形式（通常是單字形式）的過程。例如，如果我們對單字 *Stems, Stemming, Stemmed* 和 *Stemitization* 進行詞幹擷取，結果會是一個單字：*Stem*。利用 NLTK 函式庫進行詞幹擷取的程式碼如下所示：

```
text = "It's a Stemming testing"

parsed_text = word_tokenize(text)

# Initialize stemmer.
from nltk.stem.snowball import SnowballStemmer
```

```
stemmer = SnowballStemmer('english')

# Stem each word.
[(word, stemmer.stem(word)) for i, word in enumerate(parsed_text)
 if word.lower() != stemmer.stem(parsed_text[i])]
```

Output

```
[('Stemming', 'stem'), ('testing', 'test')]
```

1.4、詞形還原

詞形還原（*Lemmatization*）是詞幹擷取的一個小小的變形。這兩個處理程序之間主要的區別是，詞幹擷取通常會產生不存在的單字，而詞形則是真的有這個單字。詞形還原的一個例子是 *run* 為 *running* 和 *ran* 的字基，或者 *better* 和 *good* 被視為是同一個詞形。利用 TextBlob 函式庫進行詞形還原的程式碼如下所示：

```
text = "This world has a lot of faces "

from textblob import Word
parsed_data= TextBlob(text).words
[(word, word.lemmatize()) for i, word in enumerate(parsed_data)
 if word != parsed_data[i].lemmatize()]
```

Output

```
[('has', 'ha'), ('faces', 'face')]
```

1.5、詞性標註

詞性標註（*Part-of-speech tagging, PoS tagging*）是把文法的詞性（例如動詞、名詞等）指派給符記，以便理解它在句子中的作用。PoS 標註已經被用於各種 NLP 的任務，並且非常有用，因為它們提供了一種語言信號，表明一個字在片語、句子或文件的範圍內如何被使用。

將一個句子分成符記之後，用一個 PoS 標註器將每個符記賦給一個詞性類別，傳統上是用隱藏式馬可夫模型（hidden Markov model, HMM）（*https://oreil.ly/OpuRm*）來建立這樣的標記。最近，已經可以用人工類神經網路來完成。用 TextBlob 函式庫進行詞性標註的程式碼如下所示：

```
text = 'Google is looking at buying U.K. startup for $1 billion'
TextBlob(text).tags
```

Output

```
[('Google', 'NNP'),
 ('is', 'VBZ'),
 ('looking', 'VBG'),
 ('at', 'IN'),
 ('buying', 'VBG'),
 ('U.K.', 'NNP'),
 ('startup', 'NN'),
 ('for', 'IN'),
 ('1', 'CD'),
 ('billion', 'CD')]
```

1.6、命名實體識別

命名實體識別（*Named entity recognition, NER*）是資料前置處理中的下一個可選的步驟，目的是找出文字中的命名實體並將其分類為預先定義的類型。這些類型可以包括人員、組織、地點、時間、數量、貨幣價值或百分比的名稱。使用 spaCy 執行的 NER 如下所示：

```
text = 'Google is looking at buying U.K. startup for $1 billion'

for entity in nlp(text).ents:
    print("Entity: ", entity.text)
```

Output

```
Entity:  Google
Entity:  U.K.
Entity:  $1 billion
```

利用 display 模組視覺化在文字中的命名實體，如圖 10-2 所示，對於加快程式碼的開發和除錯以及訓練過程也會有極大的幫助：

```
from spacy import display
display.render(nlp(text), style="ent", jupyter = True)
```

Google ORG is looking at buying U.K. GPE startup for $1 billion MONEY

圖 10-2　NER 輸出

1.7、spaCy：一次性完成以上所有步驟

以上所有的前置處理步驟都可以用 spaCy 在一個步驟中執行。當我們在文字上呼叫 *nlp* 時，spaCy 首先將文字符記化來產生一個 *Doc* 物件，然後在幾個不同的步驟中處理該 *Doc*，這也被稱為**處理管線**。預設模型所使用的管線由一個**標註器**（*tagger*）、一個**剖析器**（*parser*）和一個**實體識別器**（*entity recognizer*）所組成，每個管線的元件傳回處理過後的 *Doc*，然後傳給下一個元件，如圖 10-3 所示。

圖 10-3　spaCy 管線（圖的來源為 spaCy 網站）（*https://oreil.ly/ZhMlp*）

```
Python code text = 'Google is looking at buying U.K. startup for $1 billion'
doc = nlp(text)
pd.DataFrame([[t.text, t.is_stop, t.lemma_, t.pos_]
             for t in doc],
            columns=['Token', 'is_stop_word', 'lemma', 'POS'])
```

Output

	Token	is_stop_word	lemma	POS
0	Google	False	Google	PROPN
1	is	True	be	VERB
2	looking	False	look	VERB
3	at	True	at	ADP
4	buying	False	buy	VERB
5	U.K.	False	U.K.	PROPN
6	startup	False	startup	NOUN
7	for	True	for	ADP
8	$	False	$	SYM
9	1	False	1	NUM
10	billion	False	billion	NUM

每個前置處理步驟的輸出如上表所示。鑑於 spaCy 能夠在一個步驟中執行大量與 NLP 相關的任務，因此強烈建議使用它。基於這個原因，我們將在案例研究中廣泛使用 spaCy。

除上述前置處理步驟外，還有其他常用的前置處理步驟，例如**轉換為小寫字母**或**移除非字母或數字的資料**，我們可以根據資料類型的需要執行這些步驟。例如，從網站上搜刮下來的資料必須進一步清理，包括移除 HTML 標記、PDF 報告中的資料必須轉換為文字格式等。

其他前置處理步驟的可選項包括依賴項剖析、共同參照解析、三詞性擷取和關係擷取：

依賴項剖析

為句子指定一個語法結構，以理解句子中的單字如何相互關聯。

共同參照解析

連接表示同一實體的符記的過程。在語言中，通常在一句話中用第一次出現的主詞以名稱來表示，然後在隨後的句子中用他 / 她 / 它來稱呼主詞。

三詞性擷取

在句子結構中記錄主詞、動詞和受詞三種詞性的過程。

關係擷取

三詞性擷取的一種更廣泛的形式，其中實體之間可以有多重交互作用。

只有當這些額外步驟有助於完成手頭的任務時，才應執行這些步驟。我們將在本章的案例研究中示範這些前置處理步驟的範例。

2、特徵表示法

絕大多數與 NLP 相關的資料，例如新聞報導文章、PDF 報告、社交媒體貼文和音訊檔案，都是為人類消費所建立的。因此，它通常以非結構化格式儲存，電腦無法輕鬆處理。為了將前置處理後的資訊傳給統計推論演算法，需要將符記轉換為預測特徵。模型用來把原始文字嵌入到向量空間。

特徵表示法涉及兩個方面：

* 已知詞彙表。
* 已知單字存在的衡量。

特徵表示法包括：

* 詞袋

- TF-IDF

- 單字嵌入

  — 預先訓練模型（例如 word2vec、GloVe（*https://oreil.ly/u9SZG*）、spaCy 的單字嵌入模型）

  — 客製化深度學習的特徵表示法[1]

讓我們進一步瞭解每種方法。

2.1、詞袋：字數

在自然語言處理中，有一種從文字中擷取特徵的常用技術是將文字中出現的所有單字放在一個桶子裡面。這種方法稱為詞袋（*bag of words*）模型。它之所以被稱為詞袋，是因為任何有關句子結構的資訊都會丟失。在這種技術中，我們從文字所組成的集合中建構一個矩陣，如圖 10-4 所示，其中每列表示一個符記，每行表示語料庫中的一個文件或句子。矩陣的值表示符記實例出現的次數。

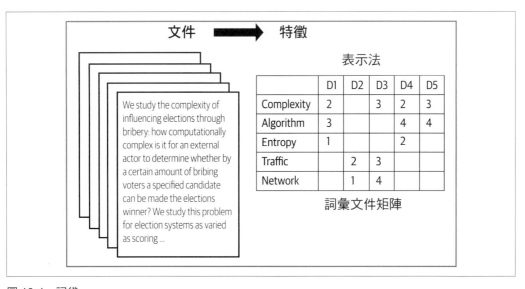

圖 10-4　詞袋

1　在本章的案例研究 1 中，建立了一個基於深度學習的個性化特徵表示模型。

sklearn 中的 CountVectorizer 提供了一種簡單的方法來把文字文件的集合符記化，並使用該詞彙對新文件進行編碼。fit_transform 函式從一個或多個文件中學習詞彙，並將單字中的每個文件編碼為向量：

```
sentences = [
'The stock price of google jumps on the earning data today',
'Google plunge on China Data!'
]
from sklearn.feature_extraction.text import CountVectorizer
vectorizer = CountVectorizer()
print( vectorizer.fit_transform(sentences).todense() )
print( vectorizer.vocabulary_ )
```

Output

```
[[0 1 1 1 1 1 1 0 1 1 2 1]
 [1 1 0 1 0 0 1 1 0 0 0 0]]
{'the': 10, 'stock': 9, 'price': 8, 'of': 5, 'google': 3, 'jumps':\
 4, 'on': 6, 'earning': 2, 'data': 1, 'today': 11, 'plunge': 7,\
 'china': 0}
```

我們可以看到一個編碼向量的陣列版本，它顯示除了 *the*（索引 10）出現兩次以外，其餘每個單字都出現一次。字數統計是一個很好的起點，但它們是非常基本的。簡單計數的一個問題是，雖然像 *the* 這類的單字會出現很多次，而它們所出現的次數在編碼向量中並不是很有意義。這些詞袋的表示法是稀疏的，因為詞彙非常巨大，而所給定的單字或文件將由主要為零的值所組成的大向量表示。

2.2、TF-IDF

另一種方法是計算詞頻，目前最流行的方法為**詞頻反向文件頻率**（*Term Frequency-Inverse Document Frequency, TF-IDF*）：

詞頻

這簡述了給定單字在文件中出現的頻率。

反向文件頻率

這樣可以減少跨文件中出現的大量單字。

簡單地說，TF-IDF 是一個單字頻率的分數，它試圖突顯更有趣的單字（即，頻繁出現在文件**中**，而不是**跨**文件）。*TfidfVectorizer* 將對文件進行符記化，學習詞彙表和反向文件頻率權重，並允許您對新文件進行編碼：

```
from sklearn.feature_extraction.text import TfidfVectorizer
vectorizer = TfidfVectorizer(max_features=1000, stop_words='english')
TFIDF = vectorizer.fit_transform(sentences)
print(vectorizer.get_feature_names()[-10:])
print(TFIDF.shape)
print(TFIDF.toarray())
```

Output

```
['china', 'data', 'earning', 'google', 'jumps', 'plunge', 'price', 'stock', \
'today']
(2, 9)
[[0.         0.29017021 0.4078241  0.29017021 0.4078241  0.
  0.4078241  0.4078241  0.4078241 ]
 [0.57615236 0.40993715 0.         0.40993715 0.         0.57615236
  0.         0.         0.        ]]
```

以上程式碼片段，從文件中學習了九個單字的詞彙。每個字在輸出向量中被指派一個唯一的整數索引。這些句子被編碼成一個九個元素的稀疏陣列，我們可以用與詞彙表中其他單字不同的值來查看每個單字的最後得分。

2.3、單字嵌入

單字嵌入（*Word embedding*）用密集向量表示法來表示單字和文件。在嵌入中，單字以密集向量表示，其中向量表示單字在連續向量空間中的投影。單字在向量空間中的位置是基於學習文字中的單字使用時圍繞在單字周圍的單字所得出，而單字在學習向量空間中的位置則稱為它的嵌入。

從文字中學習單字嵌入的一些模型包括 word2Vec、spaCy 前置訓練的單字嵌入模型和 GloVe。除了這些精心設計的方法，單字嵌入可以當作深度學習模型的一部分來學習。這可能是一種比較慢的方法，但是可以根據特定的訓練資料集來量身訂作模型。

2.3.1　前置訓練模型：藉由 spaCy

spaCy 內建了文字表示法，單字、句子和文件分別由不同等級的向量來表示。底層向量表示來自單字嵌入模型，該模型通常會產生單字的密集、多維語義表示法（如以下的範例所示）。單字嵌入模型包括 20,000 個 300 維的唯一向量。利用這個向量表示法，我們可以計算符記、命名實體、名詞片語、句子和文件之間的相似性和不相似性。

在 spaCy 中嵌入單字的方法是先載入模型，然後對文字進行處理。可以使用每個處理過的符記（即單字）的 .vector 屬性直接存取向量。整個句子的均值向量也能夠很容易地用向量計算出來，為基於句子的機器學習模型提供了非常方便的輸入：

```
doc = nlp("Apple orange cats dogs")
print("Vector representation of the sentence for first 10 features: \n", \
doc.vector[0:10])
```

Output:\

```
Vector representation of the sentence for first 10 features:
[ -0.30732775 0.22351399 -0.110111   -0.367025   -0.13430001
   0.13790375 -0.24379876 -0.10736975  0.2715925   1.3117325 ]
```

在輸出中顯示了前置訓練模型前 10 個特徵的句子向量表示法。

2.3.2 前置訓練模型：使用 gensim 套件中的 Word2Vec

用 gensim 套件（*https://oreil.ly/p9hOJ*）以 Python 實作的 word2vec 模型如下所示：

```
from gensim.models import Word2Vec

sentences = [
['The','stock','price', 'of', 'Google', 'increases'],
['Google','plunge',' on','China',' Data!']]

# train model
model = Word2Vec(sentences, min_count=1)

# summarize the loaded model
words = list(model.wv.vocab)
print(words)
print(model['Google'][1:5])
```

Output

```
['The', 'stock', 'price', 'of', 'Google', 'increases', 'plunge', ' on', 'China',\
' Data!']
[-1.7868265e-03 -7.6242397e-04  6.0105987e-05  3.5568199e-03
]
```

以上為前置訓練過的 word2vec 模型前五個特徵的向量表示法。

3、推論

和其他人工智慧任務一樣，NLP 應用程式所產生的推論通常需要轉化為決策，以便採取動作。推論不外乎前幾章所介紹的三種機器學習（即監督式、非監督式和強化學習）。雖然需要哪一種推論類型取決於業務面的問題和訓練資料的種類，但最常用的還是監督式和非監督式演算法。

NLP 中最常用的監督式方法之一是**單純貝式**（*Naive Bayes*）模型，因為它可以透過簡單的假設產生合理的精確度。另一種較複雜的監督式方法是用人工類神經網路架構。在過去的幾年中，這些架構，例如遞迴類神經網路（recurrent neural network, RNN），已經主導了基於 NLP 的推論。

現有的 NLP 文獻大多集中在監督式學習。因此，非監督式學習應用構成了一個相對發展較慢的子領域，其中衡量**文件相似性**是最常見的任務之一。在 NLP 中，一種流行的非監督式技術是**潛在語義分析**（*Latent Semantic Analysis, LSA*）。LSA 透過產生一組與文件和術語相關的潛在概念，來查看一組文件及其所包含的單字之間的關係。LSA 為更複雜的**潛在狄利克利配置**（*Latent Dirichlet Allocation, LDA*）方法鋪平了道路，在這種方法下，文件被建模為主題的有限混合體。這些主題依次被建模為詞彙表中單字的有限混合體。LDA 已廣泛用於**主題建模**，這是一個不斷增長的研究領域，NLP 從業者透過建構機率生成模型來揭示單字可能的主題屬性。

由於我們在前幾章中探討了許多監督式和非監督式學習模型，因此我們將在下一節中僅提供關於單純貝式和 LDA 模型的細節。這些在 NLP 中被廣泛使用，但在前幾章中並未涉及。

3.1、監督式學習範例：單純貝式

單純貝式是基於應用**貝式定理** *(https://oreil.ly/bVeZK)* 的一系列演算法，並具有強（單純）假設，即用來預測給定樣本類型的每個特徵都獨立於其他特徵。它們是機率分類器，因此將使用貝氏定理計算每種類型的機率，再輸出機率最高的類型。

在 NLP 中，單純貝氏做法是假設在給定類別標籤的情況下，所有單字特徵都是相互獨立的。由於這種簡化的假設，單純貝氏與詞袋單字表示法十分相容，並且在許多 NLP 應用中被證明是快速、可靠和準確的。此外，雖然單純貝氏簡化了假設，但它也能與更複雜的分類器競爭（有時甚至勝過後者）。

我們來看看在情緒分析問題中如何使用單純貝氏進行推論。我們取一個資料框，其中有兩個句子，每個句子都有情緒。在下一步中，我們用 CountVectorizer 把句子轉換成特徵表示法，這些特徵和情緒被用來以單純貝氏訓練和測試模型：

```
sentences = [
'The stock price of google jumps on the earning data today',
'Google plunge on China Data!']
sentiment = (1, 0)
data = pd.DataFrame({'Sentence':sentences,
        'sentiment':sentiment})

# feature extraction
from sklearn.feature_extraction.text import CountVectorizer
vect = CountVectorizer().fit(data['Sentence'])
X_train_vectorized = vect.transform(data['Sentence'])

# Running naive bayes model
from sklearn.naive_bayes import MultinomialNB
clfrNB = MultinomialNB(alpha=0.1)
clfrNB.fit(X_train_vectorized, data['sentiment'])

#Testing the model
preds = clfrNB.predict(vect.transform(['Apple price plunge',\
 'Amazon price jumps']))
preds
```

Output

```
array([0, 1])
```

我們可以看到，單純貝氏從這兩句話中很好地訓練了模型。該模型所給出的測試句子「蘋果價格暴跌」和「亞馬遜價格暴漲」的情緒分別為 0 和 1，因為用來訓練的句子也有「暴跌」和「暴漲」的關鍵字，並且有相對應的情緒指定分配。

3.2、非監督式學習範例：LDA

由於 LDA 很容易產生有意義而且人類可以解釋的主題、將主題指派給新文件、並且可以擴充，因此被廣泛用於主題建模。LDA 的工作原理是先做出一個關鍵假設：首先選擇一個主題，然後為每個主題（一組單字）產生一組演算法，然後對這個過程進行反向工程，以便在文件中找到主題。

以下程式碼片段示範了用於主題建模的 LDA 的實作。我們將兩個句子用 CountVectorizer 轉換成一個特徵表示法，再把這些特徵和情緒用來訓練模型並產生兩個較小的矩陣來表示主題：

```
sentences = [
'The stock price of google jumps on the earning data today',
'Google plunge on China Data!'
]

#Getting the bag of words
from sklearn.decomposition import LatentDirichletAllocation
vect=CountVectorizer(ngram_range=(1, 1),stop_words='english')
sentences_vec=vect.fit_transform(sentences)

#Running LDA on the bag of words.
from sklearn.feature_extraction.text import CountVectorizer
lda=LatentDirichletAllocation(n_components=3)
lda.fit_transform(sentences_vec)
```

Output

```
array([[0.04283242, 0.91209846, 0.04506912],
       [0.06793339, 0.07059533, 0.86147128]])
```

在本章的第三個案例研究中，我們將用 LDA 進行主題建模，並將詳細討論概念和解釋。

複習一下，為了處理任何基於 NLP 的問題，我們需要遵循前置處理、特徵擷取和推論步驟。現在，我們來深入探討案例研究。

案例研究 1：基於 NLP 和情緒分析的交易策略

自然語言處理提供了量化文字的能力。人們可以開始問這樣的問題：這條新聞是正面的還是負面的？我們如何量化詞語？

也許 NLP 最值得注意的應用是它在演算法交易中的應用。NLP 提供了一種有效的手段來監測市場情緒。透過應用基於 NLP 的情緒分析技術對新聞文章、報導、社交媒體或其他網頁內容進行分析，可以有效地確定這些來源的情緒得分是正還是負。情緒得分可以當作一個方向性的信號，買進得分為正的股票，賣出得分為負的股票。

隨著非結構化資料量的增加，基於文字資料的交易策略變得越來越流行。在本案例研究中，我們將探討如何使用基於 NLP 的情緒來建構交易策略。

本案例研究的重點在於：

- 利用監督式和非監督式演算法產生新聞情緒。

- 利用深度學習模型（例如 LSTM）加強情緒分析。

- 比較不同的情緒產生方法，以便建立交易策略。

- 在交易策略中有效地利用情緒和詞彙向量作為特徵。

- 收集來自不同來源的資料，並進行情緒分析的前置處理。

- 使用 Python 的 NLP 套件進行情緒分析。

- 利用現有的 Python 套件建構一個框架，用來對交易策略的結果進行回溯測試。

本案例研究結合了前幾章提出的概念，整體模型建立步驟與先前案例研究中的七步模型建立步驟相似，只是稍作修改。

 基於情緒分析建構交易策略的藍圖

1、問題定義

我們的目標是：（1）利用 NLP 從新聞標題中擷取資訊，（2）為這些資訊指派情緒，（3）利用情緒分析來建構交易策略。

本案例研究所使用的資料將來自以下來源：

新聞標題是從幾個新聞網站的 *RSS* 串流中收集的資料

本案例研究將只看標題，而非故事的全文。資料集包含了從 2011 年 5 月到 2018 年 12 月的 82,000 條新聞標題 [2]。

雅虎財經網站股票資料

本案例研究所使用的股票報酬率資料來自雅虎財經價格資料。

---

2 新聞可以透過一個簡單的 Python 網頁抓取程式下載，該程式使用 Beautiful Soup 等套件。讀者應與網站交談或遵循其服務條款，以便將新聞用於商業目的。

Kaggle（*https://www.kaggle.com*）

我們將利用新聞情緒的標籤資料建立一個基於分類的情緒分析模型。請注意，此資料可能不完全適用於手頭上的案例，此處的目的只是用來示範。

股市詞庫

詞庫（*Lexicon*）指的是 NLP 系統的一個元件，它包含了有關個別單字或字串的資訊（語義、語法）。這是根據微博服務中的股市對話所創建[3]。

本案例研究的關鍵步驟如圖 10-5 所示。

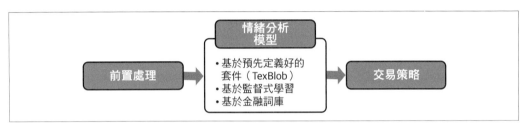

圖 10-5　基於情緒分析的交易策略步驟

一旦完成了前置處理，我們將看看不同的情緒分析模型，情緒分析步驟的結果將用於制定交易策略。

2、預備：載入資料和 Python 套件

2.1、載入 Python 套件。　要載入的第一組函式庫是上面所討論的特定 NLP 函式庫。有關其他函式庫的細節，請參閱本案例研究的 Jupyter Notebook。

```
from textblob import TextBlob
import spacy
import nltk
import warnings
from nltk.sentiment.vader import SentimentIntensityAnalyzer
nltk.download('vader_lexicon')
nlp = spacy.load("en_core_web_lg")
```

3　該詞庫來自 Nuno Oliveira、Paulo Cortez 和 Nelson Areal 所合著的「利用微博資料和統計方法取得股市情緒詞庫」，決策支援系統，第 85 期（2016 年 3 月）：pp.62-73。

2.2、載入資料。 這個步驟是從 Yahoo Finance 載入股票價格資料。我們選取了 10 檔股票作為研究物件，這些股票是標準普爾 500 指數中市場佔有率最大的股票：

```
tickers = ['AAPL','MSFT','AMZN','GOOG','FB','WMT','JPM','TSLA','NFLX','ADBE']
start = '2010-01-01'
end = '2018-12-31'
df_ticker_return = pd.DataFrame()
for ticker in tickers:
    ticker_yf = yf.Ticker(ticker)
    if df_ticker_return.empty:
        df_ticker_return = ticker_yf.history(start = start, end = end)
        df_ticker_return['ticker']= ticker
    else:
        data_temp = ticker_yf.history(start = start, end = end)
        data_temp['ticker']= ticker
        df_ticker_return = df_ticker_return.append(data_temp)
df_ticker_return.to_csv(r'Data\Step3.2_ReturnData.csv')
```

Output

Date	Open	High	Low	Close	Volume	Dividends	Stock Splits	ticker
2010-01-04	26.40	26.53	26.27	26.47	123432400	0.0	0.0	AAPL
2010-01-05	26.54	26.66	26.37	26.51	150476200	0.0	0.0	AAPL

這些資料包含股票的價格和成交量資料以及它們的股票代號。下一步，我們將查看新聞資料。

3、資料準備

在這個步驟中，我們載入並對新聞資料進行前置處理，然後將新聞資料與股票報酬率資料相結合。此組合資料集將用於模型開發。

3.1、新聞資料前置處理。 新聞資料是從新聞 RSS 串流下載的，檔案為 JSON 格式，不同日期的 JSON 檔儲存在一個壓縮檔夾之下。資料是用標準 Python 網頁抓取套件 Beautiful Soup 開源框架下載的。來看看下載的 JSON 檔的內容：

```
z = zipfile.ZipFile("Data/Raw Headline Data.zip", "r")
testFile=z.namelist()[10]
fileData= z.open(testFile).read()
fileDataSample = json.loads(fileData)['content'][1:500]
fileDataSample
```

Output

```
'li class="n-box-item date-title" data-end="1305172799" data-start="1305086400"
data-txt="Tuesday, December 17, 2019">Wednesday, May 11,2011</li><li
class="n-box-item sa-box-item" data-id="76179" data-ts="1305149244"><div
class="media media-overflow-fix"><div class="media-left"><a class="box-ticker"
href="/symbol/CSCO" target="blank">CSCO</a></div><div class="media-body"<h4
class="media-heading"><a href="/news/76179" sasource="on_the_move_news_
fidelity" target="_blank">Cisco (NASDAQ:CSCO): Pr'
```

我們可以看到 JSON 格式不適合該演算法。我們需要從 JSON 格式取得新聞，Regex 成為這一步的關鍵。Regex 可以在原始的、混亂的文字中找出一個樣式，並執行相對應的動作。以下函數用 JSON 檔中編碼的資訊來剖析 HTML：

```python
def jsonParser(json_data):
    xml_data = json_data['content']

    tree = etree.parse(StringIO(xml_data), parser=etree.HTMLParser())

    headlines = tree.xpath("//h4[contains(@class, 'media-heading')]/a/text()")
    assert len(headlines) == json_data['count']

    main_tickers = list(map(lambda x: x.replace('/symbol/', ''),\
            tree.xpath("//div[contains(@class, 'media-left')]//a/@href")))
    assert len(main_tickers) == json_data['count']
    final_headlines = [''.join(f.xpath('.//text()')) for f in\
            tree.xpath("//div[contains(@class, 'media-body')]/ul/li[1]")]
    if len(final_headlines) == 0:
        final_headlines = [''.join(f.xpath('.//text()')) for f in\
            tree.xpath("//div[contains(@class, 'media-body')]")]
        final_headlines = [f.replace(h, '').split('\xa0')[0].strip()\
                        for f,h in zip (final_headlines, headlines)]
    return main_tickers, final_headlines
```

我們來看看執行 JSON 剖析器後的輸出：

```python
jsonParser(json.loads(fileData))[1][1]
```

Output

```
'Cisco Systems (NASDAQ:CSCO) falls further into the red on FQ4
 guidance of $0.37-0.39 vs. $0.42 Street consensus. Sales seen flat
 to +2% vs. 8% Street view. CSCO recently -2.1%.'
```

如我們所見，在 JSON 剖析之後，輸出會被轉換成更容易讀取的格式。

在對情緒分析模型進行評價的同時，我們還分析了情緒與後續股票表現之間的關係。為了理解這種關係，我們使用了對應於事件的報酬。我們這樣做是因為有時候新聞報導比較落後（也就是說，在市場參與者意識到新聞發佈之後）或在市場收盤後。稍微寬一點的視窗可以確保我們捕捉到事件的本質。**事件報酬**的定義為：

$$R_{t-1} + R_t + R_{t+1}$$

其中 R_{t-1}, R_{t+1} 為新聞資料前後的報酬，R_t 為新聞發佈當天（即時間 t）的報酬。

我們從資料中擷取事件報酬：

```
#Computing the return
df_ticker_return['ret_curr'] = df_ticker_return['Close'].pct_change()
#Computing the event return
df_ticker_return['eventRet'] = df_ticker_return['ret_curr']\
 + df_ticker_return['ret_curr'].shift(-1) + df_ticker_return['ret_curr'].shift(1)
```

現在我們有了所有的資料。我們將準備一個組合資料框，把新聞標題映射到日期、報酬（事件報酬、目前報酬和次日報酬）和股票行情，此資料框將用來建構情緒分析模型和交易策略：

```
combinedDataFrame = pd.merge(data_df_news, df_ticker_return, how='left', \
left_on=['date','ticker'], right_on=['date','ticker'])
combinedDataFrame = combinedDataFrame[combinedDataFrame['ticker'].isin(tickers)]
data_df = combinedDataFrame[['ticker','headline','date','eventRet','Close']]
data_df = data_df.dropna()
data_df.head(2)
```

Output

	ticker	headline	date	eventRet	Close
5	AMZN	Whole Foods (WFMI) –5.2% following a downgrade…	2011-05-02	0.017650	201.19
11	NFLX	Netflix (NFLX +1.1%) shares post early gains a…	2011-05-02	–0.013003	33.88

來看看資料的整體形狀：

```
print(data_df.shape, data_df.ticker.unique().shape)
```

Output

```
(2759, 5) (10,)
```

我們在這個步驟準備了一個乾淨的資料框，其中包含股票代號、標題、事件報酬、和指定日期的報酬，以及 10 檔股票的未來報酬，總共 2,759 列資料。接著我們來評估一下情緒分析的模型。

4、評估情緒分析模型

在本節中，我們將介紹以下三種計算新聞情緒的方法：

- 預先定義模型：TextBlob 套件
- 調校後模型：分類演算法和 LSTM
- 基於金融詞庫的模型

我們來一一介紹這些步驟。

4.1、預定義模型 TextBlob 套件。 TextBlob 的 sentiment 函式為一個基於單純貝氏分類演算法的前置訓練模型。該函式會把電影評論[4]中經常出現的形容詞映射到 -1 到 +1（從負到正）的情緒極性分數，並將句子轉換為數值。我們在所有的標題文章中都用這個，取得新聞文字情緒的範例如下所示：

```
text = "Bayer (OTCPK:BAYRY) started the week up 3.5% to €74/share in Frankfurt, \
touching their
highest level in 14 months, after the U.S. government said \
 a $25M glyphosate decision against the
company should be reversed."

TextBlob(text).sentiment.polarity
```

Output

```
0.5
```

該報導的情緒值為 0.5，我們將此應用於資料中所有的標題：

```
data_df['sentiment_textblob'] = [TextBlob(s).sentiment.polarity for s in \
data_df['headline']]
```

---

4 在接下來的部分，我們還對財務資料訓練了一個情緒分析模型，並將結果與 TextBlob 模型進行比較。

我們檢視一下情緒和報酬的散點圖，以推究所有 10 檔股票中兩兩之間的相關性。

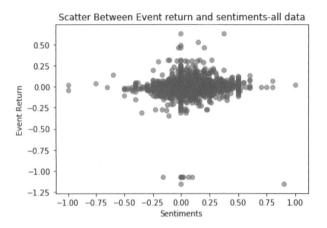

下表還顯示了單一股票（APPL）的繪圖（有關程式碼的更多細節，請參閱本書 GitHub 儲存庫的 Jupyter Notebook 中的程式碼）：

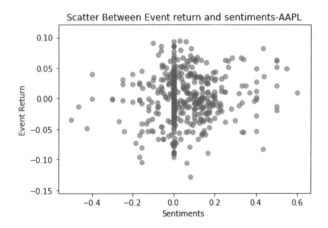

從這些散點圖中，我們可以看出，新聞與情緒之間並沒有很強的聯繫。報酬率與情緒呈顯著正相關（4.27%），表示正面情緒的新聞會帶來正的報酬，這是可以預期的，但相關性並不是很高。即使是看整體散點圖，我們看到大多數的情緒都集中在零左右。這就提出了一個問題：在電影評論上訓練的情緒評分是否適合股價。sentiment_assessments 屬性會列出每個符記底層的值，可以幫助我們理解句子整體情緒的原因：

```
text = "Bayer (OTCPK:BAYRY) started the week up 3.5% to €74/share\
in Frankfurt, touching their highest level in 14 months, after the\
```

```
U.S. government said a $25M glyphosate decision against the company\
should be reversed."
TextBlob(text).sentiment_assessments
```

Output

```
Sentiment(polarity=0.5, subjectivity=0.5, assessments=[(['touching'], 0.5, 0.5, \
None)])
```

我們看到該報導的正面情緒為 0.5，但似乎「感動」（touching）一詞引發了正面情緒。
更直觀的詞，例如「高」（high）則不會引發正面情緒。這個例子透露了訓練資料的前
後文對於情緒得分的意義是重要的。有許多預先定義的套件和函式可用於情緒分析，但
在使用函式或演算法進行情緒分析之前，務必小心並徹底瞭解問題的前後文。

對於本案例研究，我們可能需要對金融新聞進行情緒訓練。下一步我們來看看。

4.2、監督式學習分類演算法與 LSTM。 我們在這個步驟中建立了一個基於可用標籤
資料的情緒分析定製化模型，標籤資料來源為 Kaggle 網站（*https://www.kaggle.com*）：

```
sentiments_data = pd.read_csv(r'Data\LabelledNewsData.csv', \
encoding="ISO-8859-1")
sentiments_data.head(1)
```

Output

	datetime	headline	ticker	sentiment
0	1/16/2020 5:25	$MMM fell on hard times but could be set to re…	MMM	0
1	1/11/2020 6:43	Wolfe Research Upgrades 3M $MMM to ¡§Peer Perf…	MMM	1

該資料涵蓋了 30 檔不同股票的新聞標題，總計 9,470 列，並將情緒標籤設為 0 和 1。我
們利用第 6 章所介紹的分類模型建立範本來進行分類的步驟。

為了執行監督式學習模型，我們首先需要將新聞標題轉換為特徵表示法。對於本練習，
底層向量表示法來自 *spaCy* 單字嵌入模型，這通常會產生密集、多維語義單字表示
法（如以下的範例所示）。單字嵌入模型包括 20,000 個獨立向量，每個向量的維度為
300。我們將此應用於所有上一個步驟處理過的資料標題：

```
all_vectors = pd.np.array([pd.np.array([token.vector for token in nlp(s) ]).\
mean(axis=0)*pd.np.ones((300))\
  for s in sentiments_data['headline']])
```

既然我們已經準備好了獨立變數，就可以按照第 6 章所討論的類似方式訓練分類模型。我們將情緒標記為 0 或 1 當作因變數。我們首先將資料分成訓練集和測試集，並執行關鍵分類模型（即 logistic 迴歸、CART、SVM、隨機森林和人工類神經網路）。

我們還將在考慮的模型清單中包括基於 RNN 的 LSTM 模型[5]。基於 RNN 的模型在 NLP 中有很好的表現，因為它既儲存了目前特徵的資訊，也儲存了用來預測的相鄰特徵的資訊。它維持了基於過去資訊的記憶，使得模型能夠根據長距離特徵預測目前輸出，並在整個句子的前後文中查看單字，而不是簡單地查看個別單字。

為了能夠將資料餵到 LSTM 模型中，所有輸入文件必須具有相同的長度。我們利用 Keras 的 tokenizer 函式對字串進行符記化，然後用 texts_to_sequences 產生單字序列，更多細節可以在 Keras 網站上找到（*https://oreil.ly/2YS-P*）。我們將利用空值（0）來截斷較長的評論和補齊較短的評論，以限制最大評論長度。我們可以利用同樣是在 Keras 中的 pad_sequences 函式來實現這一點。第三個參數是 *input_length*（設為 50），這是每個註釋序列的長度：

```
### Create sequence
vocabulary_size = 20000
tokenizer = Tokenizer(num_words= vocabulary_size)
tokenizer.fit_on_texts(sentiments_data['headline'])
sequences = tokenizer.texts_to_sequences(sentiments_data['headline'])
X_LSTM = pad_sequences(sequences, maxlen=50)
```

在以下的程式碼片段中，我們用 Keras 函式庫建構了一個基於底層 LSTM 模型的人工類神經網路分類器。網路從一個嵌入層開始。這一層令系統將每個符記擴展為一個更大的向量，進而允許網路以有意義的方式表示一個單字。該層將 20,000 當作第一個參數（即詞彙表的大小），300 當作第二個輸入參數（即嵌入的維度）。最後，假設這是一個分類問題，並且輸出必須標記為 0 或 1，KerasClassifier 函式則是當作 LSTM 模型的包裝器，以產生成二進位（零或一）的輸出：

```
from keras.wrappers.scikit_learn import KerasClassifier
def create_model(input_length=50):
    model = Sequential()
    model.add(Embedding(20000, 300, input_length=50))
    model.add(LSTM(100, dropout=0.2, recurrent_dropout=0.2))
    model.add(Dense(1, activation='sigmoid'))
    model.compile(loss='binary_crossentropy', optimizer='adam', \
    metrics=['accuracy'])
    return model
```

5　有關 RNN 模型的更多細節，請參閱第 5 章。

```
model_LSTM = KerasClassifier(build_fn=create_model, epochs=3, verbose=1, \
    validation_split=0.4)
model_LSTM.fit(X_train_LSTM, Y_train_LSTM)
```

所有機器學習模型的比較如下：

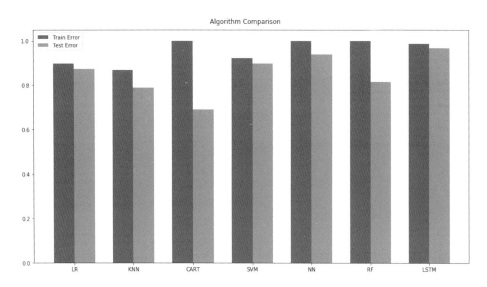

正如預期的那樣，與所有其他模型相比，LSTM 模型在測試集中的表現最好（準確率為 96.7%）。至於類神經網路的表現，在訓練集的準確率為 99%，而在測試集的準確率為 93.8%，與基於 LSTM 的模型相當。隨機森林（RF）、支援向量機（SVM）和 logistic 迴歸（LR）的表現也是合理的。CART 和 KNN 的表現不如其他模型，其中 CART 有過度擬合的現象。讓我們在以下步驟中使用 LSTM 模型來計算資料中的情緒。

4.3、基於金融詞庫的非監督式模型。 在本案例研究中，我們用一個適用於微博服務中的股市對話詞庫裡的單字和情緒來更新 VADER 詞庫：

詞庫

專門為分析情緒而編撰的字典或詞彙。大多數詞庫都有一個肯定詞和否定詞的**極性**單字列表，還有一些與之相關的分數。利用各種技術，例如單字的位置、周圍的單字、前後文、詞性和片語，將分數指派給我們要計算情緒的文字文件，把這些分數相加即可得到最後的結論：

情緒推論的效價感知字典（*VADER*）

NLTK 套件中的一個預先建構的情緒分析模型。它可以給出文字樣本的正負極性得分以及情緒強度。NLTK 是以規則為基礎的，而且非常依賴人類所評價的文字。這些是單字或任何文本形式的溝通，根據其語義取向給予正面或負面的標籤。

這個詞彙資源是利用不同的統計方法和來自 StockTwits 的大量標籤訊息所自動建立的，StockTwits 是一個社交媒體平台，旨在讓投資者、交易員和企業家分享想法[6]。情緒的值介於 -1 和 1 之間，類似於 TextBlob 中的情緒。在以下的程式碼片段中，我們會根據金融情緒來訓練模型：

```
# stock market lexicon
sia = SentimentIntensityAnalyzer()
stock_lex = pd.read_csv('Data/lexicon_data/stock_lex.csv')
stock_lex['sentiment'] = (stock_lex['Aff_Score'] + stock_lex['Neg_Score'])/2
stock_lex = dict(zip(stock_lex.Item, stock_lex.sentiment))
stock_lex = {k:v for k,v in stock_lex.items() if len(k.split(' '))==1}
stock_lex_scaled = {}
for k, v in stock_lex.items():
    if v > 0:
        stock_lex_scaled[k] = v / max(stock_lex.values()) * 4
    else:
        stock_lex_scaled[k] = v / min(stock_lex.values()) * -4

final_lex = {}
final_lex.update(stock_lex_scaled)
final_lex.update(sia.lexicon)
sia.lexicon = final_lex
```

我們來檢查一下一條新聞的情緒：

```
text = "AAPL is trading higher after reporting its October sales\
rose 12.6% M/M. It has seen a 20%+ jump in orders"

sia.polarity_scores(text)['compound']
```

Output

```
0.4535
```

---

6 該詞庫來自 Nuno Oliveira、Paulo Cortez 和 Nelson Areal 所合著的「利用微博資料和統計方法取得股市情緒詞庫」，決策支援系統，第 85 期（2016 年 3 月）：pp.62-73。

我們從資料集中得到所有新聞標題的情緒：

```
vader_sentiments = pd.np.array([sia.polarity_scores(s)['compound']\
    for s in data_df['headline']])
```

來看看報酬和情緒之間的關係，這是使用基於詞庫的方法對整個資料集來進行計算。

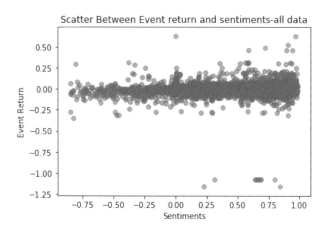

情緒得分較低的高報酬案例並不多，但資料可能並不十分清楚。我們將在下一節更深入地比較不同類型的情緒分析。

4.4、探索性資料分析與比較。 在本節中，我們將比較使用上述不同技術計算的情緒。我們來看看三種不同方法中的標題和情緒的範例，然後進行視覺分析：

	ticker	headline	sentiment_textblob	sentiment_LSTM	sentiment_lex
4620	TSM	TSMC (TSM +1.8%) is trading higher after reporting its October sales rose 12.6% M/M. DigiTimes adds TSMC has seen a 20%+ jump in orders from QCOM, NVDA, SPRD, and Mediatek. The numbers suggest TSMC could beat its Q4 guidance (though December tends to be weak), and that chip demand could be stabilizing after getting hit hard by inventory corrections. (earlier) (UMC sales)	0.036667	1	0.5478

看看其中一個標題，從這句話的情緒是正面的。然而，TextBlob 情緒結果的幅度較小，表示情緒較為中性。這一點可以追溯到之前的假設，即基於電影情緒訓練的模型對於股票情緒可能並不準確。基於分類的模型正確地表明情緒是正面的，但它是二元的。Sentiment_lex 具有更直觀的輸出和顯著的正面情緒。

我們回顧一下不同方法的所有情緒與報酬的相關性：

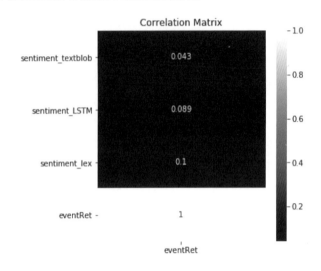

所有的情緒都與報酬有正相關的關係，這是直覺和預料中的。詞庫法的預測結果最高，說明詞彙法能夠較好地預測股票的事件的報酬率。回想一下，這種方法利用了模型中的金融術語。基於 LSTM 的方法也比 TextBlob 方法有更好的表現，但是與基於詞庫的方法相比表現稍差。

來看看該方法在不同股票上市公司的表現。我們選擇了幾個市值最高的股票上市公司進行分析：

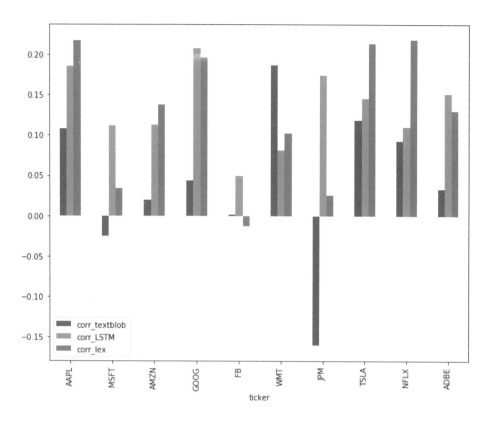

從圖表上看，詞庫法的相關性在所有股票上市公司中最高，這證實了前面分析得出的結論，也意味著使用詞庫法可以最好地預測報酬。基於 TextBlob 的情緒在某些情況下顯示出不直觀的結果，例如 JPM。

我們來比較一下 AMZN 和 GOOG 用了詞庫法和 TextBlob 法之後的散點圖，我們先把基於 LSTM 的方法放在一邊，因為二元情緒在散點圖中並沒有什麼意義：

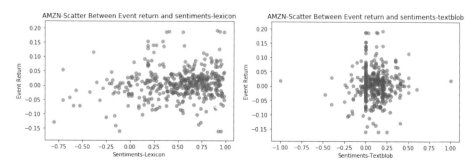

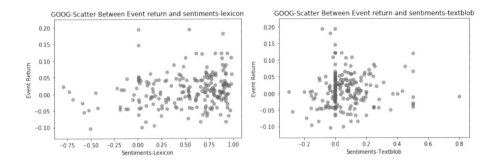

左側以詞庫為基礎的情緒呈現出情緒與報酬之間的正相關關係，有一些報酬最高的點與最正面的消息有關。此外，散點圖在使用詞庫法時比 TextBlob 分佈更為均勻。TextBlob 的情緒集中在 0 左右，可能是因為該模型無法很好地對金融情緒進行分類。對於交易策略，我們將使用基於詞庫的情緒，因為根據本節的分析，這些是最合適的。基於 LSTM 的情緒也很好，但它們要麼被標記為零，要麼被標記為一，因此較為精細的詞庫法是情緒分析的首選。

5、建立交易策略的模型評估

情緒資料可以透過各種方式用來建構交易策略。情緒可以作為一個獨立的信號來決定買進、賣出或持有行為。情緒得分或單字向量也可以用來預測股票的報酬或價格，這個預測可以用來建立一個交易策略。

本節將展示根據以下方式買賣股票的交易策略：

- 當情緒得分（目前情緒得分 / 之前情緒得分）變化大於 0.5 時買進股票。當情緒得分變化小於 -0.5 時賣出股票。這裡所用的情緒得分是基於上一步計算的基於詞庫的情緒。

- 除了情緒之外，我們在做買進或賣出決定時使用基於過去 15 天的移動平均線。

- 每次交易（即買賣）為 100 股，可交易的初始金額設定為 10 萬美元。

策略閾值、批次大小和初始資本可以根據策略的績效來調整。

5.1、制定策略。 為了建立交易策略，我們使用了一個方便的基於 Python 的 *backtrader* 框架來實作和回測交易策略。backtrader 可以讓我們撰寫可重複使用的交易策略、指標和分析器，而不必花時間建構基礎架構。我們利用 backtrader 說明文件（*https://oreil.ly/lyYs4*）中的快速啟動程式碼作為基礎，並將其調整為基於情緒的交易策略。

以下程式碼片段總結了策略的買賣邏輯，具體實作請參閱本案例研究的 Jupyter Notebook：

```
# buy if current close more than simple moving average (sma)
# AND sentiment increased by >= 0.5
if self.dataclose[0] > self.sma[0] and self.sentiment - prev_sentiment >= 0.5:
  self.order = self.buy()

# sell if current close less than simple moving average(sma)
# AND sentiment decreased by >= 0.5
if self.dataclose[0] < self.sma[0] and self.sentiment - prev_sentiment <= -0.5:
  self.order = self.sell()
```

5.2、個股績效。 首先，看看對 GOOG 執行我們的策略的結果：

```
ticker = 'GOOG'
run_strategy(ticker, start = '2012-01-01', end = '2018-12-12')
```

輸出顯示某些日期的交易日誌和最後的報酬：

Output

```
Starting Portfolio Value: 100000.00
2013-01-10, Previous Sentiment 0.08, New Sentiment 0.80 BUY CREATE, 369.36
2014-07-17, Previous Sentiment 0.73, New Sentiment -0.22 SELL CREATE, 572.16
2014-07-18, OPERATION PROFIT, GROSS 22177.00, NET 22177.00
2014-07-18, Previous Sentiment -0.22, New Sentiment 0.77 BUY CREATE, 593.45
2014-09-12, Previous Sentiment 0.66, New Sentiment -0.05 SELL CREATE, 574.04
2014-09-15, OPERATION PROFIT, GROSS -1876.00, NET -1876.00
2015-07-17, Previous Sentiment 0.01, New Sentiment 0.90 BUY CREATE, 672.93
  .
  .
  .
2018-12-11, Ending Value 149719.00
```

我們在 backtrader 套件所產生的下圖中分析回溯測試結果。有關此圖表的詳細說明，請參閱本案例研究的 Jupyter Notebook。

結果顯示總利潤為 49,719 美元，這個圖表是 backtrader 套件所產生的典型圖表[7]，分為四個面板：

頂部面板

最上面的面板是**現金價值觀測面板**，它在回測執行的生命週期內追蹤現金和投資組合總價值。本次執行結果，以 10 萬美元開始，並以 149,719 美元結束。

第二個面板

此面板是顯示每筆交易的已實現損益的**交易觀察面板**。所謂一筆交易指的是從建立部位到所有部位平倉成為空手（直接平倉，或反手從作多到作空，或從作空到作多）。從這個面板看來，這個策略對八分之五的交易是有利可圖的。

第三個面板

這個面板是**買賣觀察面板**，它指出在哪裡進行了買進和賣出的動作。通常我們會看到買進動作發生在股價上漲時，而賣出動作發生在股價開始下跌時。

---

7 請參閱 backtrader 網站的繪圖部分（*https://oreil.ly/j2pT0*）以獲取有關 backtrader 的圖表和面板的更多細節。

底部面板

這個面板顯示情緒得分，介於 -1 和 1 之間。

現在我們選擇買進動作被觸發的其中一天（2015-07-17），並分析 Google 在這一天和前一天的新聞：

```
GOOG_ticker= data_df[data_df['ticker'].isin([ticker])]
New= list(GOOG_ticker[GOOG_ticker['date'] == '2015-07-17']['headline'])
Old= list(GOOG_ticker[GOOG_ticker['date'] == '2015-07-16']['headline'])
print("Current News:",New,"\n\n","Previous News:", Old)
```

Output

```
Current News: ["Axiom Securities has upgraded Google (GOOG +13.4%, GOOGL +14.8%)
to Buy following the company's Q2 beat and investor-pleasing comments about
spending discipline, potential capital returns, and YouTube/mobile growth. MKM
has launched coverage at Buy, and plenty of other firms have hiked their targets.
Google's market cap is now above $450B."]

Previous News: ["While Google's (GOOG, GOOGL) Q2 revenue slightly missed
estimates when factoring traffic acquisitions costs (TAC), its ex-TAC revenue of
$14.35B was slightly above a $14.3B consensus. The reason: TAC fell to 21% of ad
revenue from Q1's 22% and Q2 2014's 23%. That also, of course, helped EPS beat
estimates.", 'Google (NASDAQ:GOOG): QC2 EPS of $6.99 beats by $0.28.']
```

顯然，這一天的新聞提到了 Google 的升級，這是一個正面的新聞。前一天的新聞提到營收不如預期，這是負面新聞。因此，在選定的這一天，新聞情緒發生了重大變化，導致交易演算法觸發了買進動作。

接下來，對 FB 執行我們的策略：

```
ticker = 'FB'
run_strategy(ticker, start = '2012-01-01', end = '2018-12-12')
```

Output

```
Start Portfolio value: 100000.00
Final Portfolio Value: 108041.00
Profit: 8041.00
```

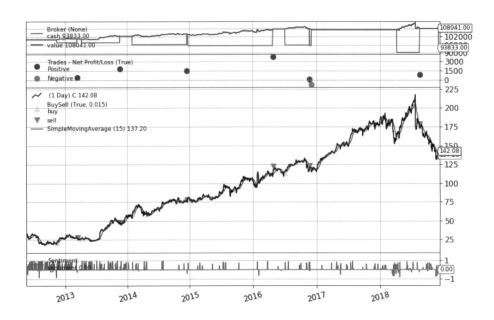

該策略的回測結果詳情如下：

頂部面板

現金價值面板顯示總共獲利為 8,041 美元。

第二個面板

交易觀察面板顯示，七分之六的行動是有利可圖的。

第三個面板

買進／賣出觀察面板顯示，通常買進（賣出）動作發生在股價上漲（下跌）時。

底部面板

顯示在 2013-2014 年期間，對 FB 表現出了大量的正面情緒。

5.3、多檔股票的結果。 在上一步中，我們對個股執行了交易策略。在這裡，我們對所有 10 檔我們計算情緒的股票進行了分析：

```
results_tickers = {}
for ticker in tickers:
    results_tickers[ticker] = run_strategy(ticker, start = '2012-01-01', \
    end = '2018-12-12')
```

```
pd.DataFrame.from_dict(results_tickers).set_index(\
    [pd.Index(["PerUnitStartPrice", StrategyProfit'])])
```

Output

	AAPL	MSFT	AMZN	GOOG	FB	WMT	JPM	TSLA	NFLX	ADBE
PerUnitStartPrice	50.86	21.96	179.03	331.46	38.23	48.78	27.31	28.08	10.32	28.57
StrategyProfit	3735.00	4067.00	75377.00	49719.00	8041.00	1152.00	2014.00	15755.00	25181.00	17027.00

這個策略表現相當好，所有股票整體來說都有獲利。如前所述，每次買進賣出都是以 100 股為單位。因此，所用的美元金額與股票價格成比例。我們看到 AMZN 和 GOOG 的利潤最高，這主要是由於這些股票的價格比較高，它們的投資額也相對較高。除了整體利潤，一些其他指標，例如夏普比率和最大虧，可以用來分析績效。

5.4、改變策略時間段。 在前面的分析中，我們以從 2011 年到 2018 年的時間區段進行回溯測試。在這個步驟中，為了進一步分析我們策略的有效性，我們改變了回溯測試的時間區段並分析了結果。首先，對 2012 年至 2014 年期間的所有股票執行我們的策略：

```
results_tickers = {}
for ticker in tickers:
    results_tickers[ticker] = run_strategy(ticker, start = '2012-01-01', \
        end = '2014-12-31')
```

Output

	AAPL	MSFT	AMZN	GOOG	FB	WMT	JPM	TSLA	NFLX	ADBE
StockPriceBeginning	50.86	21.96	179.03	331.46	38.23	48.78	27.31	28.08	10.32	28.57
StrategyProfit	2794.00	617.00	-2873.00	23191.00	3528.00	-313.00	2472.00	11994.00	2712.00	3367.00

這個策略除了 AMZN 和 WMT 以外所有的股票整體都有獲利。現在，我們在 2016 年至 2018 年間實施這一策略：

```
results_tickers = {}
for ticker in tickers:
    results_tickers[ticker] = run_strategy(ticker, start = '2016-01-01', \
        end = '2018-12-31')
```

Output

	AAPL	MSFT	AMZN	GOOG	FB	WMT	JPM	TSLA	NFLX	ADBE
PerUnitStartPrice	97.95	50.26	636.99	741.84	102.22	54.97	55.84	223.41	109.96	91.97
StrategyProfit	-262.00	3324.00	67454.00	31430.00	648.00	657.00	0.00	10886.00	25020.00	12551.00

我們在除了 AAPL 以外的所有股票中都看到了基於情緒的策略的良好表現，我們可以得出結論，它在不同的時間段表現相當好。策略可以透過修改交易規則或批次大小進行調整，還可以用其他度量來瞭解策略的績效。這些情緒還可以與其他特徵一起使用，例如預測的相關變數和技術指標。

結論

本案例研究了將非結構化資料轉換為結構化資料，然後用 NLP 工具進行分析和預測的各種方法。我們已經示範了三種不同的方法，包括用深度學習模型來建立計算情緒的模型。我們對這些模型進行了比較，得出結論：訓練情緒分析模型的最重要步驟之一是使用特定領域的詞彙表。

我們還利用 spaCy 的一個預先訓練好的英文模型將一個句子轉化為情緒，並將情緒作為信號來制定交易策略。初步結果顯示，基於金融詞庫的情緒訓練模型可以證明是一個可行的交易策略模型。透過使用更複雜的前置訓練情緒分析模型（例如 Google 的 BERT），或開放源碼平台上可用的不同前置訓練 NLP 模型，可以對此進行更進一步的改進。現有的 NLP 函式庫填充補一些前置處理和寫程式的步驟，讓我們能夠專注於推論步驟。

我們可以在交易策略的基礎上加入更多的相關變數、技術指標，甚至透過使用基於更相關金融文字資料的更複雜的前置處理步驟和模型改進情緒分析。

案例研究 2：聊天機器人數位助理

聊天機器人（*Chatbot*）是用自然語言與使用者保持對話的電腦程式。它們可以理解使用者的意圖，並根據組織的業務規則和資料送出回應。這些聊天機器人利用深度學習和 NLP 來處理語言，讓它們能夠理解人類的語言。

越來越多的金融服務領域正在實作聊天機器人。銀行機器人讓消費者能夠檢查他們的餘額、轉帳、支付帳單等。經紀機器人讓消費者能夠找到投資選擇、進行投資、並追蹤餘額。客戶支援機器人提供即時回應，顯著提高客戶滿意度。新聞機器人提供個性化的目前事件資訊，而企業機器人則讓員工得以檢查休假餘額、記錄開支、檢查庫存餘額和批准交易。除了自動化協助客戶和員工的流程之外，聊天機器人還可以幫助金融機構取得有關其客戶的資訊。這種 bot 現象有可能會廣泛地顛覆金融業的許多領域。

根據 bot 的程式設計方式，我們可以將聊天機器人分為兩種變形：

基於規則型

這種聊天機器人是根據規則訓練的，不會透過交談來學習，有時可能無法回答定義規則之外的複雜查詢。

自學型

這種類型的機器人依靠 ML 和 AI 技術與使用者對話，自學型的聊天機器人可進一步分為基於檢索型和生成性：

基於檢索型

這些聊天機器人經過訓練，可以從一組有限的事先定義的回應中對最佳回應進行排序。

生成的

這些聊天機器人不是用事先定義的回應來建構。相反地，他們是用大量以前的對話來訓練，因此需要大量的會話資料來訓練。

在本案例研究中，我們將設計一個能夠回答金融問題的自學型聊天機器人雛型。

本案例研究的重點是：

- 利用 NLP 為聊天機器人建構客製化的邏輯和規則剖析器。
- 瞭解建構聊天機器人所需準備的資料。
- 瞭解聊天機器人的基本組成單元。
- 利用現成的 Python 套件和語料庫，用幾行程式碼來訓練聊天機器人。

利用 NLP 建立客製化聊天機器人的藍圖

1、問題定義

本案例研究的目的是建立一個由 NLP 支援的會話聊天機器人的雛型,這個聊天機器人的主要目的是幫助使用者檢索特定公司的財務比率。這類聊天機器人的設計目的是快速檢索有關股票或工具的詳細資訊,幫助使用者做出交易決策。

除了檢索財務比率之外,聊天機器人還可以與使用者進行隨意交談、執行基本的數學計算,並從用來訓練它的列表中提供問題的答案。我們打算使用 Python 套件和函式來建立 chatbot,並客製化 chatbot 架構的幾個元件以符合我們的需求。

本案例創建的 chatbot 雛型目的在瞭解使用者的輸入和意圖,並檢索他們正在尋找的資訊。把這個小的雛型略為增強,就能作為銀行、經紀或客戶支援中的資訊檢索 bot。

2、預備:載入函式庫

在本案例研究中,我們將使用兩個基於文字的函式庫:spaCy 和 ChatterBot(*https://oreil.ly/_1DPE*)。spaCy 之前已經介紹過;ChatterBot 是一個 Python 函式庫,用來打造簡單的 chatbot,所需寫的程式碼最少。

一個未經訓練的 ChatterBot 實例一開始並不知道如何溝通。每次使用者輸入語句時,該函式庫都會保存輸入和回應的文字。隨著 ChatterBot 接收到更多的輸入,它可以提供的回應數量和這些回應的準確性都會增加。程式透過搜尋與輸入最匹配的已知語句來選擇回應。然後,根據 bot 與之溝通的人所做出每個回應的頻率,傳回對該語句最可能的回應。

2.1、載入函式庫。 我們用以下 Python 程式碼匯入 spaCy:

```
import spacy #Custom NER model.
from spacy.util import minibatch, compounding
```

ChatterBot 函式庫包含 LogicAdapter、ChatterBotCorpusTrainer、和 ListTrainer 模組。
我們的 bot 利用這些模組來建構出對使用者查詢的回應。首先，我們匯入以下內容：

```
from chatterbot import ChatBot
from chatterbot.logic import LogicAdapter
from chatterbot.trainers import ChatterBotCorpusTrainer
from chatterbot.trainers import ListTrainer
```

本練習中有用到的其他函式庫如下所示：

```
import random
from itertools import product
```

在我們把注意力轉向客製化的 chatbot 之前，我們先用 ChatterBot 套件的預設特徵建立
一個 chatbot。

3、訓練預設聊天機器人

ChatterBot 和許多其他 chatbot 套件都附帶了一個可以用來訓練 chatbot 的資料公用程式
模組，以下是我們將使用的 ChatterBot 元件：

邏輯配接器

邏輯配接器決定了 ChatterBot 對於給定輸入語句要如何選擇回應的邏輯，您可以提
供任意數量的邏輯配接器供 bot 使用。以下範例使用兩種內建配接器：**最佳匹配**傳
回最為人所知的回應，而**數學求值**則執行數學運算。

前置處理器

ChatterBot 的前置處理器是一些簡單的函式，這些函式在邏輯配接器處理 ChatterBot
接收的輸入語句之前修改該語句。可以客製化前置處理器來執行不同的前置處理步
驟，例如符記化和詞形還原，以便獲得乾淨和經過處理的資料。在以下的範例中，
使用了預設的 clean_whitespace 前置處理器來清理空白。

語料庫訓練

ChatterBot 附帶了一個語料庫資料和公用程式模組，可以很方便地快速訓練 bot 來進
行溝通。我們使用現有的**英文**、**英文．問候語**、和**英文．對話**語料庫來訓練聊天機
器人。

列舉訓練

就像語料庫訓練一樣，我們利用可以使用 *ListTrainer* 訓練的對話來訓練聊天機器人。在以下的範例中，我們使用一些範例命令來訓練聊天機器人。聊天機器人可以用大量的會話資料來進行訓練。

```
chatB = ChatBot("Trader",
                preprocessors=['chatterbot.preprocessors.clean_whitespace'],
                logic_adapters=['chatterbot.logic.BestMatch',
                                'chatterbot.logic.MathematicalEvaluation'])

# Corpus Training
trainerCorpus = ChatterBotCorpusTrainer(chatB)

# Train based on English Corpus
trainerCorpus.train(
    "chatterbot.corpus.english"
)
# Train based on english greetings corpus
trainerCorpus.train("chatterbot.corpus.english.greetings")

# Train based on the english conversations corpus
trainerCorpus.train("chatterbot.corpus.english.conversations")

trainerConversation = ListTrainer(chatB)
# Train based on conversations

# List training
trainerConversation.train([
    'Help!',
    'Please go to google.com',
    'What is Bitcoin?',
    'It is a decentralized digital currency'
])

# You can train with a second list of data to add response variations
trainerConversation.train([
    'What is Bitcoin?',
    'Bitcoin is a cryptocurrency.'
])
```

一旦聊天機器人經過訓練之後，我們就可以透過以下對話來測試訓練過的聊天機器人：

```
>Hi
How are you doing?
```

```
>I am doing well.
That is good to hear

>What is 78964 plus 5970
78964 plus 5970 = 84934

>what is a dollar
dollar: unit of currency in the united states.

>What is Bitcoin?
It is a decentralized digital currency

>Help!
Please go to google.com

>Tell me a joke
Did you hear the one about the mountain goats in the andes? It was "ba a a a d".

>What is Bitcoin?
Bitcoin is a cryptocurrency.
```

在本例中，我們看到一個對輸入做出直觀回應的聊天機器人。前兩個答案是由於英文問候語和英文對話語料庫的訓練。此外，對於說個笑話給我聽和什麼是一美元的反應是由於對英文語料庫的訓練。第四行的計算是 chatbot 在 MathematicalEvaluation 邏輯配接器上訓練的結果。對於救命啊！和什麼是比特幣的回應是客製化列舉訓練器的結果。此外，由於我們使用列舉教練來訓練，對於什麼是比特幣？我們看到兩種不同的答覆。

接下來，我們將繼續打造一個 chatbot，該 chatbot 的設計是利用客製化的邏輯配接器來提供財務比率。

4、資料準備：客製化聊天機器人

我們希望聊天機器人能夠識別並且將細微不同的查詢分組。例如，有人在查詢 *Apple Inc.* 公司時只想輸入 *Apple*，此時我們希望將其對應到股票代號 *AAPL*。透過使用以下詞典，可以建構用來參照公司的常用措詞：

```
companies = {
    'AAPL': ['Apple', 'Apple Inc'],
    'BAC': ['BAML', 'BofA', 'Bank of America'],
    'C': ['Citi', 'Citibank'],
    'DAL': ['Delta', 'Delta Airlines']
}
```

同樣，我們要建立一個財務比率用詞的對應：

```
ratios = {
    'return-on-equity-ttm': ['ROE', 'Return on Equity'],
    'cash-from-operations-quarterly': ['CFO', 'Cash Flow from Operations'],
    'pe-ratio-ttm': ['PE', 'Price to equity', 'pe ratio'],
    'revenue-ttm': ['Sales', 'Revenue'],
}
```

這個字典的鍵可以用來對應到內部系統或 API。最後，我們希望使用者能夠以多種格式的措詞來提出請求。如果使用者說「給我 *[公司]* 的 *[比率]*」，應該被視為和「*[公司]* 的 *[比率]* 是多少？*」差不多，我們透過建立一個如下的清單來為模型建構這些句子的範本：

```
string_templates = ['Get me the {ratio} for {company}',
                    'What is the {ratio} for {company}?',
                    'Tell me the {ratio} for {company}',
                    ]
```

4.1、資料結構。 我們透過建立反向字典來建構模型：

```
companies_rev = {}
for k, v in companies.items():
  for ve in v:
      companies_rev[ve] = k
  ratios_rev = {}
  for k, v in ratios.items():
        for ve in v:
              ratios_rev[ve] = k
companies_list = list(companies_rev.keys())
ratios_list = list(ratios_rev.keys())
```

接下來，我們為模型建立範例語句。我們打造一個函式，給我們一個隨機的句子結構，詢問一個隨機公司的隨機財務比率。我們將在 spaCy 框架中建立一個自訂命名實體識別模型。這需要訓練模型在範例句子中擷取單字或片語。為了訓練 spaCy 模型，我們需要為它提供一個範例，例如 (*給我花旗的股東權益報酬率*，{" *實體* ": [(11, 14, RATIO), (19, 23, COMPANY)]}) 。

4.2、訓練資料。 訓練範例的第一部分是句子，第二部分是由實體和標籤的起始和結束索引所組成的字典：

```
N_training_samples = 100
def get_training_sample(string_templates, ratios_list, companies_list):
  string_template=string_templates[random.randint(0, len(string_templates)-1)]
```

```
        ratio = ratios_list[random.randint(0, len(ratios_list)-1)]
        company = companies_list[random.randint(0, len(companies_list)-1)]
        sent = string_template.format(ratio=ratio,company=company)
        ents = {"entities": [(sent.index(ratio), sent.index(ratio)+\
    len(ratio), 'RATIO'),
                        (sent.index(company), sent.index(company)+len(company), \
                        'COMPANY')]}
            return (sent, ents)
```

定義訓練資料：

```
    TRAIN_DATA = [
    get_training_sample(string_templates, ratios_list, companies_list) \
    for i in range(N_training_samples)
    ]
```

5、模型建立與訓練

一旦我們有了訓練資料，就可以在 spaCy 中建立一個**空白**模型。spaCy 的模型是基於統計的，這些模型所做的每一個決定，例如，要指派哪個詞性標籤，或者單字是否為命名實體，都是一種預測。這個預測是基於模型在訓練中看到的例子。要訓練模型，首先要訓練文字的資料範例和希望模型預測的標籤。這可以是詞性標記、命名實體或者是任何其他資訊。然後，模型顯示未標記的文字並進行預測。因為我們知道正確的答案，所以我們可以用損失函數的**誤差梯度**形式給出模型對其預測的回饋，這會計算訓練範例和預期輸出之間的差異，如圖 10-6 所示。差異越大，梯度就越顯著，表示我們需要對模型進行更多的更新。

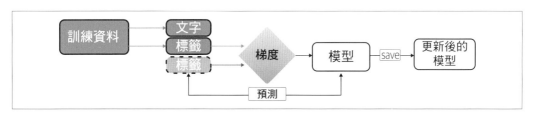

圖 10-6　spaCy 中基於機器學習的訓練

```
    nlp = spacy.blank("en")
```

接下來，為模型建立 NER 管線：

```
    ner = nlp.create_pipe("ner")
    nlp.add_pipe(ner)
```

然後，加入我們所使用的訓練標籤。

```
ner.add_label('RATIO')
ner.add_label('COMPANY')
```

5.1、模型最佳化函式。

現在我們開始把模型最佳化：

```
optimizer = nlp.begin_training()
move_names = list(ner.move_names)
pipe_exceptions = ["ner", "trf_wordpiecer", "trf_tok2vec"]
other_pipes = [pipe for pipe in nlp.pipe_names if pipe not in pipe_exceptions]
with nlp.disable_pipes(*other_pipes):  # only train NER
    sizes = compounding(1.0, 4.0, 1.001)
    # batch up the examples using spaCy's minibatch
    for itn in range(30):
        random.shuffle(TRAIN_DATA)
        batches = minibatch(TRAIN_DATA, size=sizes)
        losses = {}
        for batch in batches:
            texts, annotations = zip(*batch)
            nlp.update(texts, annotations, sgd=optimizer,
            drop=0.35, losses=losses)
        print("Losses", losses)
```

訓練 NER 模型類似於更新每個符記的權重。最重要的步驟是使用一個好的最佳化器。我們所提供的 spaCy 訓練資料的範例越多，它在識別一般化的結果方面就越好。

5.2、客製化邏輯配接器。

接下來，我們建構客製化邏輯配接器：

```
from chatterbot.conversation import Statement
class FinancialRatioAdapter(LogicAdapter):
    def __init__(self, chatbot, **kwargs):
        super(FinancialRatioAdapter, self).__init__(chatbot, **kwargs)
    def process(self, statement, additional_response_selection_parameters):
        user_input = statement.text
        doc = nlp(user_input)
        company = None
        ratio = None
        confidence = 0
        # We need exactly 1 company and one ratio
        if len(doc.ents) == 2:
         for ent in doc.ents:
```

```
            if ent.label_ == "RATIO":
                ratio = ent.text
              if ratio in ratios_rev:
                  confidence += 0.5
          if ent.label_ == "COMPANY":
              company = ent.text
              if company in companies_rev:
                  confidence += 0.5
    if confidence > 0.99: (its found a ratio and company)
     outtext = '''https://www.zacks.com/stock/chart\
            /{comanpy}/fundamental/{ratio} '''.format(ratio=ratios_rev[ratio]\
              , company=companies_rev[company])
     confidence = 1
    else:
     outtext = 'Sorry! Could not figure out what the user wants'
     confidence = 0
    output_statement = Statement(text=outtext)
    output_statement.confidence = confidence
    return output_statement
```

有了這個客製化的邏輯配接器，我們的 chatbot 會取得每個輸入的語句，並嘗試用 NER 模型來識別 *RATIO* 和 / 或 *COMPANY*。如果模型恰好找到一個 *COMOPANY* 和一個 *RATIO*，就會建構一個 URL 來指引使用者。

5.3、模型使用：訓練和測試。

現在，我們利用以下匯入，開始使用聊天機器人：

```
from chatterbot import ChatBot
```

我們透過將上面建立的 `FinancialRatioAdapter` 邏輯配接器添加到 chatbot 來建構 chatbot。雖然以下的程式碼片段只顯示了添加 `FinancialRatioAdapter`，不過請注意，完整程式還包括 chatbot 先前訓練中使用的其他邏輯配接器、清單和語料庫。更多細節請參閱本案例研究的 Jupyter Notebook。

```
chatbot = ChatBot(
      "My ChatterBot",
      logic_adapters=[
        'financial_ratio_adapter.FinancialRatioAdapter'
    ]
)
```

現在我們用以下語句測試聊天機器人：

```
converse()

>What is ROE for Citibank?
https://www.zacks.com/stock/chart/C/fundamental/return-on-equity-ttm

>Tell me PE for Delta?
https://www.zacks.com/stock/chart/DAL/fundamental/pe-ratio-ttm

>What is Bitcoin?
It is a decentralized digital currency

>Help!
Please go to google.com

>What is 786940 plus 75869
786940 plus 75869 = 862809

>Do you like dogs?
Sorry! Could not figure out what the user wants
```

如上所示，chatbot 的客製化邏輯配接器使用我們的 NLP 模型在語句中找到一個 *RATIO* 和 / 或 COMPANY。如果檢測到恰好一對，則模型將建構一個 URL 來引導使用者找到答案。此外，其他邏輯配接器（如數學求值）也按預期正常運作。

結論

總括而言，本案例研究介紹了 chatbot 建置的許多面向。

使用 Python 中的 ChatterBot 函式庫可以讓我們建構一個簡單的介面來解析使用者輸入。為了訓練一個空白模型，必須有一個大量的訓練資料集。在本案例研究中，我們查看了可用的樣式，並用它們產生訓練樣本。取得適當數量的訓練資料通常是建構客製化聊天機器人最困難的部分。

本案例研究只是一個示範專案，若要將其擴展到各式各樣的任務，應將每個元件進行大幅的改進。可以添加額外的前置處理步驟來處理更乾淨的資料。為了從我們的 bot 產生對輸入問題的回應，可以進一步細化邏輯，以包含更好的相似性度量和嵌入。chatbot 可以使用更先進的 ML 技術在更大的資料集上進行訓練。可以使用一系列客製化邏輯配接器來建構更複雜的 ChatterBot。這樣可以推廣到更有趣的任務，例如從資料庫檢索資訊或者要求使用者提供更多輸入。

案例研究 3：文件摘要

文件摘要是指選擇文獻中最重要的觀點和主題，並對其進行綜合整理。如前所述，銀行和其他金融服務機構的分析師仔細研究、分析並試圖量化來自新聞、報告和文件的定性資料。利用 NLP 的文件摘要可以為這種分析和解釋提供深入的支援。當針對財務文件（例如盈利報告和財務新聞）進行客製化時，有助於分析師快速從內容中獲取關鍵主題和市場信號。文件摘要還可用來改進報告工作，並可及時更新關鍵事項。

在 NLP 中，主題模型（例如本章前面介紹的 LDA）是擷取複雜、可解釋文字特徵最常用的工具。這些模型可以顯示來自大量文件所成集合的關鍵主題、中心思想、信號等，並且可以有效地用於文件摘要。

> 本案例研究的重點將著重於：
>
> - 實作主題建模的 LDA 模型。
> - 瞭解必要的資料準備（例如，轉換一個與 NLP 相關的問題的 PDF）。
> - 主題視覺化。

 ## 利用 NLP 進行文件摘要的藍圖

1、問題定義

本案例研究的目的是如何有效地利用 LDA 從上市公司的財報電話會議記錄中發現共同話題。與其他方法相比，這種技術的核心優勢之一是不需要事先瞭解主題。

2、預備：載入資料和 Python 套件

2.1、載入 Python 套件。 對於本案例研究，我們將從 PDF 中擷取文字。因此，利用 Python 函式庫 *pdf-miner* 來將 PDF 檔轉換為文字格式。另外還匯入了用於特徵擷取和主題建模的函式庫，而用於視覺化的函式庫將在案例研究的後面載入：

```
Libraries for pdf conversion
    from pdfminer.pdfinterp import PDFResourceManager, PDFPageInterpreter
    from pdfminer.converter import TextConverter
```

```
from pdfminer.layout import LAParams
from pdfminer.pdfpage import PDFPage
import re
from io import StringIO
```

Libraries for feature extraction and topic modeling

```
from sklearn.feature_extraction.text import CountVectorizer,TfidfVectorizer
from sklearn.decomposition import LatentDirichletAllocation
from sklearn.feature_extraction.stop_words import ENGLISH_STOP_WORDS
```

Other libraries

```
import numpy as np
import pandas as pd
```

3、資料準備

以下所定義的 convert_pdf_to_txt 函式從 PDF 文件中擷取除了影像以外的所有字元。
該函式只是單純的接收 PDF 文件、從文件中擷取所有字元、並將所擷取的文字輸出為
Python 的字串所組成的串列：

```
def convert_pdf_to_txt(path):
    rsrcmgr = PDFResourceManager()
    retstr = StringIO()
    laparams = LAParams()
    device = TextConverter(rsrcmgr, retstr, laparams=laparams)
    fp = open(path, 'rb')
    interpreter = PDFPageInterpreter(rsrcmgr, device)
    password = ""
    maxpages = 0
    caching = True
    pagenos=set()

    for page in PDFPage.get_pages(fp, pagenos,\
            maxpages=maxpages, password=password,caching=caching,\
            check_extractable=True):
        interpreter.process_page(page)

    text = retstr.getvalue()

    fp.close()
    device.close()
    retstr.close()
    return text
```

在下一步中，使用上述函式將 PDF 轉換為文字並儲存在文字檔中：

```
Document=convert_pdf_to_txt('10K.pdf')
f=open('Finance10k.txt','w')
f.write(Document)
f.close()
with open('Finance10k.txt') as f:
    clean_cont = f.read().splitlines()
```

我們來看看原始文件：

```
clean_cont[1:15]
```

Output

```
[' ',
 '',
 'SECURITIES AND EXCHANGE COMMISSION',
 ' ',
 '',
 'Washington, D.C. 20549',
 ' ',
 '',
 '\xa0',
 'FORM ',
 '\xa0',
 '',
 'QUARTERLY REPORT PURSUANT TO SECTION 13 OR 15(d) OF',
 ' ']
```

從 PDF 文件中所擷取的文字包含需要刪除的不具資訊價值的字元。這些字元降低了我們模型的有效性，因為它們提供了不必要的計數比率。以下函式使用一系列常規表達式（*regex*）搜尋以及串列生成式（list comprehension）來把不具資訊價值的字元替換成空白：

```
doc=[i.replace('\xe2\x80\x9c', '') for i in clean_cont ]
doc=[i.replace('\xe2\x80\x9d', '') for i in doc ]
doc=[i.replace('\xe2\x80\x99s', '') for i in doc ]

docs = [x for x in doc if x != ' ']
docss = [x for x in docs if x != '']
financedoc=[re.sub("[^a-zA-Z]+", " ", s) for s in docss]
```

4、模型建構和訓練

來自 sklearn 模組的 CountVectorizer 函式與最小的參數調校一起使用，來把乾淨的文件以**文件詞項矩陣**（*document term matrix*）表示，因為我們的建模要求字串要以整數來表示。CountVectorizer 顯示刪除停止字元後串列中某個單字出現的次數。為了檢查資料集，文件詞項矩陣被格式化為一個資料框，這個資料框顯示文件中每個詞項的單字出現計數：

```
vect=CountVectorizer(ngram_range=(1, 1),stop_words='english')
fin=vect.fit_transform(financedoc)
```

在下一步中，文件詞項矩陣將作為主題建模 LDA 演算法的輸入資料。該演算法適合用來分離五個不同的主題前後文，如以下程式碼所示。這個值可以根據從建模中獲得的細微性等級來進行調整：

```
lda=LatentDirichletAllocation(n_components=5)
lda.fit_transform(fin)
lda_dtf=lda.fit_transform(fin)

sorting=np.argsort(lda.components_)[:, ::-1]
features=np.array(vect.get_feature_names())
```

以下程式碼利用 *mglearn* 函式庫來顯示每一個特定主題模型內的前 10 個單字。

```
import mglearn
mglearn.tools.print_topics(topics=range(5), feature_names=features,
sorting=sorting, topics_per_chunk=5, n_words=10)
```

Output

topic 1	topic 2	topic 3	topic 4	topic 5
assets	quarter	loans	securities	value
balance	million	mortgage	rate	total
losses	risk	loan	investment	income
credit	capital	commercial	contracts	net
period	months	total	credit	fair
derivatives	financial	real	market	billion
liabilities	management	estate	federal	equity
derivative	billion	securities	stock	september
allowance	ended	consumer	debt	december
average	september	backed	sales	table

表中的每個主題都代表一個更廣泛的主題。然而,考慮到我們只在一個文件上訓練模型,跨主題的主軸可能彼此不是很明顯。

從更廣泛的主軸來看,主題 2 討論了與資產估值相關的季度、月份和貨幣單位。主題 3 揭示了房地產、抵押貸款和相關工具的收入資訊。主題 5 還有與資產評估相關的詞項。主題 1 涉及資產負債表項目和衍生性商品。主題 4 與專題 1 稍有相似,有與投資過程相關的詞項。

就整體主軸而言,主題 2 和主題 5 與其他主題截然不同。根據最上面的單字,主題 1 和主題 4 之間可能也有一些相似之處。在下一節中,我們將嘗試用 Python 函式庫 *pyLDAvis* 來理解這些主題之間的區隔。

5、主題視覺化

在本節中,我們將使用不同的技術對主題進行視覺化。

5.1、主題視覺化。 主題視覺化有助於利用人的判斷來評估主題的品質。*pyLDAvis* 是一個顯示主題之間全域關係的函式庫,同時還透過檢查與每個主題最密切相關的詞項,以及與每個詞項相反相關的主題來促進它們的語義評估。它還解決了文件中經常使用的詞項在定義主題的單字的分佈中占主導地位的問題。

以下,*pyLDAvis* 用於視覺化主題模型:

```
from __future__ import print_function
import pyLDAvis
import pyLDAvis.sklearn

zit=pyLDAvis.sklearn.prepare(lda,fin,vect)
pyLDAvis.show(zit)
```

Output

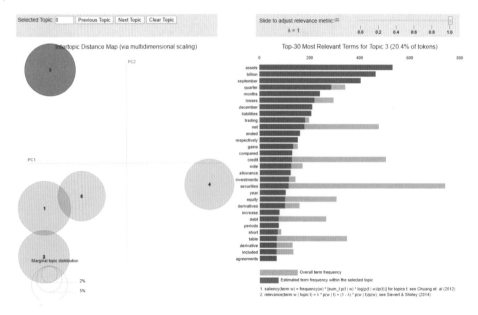

我們注意到主題 2 和主題 5 彼此距離很遠，這是我們在上一節中從總體主軸和這些主題下的單字清單中所觀察到的。主題 1 和主題 4 非常接近，這驗證了我們上面的觀察。這些密切相關的主題應該進行更複雜的分析，如果需要的話可以結合起來。如圖右側面板所示，每個主題下詞項的相關性也可以用來理解差異。雖然主題 3 與其他專題相距甚遠，不過主題 3 和主題 4 也相對接近。

5.2、單字雲。 在這個步驟中，我們為整個文件產生一個單字雲，以標註文件中最常出現的詞項：

```
#Loading the additional packages for word cloud
from os import path
from PIL import Image
import numpy as np
import matplotlib.pyplot as plt
from wordcloud import WordCloud,STOPWORDS

#Loading the document and generating the word cloud
d = path.dirname(__name__)
text = open(path.join(d, 'Finance10k.txt')).read()

stopwords = set(STOPWORDS)
wc = WordCloud(background_color="black", max_words=2000, stopwords=stopwords)
```

```
wc.generate(text)

plt.figure(figsize=(16,13))
plt.imshow(wc, interpolation='bilinear')
plt.axis("off")
plt.show()
```

Output

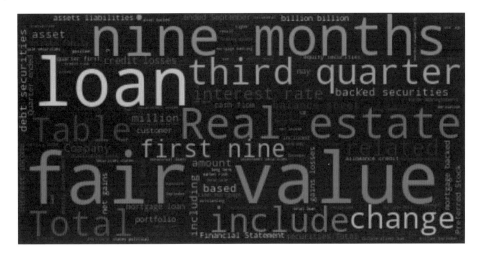

單字雲通常與主題建模的結果一致，因為經常出現的單字較大也較粗，例如貸款、房地產、第三季度和公允價值等。

透過整合上述步驟中的資訊，我們可以得出文件所代表的主題清單。對於我們案例研究中的文件，我們看到像第三季度、前九個月和九個月這樣的字經常出現。在單字清單中，有幾個與資產負債表項目相關的主題。因此，這份文件可能是一份第三季度財務資產負債表，其中列出了該季度的所有信貸和資產價值。

結論

本案例研究探討了如何利用主題建模來深入瞭解文件的內容。我們示範了 LDA 模型的用法，該模型會擷取合理的主題，並允許我們以自動化的方式獲得對大量文字的初步理解。

我們從 PDF 格式的文件中擷取文字並且做進一步的資料前置處理。其結果，連同視覺化，證明了主題是直觀而且有意義的。

本案例研究大致上示範了機器學習和 NLP 如何應用於許多領域，例如投資分析、資產建模、風險管理和法規遵從性，以總結文件、新聞和報告，進而大幅減少人工處理。鑒於這種快速存取和驗證相關過濾資訊的能力，分析師可能得以提供更全面、資訊更豐富的報告，管理階層也可以根據這些報告做出決策。

本章摘要

NLP 領域已經取得了重大進展，由 NLP 所產生出來的技術已經並將繼續徹底改變金融機構的運作方式。在短期內，我們可能會看到基於 NLP 的技術在不同金融領域的增長，包括資產管理、風險管理和流程自動化。採用和理解 NLP 方法和相關基礎架構對金融機構非常重要。

總體而言，本章透過案例研究介紹的 Python、機器學習和金融界的概念，可以作為任何其他基於 NLP 的金融問題的藍圖。

練習

- 利用案例研究 1 中的概念，使用基於 NLP 的技術，用 Twitter 資料制定交易策略。
- 在案例研究 1 中，利用 word2vec 單字嵌入方法產生單字向量，並將其納入交易策略。
- 利用案例研究 2 中的概念，測試更多的 chatbot 邏輯配接器。
- 利用案例研究 3 中的概念，對特定一天的一組財經新聞文章進行主題建模，並檢索當天的關鍵主題。

索引

※ 提醒您：由於翻譯書排版的關係，部份索引名詞的對應頁碼會和實際頁碼有一頁之差。

關於作者

哈里歐姆・塔薩特（Hariom Tatsat） 目前在紐約一家投資銀行的計量分析部門擔任副總裁。Hariom 在多家全球投資銀行和金融機構的預測建模、金融商品定價和風險管理領域擁有豐富的計量分析經驗。他在印度哈拉格普爾（IIT Kharagpur）完成了學士學位，並在加州大學伯克萊分校（UC Berkeley）完成了碩士學位。Hariom 還完成了金融風險經理（Financial Risk Manager, FRM）認證和計量金融證書（Certificate in Quantitative Finance, CQF），目前是第 3 級特許金融分析師（Chartered Financial Analyst, CFA）候選人。

薩希爾・普裡（Sahil Puri） 從事計量研究工作。他的工作包括測試模型假設和尋找多種資產類別的策略。Sahil 將多種基於統計和機器學習的技術應用於各式各樣的問題，例如產生文字特徵、標記曲線異常、非線性風險因素檢測和時間序列預測。他在德里工程學院（印度）完成了學士學位，並且在加州大學伯克萊分校完成了碩士學位。

布拉德・洛卡堡（Brad Lookabaugh） 在位於舊金山的房地產投資初創公司 Union Home Ownership Investors 擔任投資組合管理副總裁。他的工作重點是在業務流程、內部系統和直接面對消費者的產品中實作機器學習和投資決策模型。Brad 和其他兩位共同作者一樣，也是在加州大學伯克萊分校完成了金融工程碩士學位。

出版記事

本書封面上的動物是一隻鵪鶉（英語：Quail，學名：*Coturnix coturnix*），牠是一種候鳥，在歐洲、土耳其和中亞到中國一帶繁殖，並在東南亞部分地區和非洲大陸過冬。

鵪鶉又小又圓，有棕色條紋，眼瞼白色，雄性鵪鶉下巴白色。牠有長達數英寸的翅膀，有利於牠的遷徙。牠的體型和羽毛讓牠很容易就能融入環境。牠的外表加上牠的神秘性也意味著鵪鶉很少被看到，而且有很多時候是因為雄性強而有力的口哨聲而被發現的。

鵪鶉主要是吃種子、穀物和堅果，但雌性鵪鶉需要高蛋白飲食來繁殖，以甲蟲、螞蟻和耳蝠等小昆蟲為食。無論是啄食風散的種子還是昆蟲，鵪鶉主要的食物來自地面。鵪鶉雖然遷徙距離很遠，但即使受到干擾，也不願意飛翔。

鵪鶉在埃及象形文字中被描繪出來，可以追溯到西元前 5000 年左右，自從大金字塔建造以來，鵪鶉一直被飼養供人類食用。在歐洲鵪鶉每窩產卵 13 粒，小鵪鶉只要長到 11 天大時就能飛。

雖然鵪鶉的保護狀況目前被列為最不受關注的問題，但工業規模的誘捕正在推動該物種的衰微。O'Reilly 書籍封面上的許多動物都面臨瀕臨絕種的危機；牠們都是這個世界重要的一份子。

封面插圖是由凱倫蒙•哥馬利（Karen Montgomery）根據 *Shaw's Zoology* 的黑白版畫所繪製而成。

金融機器學習與資料科學藍圖

作　　者：Hariom Tatsat, Sahil Puri, Brad Lookabaugh
譯　　者：張耀鴻
企劃編輯：蔡彤孟
文字編輯：王雅雯
設計裝幀：陶相騰
發 行 人：廖文良

發 行 所：碁峰資訊股份有限公司
地　　址：台北市南港區三重路 66 號 7 樓之 6
電　　話：(02)2788-2408
傳　　真：(02)8192-4433
網　　站：www.gotop.com.tw
書　　號：A676
版　　次：2022 年 04 月初版
建議售價：NT$780

商標聲明：本書所引用之國內外公司各商標、商品名稱、網站畫面，其權利分屬合法註冊公司所有，絕無侵權之意，特此聲明。

版權聲明：本著作物內容僅授權合法持有本書之讀者學習所用，非經本書作者或碁峰資訊股份有限公司正式授權，不得以任何形式複製、抄襲、轉載或透過網路散佈其內容。

版權所有 ● 翻印必究

國家圖書館出版品預行編目資料

金融機器學習與資料科學藍圖 / Hariom Tatsat, Sahil Puri, Brad Lookabaugh 原著；張耀鴻譯. -- 初版. -- 臺北市：碁峰資訊, 2022.04
　　面；　公分
　　譯自：Machine Learning and Data Science Blueprints for Finance
　　ISBN 978-626-324-062-9(平裝)
　　1.CST：機器學習　2.CST：Python(電腦程式語言) 3.CST：金融
312.831　　　　　　　　　　　　　　　　110022238

讀者服務

● 感謝您購買碁峰圖書，如果您對本書的內容或表達上有不清楚的地方或其他建議，請至碁峰網站：「聯絡我們」\「圖書問題」留下您所購買之書籍及問題。(請註明購買書籍之書號及書名，以及問題頁數，以便能儘快為您處理)
http://www.gotop.com.tw

● 售後服務僅限書籍本身內容，若是軟、硬體問題，請您直接與軟體廠商聯絡。

● 若於購買書籍後發現有破損、缺頁、裝訂錯誤之問題，請直接將書寄回更換，並註明您的姓名、連絡電話及地址，將有專人與您連絡補寄商品。